कृषक:

संकट और समाधान

I0498252

notionpress
.com

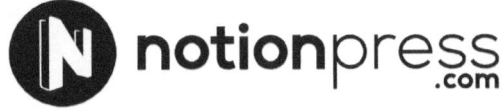

कृषक:

संकट और समाधान

डॉ. तुलसी राम दहायत

एवं

डॉ. केशव टेकाम

notionpress.com

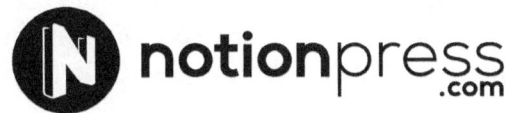

Notion Press

Old No. 38, New No. 6
McNichols Road, Chetpet
Chennai - 600 031

First Published by Notion Press 2017
Copyright © Dr. Tulsi Ram Dahayat & Dr. Keshav Tekam 2017
All Rights Reserved.

ISBN 978-1-948230-17-9

This book has been published with all reasonable efforts taken to make the material error-free after the consent of the author. No part of this book shall be used, reproduced in any manner whatsoever without written permission from the author, except in the case of brief quotations embodied in critical articles and reviews.

The Author of this book is solely responsible and liable for its content including but not limited to the views, representations, descriptions, statements, information, opinions and references ["Content"]. The Content of this book shall not constitute or be construed or deemed to reflect the opinion or expression of the Publisher or Editor. Neither the Publisher nor Editor endorse or approve the Content of this book or guarantee the reliability, accuracy or completeness of the Content published herein and do not make any representations or warranties of any kind, express or implied, including but not limited to the implied warranties of merchantability, fitness for a particular purpose. The Publisher and Editor shall not be liable whatsoever for any errors, omissions, whether such errors or omissions result from negligence, accident, or any other cause or claims for loss or damages of any kind, including without limitation, indirect or consequential loss or damage arising out of use, inability to use, or about the reliability, accuracy or sufficiency of the information contained in this book.

समर्पण

पूज्यनीय दादा–दादी को समर्पित

अनुक्रमणिका

तालिका सूची.. ix
प्रस्तावना... xv
परिचय.. xvii

अध्याय–1: विषय प्रवेश... 3
अध्याय–2: समस्या का चयन एवं अध्ययन क्षेत्र........................... 23
अध्याय–3: कृषक वर्ग एवं कृषि जोतें.................................... 55
अध्याय–4: कृषि लागतें एवं प्रतिफल.................................... 107
अध्याय–5: कृषि कीमत प्रवृत्ति एवं न्यूनतम समर्थन मूल्य................ 157
अध्याय–6: कृषि लागत का कृषकों पर प्रभाव.......................... 175
अध्याय–7: बेहतर प्रबंधन से बदलेगी कृषि की तस्वीर.................... 221

सन्दर्भ ग्रन्थ सूची... *231*

तालिका सूची

तालिका क्र.	विवरण	पृष्ठ क्र.
1.1	योजना अवधि में कृषिगत विकास दर	6
1.2	भारत में प्रमुख फसलों का औसत उत्पादन (कि.ग्रा./हे.)	7
1.3	मध्यप्रदेश में भूमि उपयोग का वर्गीकरण (2014–15)	13
1.4	मध्यप्रदेश में जोतों की संख्या एवं क्षेत्र	14
1.5	मध्यप्रदेश में सिंचाई के स्रोत (हजार हेक्ट. में)	15
1.6	कुल खाद्यान्न फसलीय क्षेत्र, उत्पादन एवं उत्पादकता	16
1.7	कुल फसलीय क्षेत्र एवं उत्पादन की वृद्धि दर	17
1.8	मध्यप्रदेश में कृषि उत्पादकता एवं वृद्धि दर (1991–2011)	18
2.1	अनुसंधान क्षेत्र में न्यादर्श का आकार	25
2.2	प्रसरण विश्लेषण तालिका	31
2.3	दमोह जिले की भौगोलिक स्थिति	34
2.4	दमोह जिले की जनसंख्या वर्ष 2011 की जनगणना के अनुसार	36
2.5	दमोह जिले में साक्षर जनसंख्या (प्रतिशत में)	37
2.6	रबी व खरीफ के अंतर्गत कुल क्षेत्र जिला दमोह	39
2.7	जिले में वर्गवार किसानों की संख्या	40
2.8	प्रमुख फसलों के अन्तर्गत क्षेत्र (अनाज) (30 जून 2014 की स्थिति)	41
2.9	प्रमुख फसलों के अंतर्गत क्षेत्र (दालें) (30 जून 2014 की स्थिति)	42
2.10	प्रमुख फसलों के अंतर्गत क्षेत्र (साग-सब्जी) (30 जून 2014 की स्थिति)	43

तालिका क्र.	विवरण	पृष्ठ क्र.
2.11	प्रमुख फसलों के अंतर्गत क्षेत्र (तिलहन) (30 जून 2014 की स्थिति)	45
2.12	भूमि उपयोग (30 जून 2014 की स्थिति)	46
2.13	सिंचाई के साधन एवं शुद्ध सिंचित क्षेत्र (30 जून 2014 की स्थिति)	47
2.14	उन्नत कृषि के अंतर्गत क्षेत्र एवं मात्रा (30 जून 2014 की स्थिति)	49
2.15	जिले में कृषि उपकरण तथा यंत्र	50
3.1	जोतों की संख्या, क्षेत्र एवं औसत आकार – कृषक वर्ग	57
3.2	जोतों की संख्या, क्षेत्र एवं औसत आकार – अनुसूचित जाति	60
3.3	जोतों की संख्या, क्षेत्र एवं औसत आकार – अनुसूचित जनजाति	62
3.4	म.प्र. में कृषि जोतों की संख्या एवं क्षेत्र (सभी कृषक वर्ग)	64
3.5	म.प्र. में कृषि जोतों की संख्या एवं क्षेत्र (अनुसूचित जनजाति)	65
3.6	म.प्र. में कृषि जोतों की संख्या एवं क्षेत्र (अनुसूचित जाति)	66
3.7	दमोह जिले में कृषि जोतों का क्षेत्र एवं संख्या (सीमांत किसान – कृषक वर्ग)	68
3.8	दमोह जिले में कृषि जोतों का क्षेत्र एवं संख्या (सीमांत कृषक वर्ग – अन्य)	69
3.9	दमोह जिले में कृषि जोतों का क्षेत्र एवं संख्या (सीमांत कृषक वर्ग – अनुसूचित जाति)	70
3.10	दमोह जिले में कृषि जोतों का क्षेत्र एवं संख्या (सीमांत कृषक वर्ग – अनुसूचित जनजाति)	71
3.11	दमोह जिले में कृषि जोतों का क्षेत्र एवं संख्या (लघु सामाजिक समूह – समस्त वर्ग)	72
3.12	दमोह जिले में कृषि जोतों का क्षेत्र एवं संख्या (लघु कृषक वर्ग – अन्य)	73
3.13	दमोह जिले में कृषि जोतों का क्षेत्र एवं संख्या (लघु कृषक वर्ग – अनुसूचित जाति)	75

तालिका सूची

तालिका क्र.	विवरण	पृष्ठ क्र.
3.14	दमोह जिले में कृषि जोतों का क्षेत्र एवं संख्या (लघु कृषक वर्ग – अनुसूचित जनजाति)	76
3.15	दमोह जिले में कृषि जोतों का क्षेत्र एवं संख्या (अर्द्धमध्यम – कृषक वर्ग)	77
3.16	दमोह जिले में कृषि जोतों का क्षेत्र एवं संख्या (अर्द्धमध्यम : सामाजिक समूह – अन्य)	78
3.17	दमोह जिले में कृषि जोतों का क्षेत्र एवं संख्या (अर्द्धमध्यम कृषक वर्ग – अनुसूचित जाति)	80
3.18	दमोह जिले में कृषि जोतों का क्षेत्र एवं संख्या (अर्द्धमध्यम कृषक वर्ग – अनुसूचित जनजाति)	81
3.19	दमोह जिले में किसानों का क्षेत्र एवं संख्या (मध्यम कृषक वर्ग)	83
3.20	दमोह जिले में कृषि जोतों का क्षेत्र एवं संख्या (मध्यम कृषक वर्ग – अन्य वर्ग)	84
3.21	दमोह जिले में कृषि जोतों का क्षेत्र एवं संख्या (मध्यम कृषक वर्ग – अनुसूचित जाति)	86
3.22	दमोह जिले में कृषि जोतों का क्षेत्र एवं संख्या (मध्यम कृषक वर्ग – अनुसूचित जनजाति)	87
3.23	दमोह जिले में कृषि जोतों का क्षेत्र एवं संख्या (वृहत कृषक वर्ग – समस्त)	88
3.24	दमोह जिले में कृषि जोतों का क्षेत्र एवं संख्या (वृहत कृषक वर्ग – अन्य)	90
3.25	दमोह जिले में कृषक वर्ग में जोतों का क्षेत्र एवं संख्या (वृहत कृषक वर्ग – अनुसूचित जाति)	91
3.26	दमोह जिले में किसानों का क्षेत्र एवं संख्या (वृहत) सामाजिक समूह – अनुसूचित जनजाति	93
3.27	सर्वेक्षित गांव में कृषक वर्ग और परिवारों की संख्या	94
3.28	सर्वेक्षित गांव में वर्गवार संचालित जोतों की औसत सीमा	95

तालिका क्र.	विवरण	पृष्ठ क्र.
3.29	प्रमुख फसलों के अंतर्गत सकल फसलीय क्षेत्र का अनुपात (सर्वेक्षित तहसील हटा)	96
3.30	प्रमुख फसलों के अंतर्गत सकल फसलीय क्षेत्र का अनुपात (सर्वेक्षित तहसील पथरिया)	97
3.31	प्रमुख फसलों के अंतर्गत सकल फसलीय क्षेत्र का अनुपात (सर्वेक्षित तहसील दमोह)	98
3.32	प्रमुख फसलों के अंतर्गत सकल फसलीय क्षेत्र का अनुपात (सर्वेक्षित तहसील बटियागढ़)	99
3.33	प्रमुख फसलों के अंतर्गत सकल फसलीय क्षेत्र का अनुपात (सर्वेक्षित तहसील पटेरा)	100
3.34	प्रमुख फसलों के अंतर्गत सकल फसलीय क्षेत्र का अनुपात (सर्वेक्षित तहसील तेन्दुखेड़ा)	101
3.35	प्रमुख फसलों के अंतर्गत सकल फसलीय क्षेत्र का अनुपात (सर्वेक्षित तहसील जबेरा)	102
3.36	प्रमुख फसलों के अंतर्गत सकल फसलीय क्षेत्र का अनुपात (जिला – दमोह)	103
4.1	मध्यप्रदेश में औसत कृषि लागत (रूपये / हेक्टेयर)	109
4.2	मध्यप्रदेश में कुल पारिश्रमिक व्यय (रूपये / हेक्टेयर)	112
4.3	मध्यप्रदेश में कुल बीज लागत (रूपये / हेक्टेयर)	114
4.4	उर्वरक एवं कीटनाशकों की लागत (रूपये / हेक्टेयर)	116
4.5	कुल सिंचाई लागत (रूपये / हेक्टेयर)	118
4.6	मध्यप्रदेश में कुल स्थिर लागत (रूपये / हेक्टेयर)	120
4.7	मध्यप्रदेश में कुल परिचालन लागत (रूपये / हेक्टेयर)	122
4.8	मध्यप्रदेश में गेहूँ प्रति हेक्टेयर कृषि लागत (रूपये / हेक्टेयर)	124
4.9	मध्यप्रदेश में सोयाबीन की प्रति हेक्टेयर कृषि लागत (रूपये / हेक्टेयर)	126
4.10	मध्यप्रदेश में चना की प्रति हेक्टेयर कृषि लागत (रूपये / हेक्टेयर)	127

तालिका क्र.	विवरण	पृष्ठ क्र.
4.11	मध्यप्रदेश में धान की प्रति हेक्टेयर कृषि लागत (रूपये/हेक्टेयर)	129
4.12	मध्यप्रदेश में गेहूँ की उत्पादन लागत दर (प्रति क्विंटल में)	130
4.13	मध्यप्रदेश में चना की उत्पादन लागत दर (प्रति क्विंटल में)	132
4.14	मध्यप्रदेश में सोयाबीन उत्पादन लागत दर (प्रति क्विंटल में)	133
4.15	मध्यप्रदेश में धान उत्पादन लागत दर (प्रति क्विंटल में)	135
4.16	मध्यप्रदेश में प्रमुख फसलों की उत्पादन लागत तुलनात्मक अंतर	136
4.17	मध्यप्रदेश में गेहूँ का सकल उत्पाद मूल्य, कुल काश्त लागत एवं शुद्ध आय (गेहूँ)	138
4.18	मध्यप्रदेश में चने का सकल उत्पाद मूल्य, कुल काश्त लागत एवं शुद्ध आय (चना)	139
4.19	मध्यप्रदेश में धान का सकल उत्पाद मूल्य, कुल काश्त लागत एवं शुद्ध आय (धान)	141
4.20	मध्यप्रदेश में सोयाबीन का सकल उत्पाद मूल्य, कुल काश्त लागत एवं शुद्ध आय (सोयाबीन)	142
4.21	मध्यप्रदेश प्रमुख फसलों से प्राप्त शुद्ध जोत आय एवं जोत व्यवसाय आय	143
4.22	प्रमुख फसलों का आगत – निर्गत अनुपात	144
4.23	औसत सकल उत्पाद मूल्य, लागत A_2 और प्रति हेक्टेयर शुद्ध आय	146
4.24	संचालित जोतों की औसत सकल उत्पाद मूल्य, लागत A_2 (प्रति हेक्टेयर कुल काश्त लागत) और शुद्ध आय प्रति हेक्टेयर (सिंचित भूमि)	147
4.25	प्रमुख फसलों से वर्गवार शुद्ध आय प्रति हेक्टेयर	148
4.26	प्रमुख फसलों में प्रति हेक्टेयर कुल काश्त लागत (लागत A_2) में अंतर	149
4.27	प्रमुख फसलों से प्रति हेक्टेयर शुद्ध लाभ	150
4.28	कुल उत्पादन लागत प्रति क्विंटल	151

तालिका क्र.	विवरण	पृष्ठ क्र.
4.29	तुलनात्मक अंतर प्रति हेक्टेयर	152
4.30	गेहूँ का उत्पादन (क्विंटल प्रति हेक्टेयर)	152
5.1	मध्यप्रदेश में प्रमुख फसलों का न्यूनतम समर्थन मूल्य (रु. प्रति क्वि.)	160
5.2	मध्यप्रदेश में चावल और गेहूँ के न्यूनतम समर्थन मूल्य की प्रवृत्ति	161
5.3	मध्यप्रदेश में प्रमुख फसलों का कटाई मूल्य (रु. प्रति क्वि.)	162
5.4	मध्यप्रदेश में प्रमुख फसलों की थोक बिक्री कीमत गेहूँ व चावल (रु. प्रति क्वि.)	163
5.5	मध्यप्रदेश में चावल का न्यूनतम समर्थन मूल्य, फसल कटाई मूल्य एवं थोक मूल्य (वृद्धि दर)	164
5.6	मध्यप्रदेश में गेहूँ का न्यूनतम समर्थन मूल्य, फसल कटाई मूल्य एवं थोक मूल्य (वृद्धि दर)	165
5.7	गेहूँ के न्यूनतम समर्थन मूल्य एवं थोक मूल्य सूचकांक	166
5.8	चावल के न्यूनतम समर्थन मूल्य एवं थोक मूल्य सूचकांक	167
5.9	न्यूनतम समर्थन मूल्य एवं थोक मूल्य सूचकांक में औसत वार्षिक प्रतिशत वृद्धि दर (2006–12)	168
5.10	न्यूनतम समर्थन मूल्य एवं फसल कटाई मूल्य में सहसंबंध	168
6.1	कृषकों की आय का प्रमुख साधन	188
6.2	सिंचाई के साधन	189
6.3	कृषकों की समस्याऐं	190
6.4	फसल खराब होने का कारण	192
6.5	सर्वेक्षित परिवारों में फसल पद्धति	194
6.6	उन्नत तकनीक का उपयोग, दमोह जिले में (गेहूँ)	195
6.7	लागत, उत्पादकता एवं न्यूनतम समर्थन मूल्य (दमोह)	197
6.8	भूमि आवंटन एवं फसलीय क्षेत्र में वृद्धि का निर्णय दमोह	198
6.9	निर्णय क्षमता दमोह	199

प्रस्तावना

हमे इस पुस्तक को प्रस्तुत करते हुए अत्याधिक प्रसन्नता हो रही है। हमने इसके अध्यायों की विषय–वस्तु को सहज एवं सरल रुप में प्रस्तुत किया है। हमारा यह उद्देश्य है कि हिन्दी माध्यम के छात्रों, प्राध्यापकों को कृषि क्षेत्र के विषय पर कार्य करने के लिए अंग्रेजी माध्यम के अनुरुप पुस्तक उपलब्ध हो सके। कृषि क्षेत्र एवं कृषकों की समस्याओं पर विश्लेषणात्मक रुप से बहुत कम अच्छी पुस्तकें उपलब्ध हैं। यह पुस्तक इस कमी को पूर्ण करने का एक प्रयास है।

भारत एक कृषि प्रधान देश है एवं कृषि के विकास पर ही राष्ट्र का विकास निर्भर है। संसाधनों के अभाव के कारण कृषि आज भी प्रकृति पर निर्भर है। कृषि उत्पादन प्रमुखतः सिंचाई के साधन, उन्नत बीज, उर्वरक व कृषि मशीनरी जैसे आधुनिक उपकरणों पर निर्भर करता है। बदलती जलवायु व अनियमित मानसून के कारण फसल प्रारूप प्रभावित हो रहा है। खरीफ की फसल में देरी होने से रबी और जायद की फसल भी प्रभावित होती है, जिससे कृषि का उत्पादन प्रभावित होता है।

बहुफसलीय कृषि पद्धति, जैविक खेती आदि नई कृषि पद्धतियां धीरे–धीरे कृषकों में लोकप्रिय हो रही है। द्विफसलीय कृषि क्षेत्र में भी वृद्धि की संभावनाएँ है। आधुनिक बीज, सिंचाई क्षमता में भी वृद्धि की संभावनाएँ परिलक्षित होती है। परन्तु कृषकों के अशिक्षित होने के कारण उन्हें जागरूकता की अत्यंत आवश्यकता है। सरकारी नीतियों की जानकारी कृषकों तक पहुँचाना एक बड़ी चुनौती है, ताकि वह इनका लाभ समय रहते प्राप्त कर सके। कृषक नीतियों का लाभ नहीं ले पायेगा, तो कृषि विकास की सार्थकता सिद्ध नहीं होगी।

इस प्रकार प्रस्तुत विषय के बहुआयामी महत्व, सम्बद्ध विशाल संभावनाओं, कृषक एवं कृषि क्षेत्र के विकास की उपयोगिता को देखते हुए हमारे द्वारा इस विषय का चयन किया गया। न्यूनतम समर्थन मूल्य एवं कृषि लागत बनाम आय जैसी समसामायकि

चुनौतीं पर गंभीर रूप से विचार किया गया है। व इसके परिवर्तन में आने वाली चुनौतियों, समस्याओं व संभावनाओं का उचित मूल्यांकन कर समस्याओं के समाधान हेतु व्यावहारिक सुझाव प्रस्तुत करने का प्रयास भी किया गया है। यह पुस्तक वर्तमान समय में कृषकों की समस्याओं एवं समाधान को प्रकट करने का एक प्रयास है।

पुस्तक लेखन में विद्वानों, प्राध्यापकों के महत्वपूर्ण ग्रंथों, पत्र पत्रिकाओं की सहायताली गई एवं विशेषज्ञों से मार्गदर्शन, सुझाव और परामर्श प्राप्त हुये उनके प्रति मैं विशेष आभार व्यक्त करता हूँ। इस पाण्डुलिपि के टंकण का श्रेय श्री नीलरतन पात्रा (दादा) एवं महेश पटेल को है, इसके लिए मैं धन्यवाद देता हूँ। पुस्तक को वर्तमान स्वरूप देने का श्रेय नोशन प्रेस को है, उनकी पूरी टीम को हृदय से धन्यवाद।

हमें पूर्ण विश्वास है कि समसामायिक विषयों के समावेश एवं विश्लेषण से इस पुस्तक की उपयोगिता और अधिक बढ़ जायेगी। इस पुस्तक की कमियों को दूर करने एवं नवीन विषय–वस्तु को सम्मिलित करने हेतु पाठकों के सुझाव सादर आमंत्रित है।

–तुलसी राम दहायत
केशव टेकाम

परिचय

तुलसीराम दहायत ने डॉ. हरीसिंह गौर विश्वविद्यालय सागर से उच्च शिक्षा ग्रहण की। वर्तमान में शासकीय कमला नेहरू महिला महाविद्यालय, दमोह (म.प्र.) में सहायक प्राध्यापक अर्थशास्त्र के पद पर कार्यरत हैं। इससे पूर्व डॉ. हरीसिंह गौर विश्वविद्यालय सागर, राष्ट्रीय शैक्षणिक एवं अनुसंधान प्रशिक्षण परिषद्, क्षेत्रीय शिक्षा संस्थान भोपाल एवं केन्द्रीय विद्यालय संगठन में भी कार्य कर चुके हैं। ग्रामीण क्षेत्र से संबंध रखने के कारण कृषकों की समस्याओं को करीब से पहचानते हैं। आपके लेख राष्ट्रीय स्तर की पत्रिकाओं में प्रकाशित होते रहते हैं। प्रभावी अध्यापन एवं लेखन के लिये क्षेत्र में चर्चित हैं।

परिचय

डॉ. केशव टेकाम वर्तमान में डॉ. हरीसिंह गौर विश्वविद्यालय सागर में सहायक प्राध्यापक के पद पर कार्यरत हैं। इससे पूर्व कृषि एवं किसान कल्याण संचालनालय भोपाल में असिस्टेंट डायरेक्टर के पद पर कार्य करने का अनुभव है। आपको कृषि क्षेत्र में कार्य करने का गहरा अनुभव है, कृषि से संबंधित समस्याओं पर विभिन्न पत्र-पत्रिकाओं में आपके लेख प्रकाशित हो चुके हैं। मध्यप्रदेश आर्थिक परिषद के संयुक्त सचिव, भारतीय आर्थिक परिषद के सदस्य व विश्वविद्यालय की ई.सी. कमेटी के भूतपूर्व सदस्य रहे हैं। कृषि क्षेत्र में बेहतरीन लेखन एवं अध्यापन के साथ प्रशासनिक दक्षता के लिए चर्चित हैं।

BLURBS

वर्तमान में कृषकों को अनेक संकटों का सामना करना पड़ रहा है। आधुनिक कृषि तकनीक के प्रयोग से कृषि लागतों में निरंतर वृद्धि हुई है। लागतों में वृद्धि और निम्न आय के कारण कृषि आज अनेक कारणों से कम प्रतिफल वाला क्षेत्र बन गया है। प्रस्तुत पुस्तक प्रमुख फसलों की लागत तथा आय के अनुमान पर केन्द्रित है। यह

पुस्तक कुछ प्रश्नों को तलाशने का प्रयास करती है। क्या सामाजिक रूप से पिछड़ी जातियों में कृषि का बंटवारा असमान है? क्या बढ़ती लागतों से कृषि क्षेत्र अब लाभप्रद नहीं रहा? क्या सामाजिक रूप से पिछड़ी जातियों को बढ़ती कृषि लागतों का अधिक जटिलता से सामना करना पड़ रहा है, तथा लघु व सीमांत किसानों के समक्ष मंहगी होती कृषि के क्या विकल्प हैं?

अध्याय-1

विषय प्रवेश

भारत में विश्व के कुल भौगौलिक क्षेत्र का करीब 2.4 प्रतिशत और जल संसाधन का 4 प्रतिशत हिस्सा है। जबकि, विश्व की कुल जनसंख्या का लगभग 17 प्रतिशत और पशुधन का 15 प्रतिशत है। भारतीय अर्थव्यस्था में कृषि का महत्वपूर्ण स्थान है। इसका राष्ट्र के सकल घरेलू उत्पाद में 14 प्रतिशत और निर्यात में करीब 11 प्रतिशत हिस्सा है। देश की लगभग 50 प्रतिशत जनसंख्या आज भी अपनी आय के मुख्य स्त्रोत के रूप में कृषि पर निर्भर हैं। उद्योगों के लिए कच्चे माल का स्त्रोत भी कृषि ही है। कुल मिलाकर देश की अर्थव्यवस्था कृषि आधारित है। खाद्यान्न की बढ़ती मांग को पूरा करने के लिए एवं कृषि पर निर्भर व्यक्तियों के जीवन स्तर को उन्नत करने के लिए भी कृषि को विकसित करने की आवश्यकता है।

सभ्यता के आरंभ से ही मानव कृषि पर अधिक निर्भर रहा है तथा समय–समय पर उसने इसकी पद्धतियों में काफी परिमार्जन किया है। फिर भी, यह एक विचित्र संयोग रहा कि हमारे देश का कृषक कभी भी सामाजिक–आर्थिक दृष्टि से संतुष्ट नहीं रहा। भू–स्वामित्व और उत्पादकता की भिन्नता ने सामाजिक आर्थिक असमानता में और वृद्धि की।

वर्तमान में, बढ़ती हुई जनसंख्या की आवश्यकताओं की पूर्ति का भूमि पर दबाव निरंतर बढ़ रहा है। जबकि प्रकृति प्रदत्त यह उपहार सीमित है। अतः ऐसी स्थिति में यह आवश्यक हो जाता है कि हम भूमि की उत्पादकता में वृद्धि के लिए नई तकनीक, उन्नत बीज एवं खाद का प्रयोग करें तथा सिंचाई सुविधाओं में विस्तार करें।

कृषि से आय का अनुमान फसलों की उत्पादन लागत पर निर्भर करता है। यह अनुमान, न्यूनतम समर्थन मूल्य, कीमतों में नियंत्रण व स्थायित्व, कृषकों में प्रेरणा, उत्पादन प्रबंधन व मात्रा से प्रभावित होता है। लागतों में वृद्धि और निम्न मौद्रिक प्रतिफल के कारण कृषि आज अनेक व्यष्टि व समष्टिगत कारणों से कम प्रतिफल

वाला क्षेत्र बन गया है। प्रस्तुत पुस्तक में प्रमुख फसलों की लागत तथा आय अनुमान के साथ–साथ प्रमुख फसलों के अर्थशास्त्र पर केन्द्रित है। कृषि क्षेत्र की सभी क्रियाऐं जोत के आकार से प्रभावित होती है। जोत का आकार बड़ा है तो इसे बड़े पैमाने की जोत कहा जाता है और फार्मों का आकार छोटा है उसे छोटे पैमाने की जोत कहा जाता है। जोत का आकार उसके क्षेत्र, कृषि पद्धति, पूंजी, श्रम, उत्पादन मात्रा, आदि पर निर्भर करता हैं। छोटे पैमाने की जोतों के अंतर्गत श्रम एवं व्यवस्था का विभाजन सीमित होता है तथा कृषि कार्य सामान्यतया व्यक्तिगत रूप से कृषक द्वारा किया जाता है। दमोह जिले में अधिकांशतः लघु पैमाने की ही कृषि है। जिले में जोतों का आकार इतना छोटा है कि प्रायः उन पर कृषि अलाभदायक हो जाती है।

उन्नत बीज, उन्नत खाद, उन्नत सिंचाई सुविधाऐं व उन्नत कृषि आदानों का प्रयोग कृषि निवेश के मंहगे होने का प्रमुख कारण है। प्रश्न यह है कि क्या उन्नत कृषि तकनीक कृषकों के प्रयोग से किसानों की लागत और आय में वृद्धि होती है। बड़े व मध्यम किसानों को तो आधुनिक कृषि तकनीक के उपयोग से लागतों की तुलना में आय अधिक होती है परन्तु वहीं सीमांत व लघु कृषकों की जोत का आकार छोटा होने के कारण कृषि लागत अधिक व आय कम होती है। फलस्वरूप ये कृषक ऋणग्रस्तता के शिकार हो जाते हैं। कृषि लागतें अधिक होने के कारण छोटे व सीमांत कृषकों की कृषि संबंधी निर्णय क्षमता भी प्रभावित होती है। सच तो यह है कि किसान जीवन निर्वाह के लिए ही कृषि कार्य करते हैं। सरकार द्वारा छोटे व सीमांत कृषकों की कृषि लागत व आर्थिक हितों के संरक्षण को लेकर न्यूनतम समर्थन मूल्य की घोषणा की जाती है और लागतों के प्रभाव को कम कर कृषि को जीविका के साधन के साथ–साथ लाभ का व्यवसाय बनाने का प्रयास किया जाता है।

कृषि अर्थव्यवस्था का आधार

भारत एक कृषि प्रधान देश है। देश में अर्थव्यवस्था का केन्द्र भी प्रमुख रूप से कृषि ही है। देश की लगभग 70 प्रतिशत जनसंख्या गांवों में निवास करती है। इनका मूल व्यवसाय कृषि है। इस तरह से कृषि भारतीय अर्थव्यवस्था की आधारशिला है। देश की कुल श्रमशक्ति का लगभग 52 प्रतिशत भाग कृषि एवं कृषि से संबंधित क्षेत्रों से ही अपना जीविकोपार्जन कर रही है। कृषि के विकास, समृद्धि एवं उत्पादकता पर ही देश का विकास व सम्पन्नता निर्भर है। यही वजह है कि कृषि विकास के लिए निरंतर प्रयास किए जा रहे हैं।

भारत का कृषि क्षेत्र अनेक स्तरों पर संघर्ष का दृश्य प्रस्तुत करता है। सैद्धांतिक आधार पर देखें तो देश के आर्थिक विकास में कृषि की भूमिका, उद्योग और सेवा क्षेत्रों की तुलना में उसका महत्व, कृषि संबंधों की परिवर्तनशील प्रकृति और संबंधित राजनैतिक प्रश्न समूचे बौद्धिक जगत में विभाजित स्थितियों को दर्शाते हैं। इसी के साथ सापेक्षिक पिछड़ापन, ग्रामीण क्षेत्रों में स्वास्थ्य व शिक्षा जैसी सुविधाओं का आभाव, कृषि को छोड़कर नगरों की ओर पलायन की प्रवृत्ति आदि प्रश्न भी नीति निर्माताओं और नियोजकों के लिए चुनौति बने हुए हैं।

वर्तमान में कृषि व संबंधित क्षेत्रों को कई संकटों का सामना करना पड़ रहा है। पिछले वर्षों में खाद्य उत्पादन और खाद्य सुरक्षा प्राप्त करने में सफलता मिलने के बावजूद कृषि क्षेत्र निम्न उत्पादकता, बढ़ती कृषि लागत, मानसून और मौसम पर अत्याधिक निर्भरता, खेतों के लगातार घटते आकार व अत्याधिक विखंडित मंडियों के कारण अवरोधित होता रहा है। इन सभी कारणों से ऐसा परिदृश्य सामने आया है जो किसानों के लिए लगातार तनाव का कारण बन गया है।

कृषि के विकास को प्रभावित करने वाले तत्वों में प्राकृतिक तत्व, तकनीकी संबंधी, आर्थिक संस्थागत और नीतियों संबंधी तत्व है। कृषि का विकास इन सभी तत्वों के परस्पर व्यवहार पर निर्भर है। प्राकृतिक तत्वों के अंतर्गत मृदा, वर्षा और तापमान तथा तकनीकी तत्वों में बीज, मशीनरी, कीट, संरक्षण और देश में उपलब्ध उर्वरक आदि शामिल हैं। तीसरा तत्व आर्थिक है जो कृषि में लाभ के कारण निजि निवेश को आकर्षित करता है। इसी प्रकार विभिन्न फसलों का सापेक्षिक लाभ अंतर फसल आवंटन व अन्य संसाधनों का निर्धारण करता है। चौथा तत्व संस्थागत है इसमें औपचारिक व अनौपचारिक दोनों तरह की संस्थाएं आती है। ये आर्थिक ऐजेन्टों के बीच परस्पर व्यवहार का निर्धारण करती है। भारतीय खाद्य निगम जो खरीद कार्यों को संचालित करती है और ग्राम स्तर पर साहूकार जो किसानों को बुनियादी ऋण प्रदान करते हैं।

अंतिम तत्व नीति से संबंधित है जो उक्त वर्णित तत्वों को प्रभावित करता है। उदाहरण के तौर पर सरकार द्वारा ग्रामीण जन कल्याण जैसे ग्रामीण सड़क, ग्रामीण विद्युतीकरण और बाजारों में व्यापक निवेश से कृषि को लाभकारी बनाया जा सकता है जिससे कृषि के पक्ष में आर्थिक प्रोत्साहनों में बदलाव आ सकता है। कृषि संबंधी अनुसंधान व विकास में निवेश और अन्य सार्वजनिक खर्चों में बढ़ोत्तरी के कृषि के विकास को बढ़ावा देने में रचनात्मक प्रभाव डाला जा सकता

है। इस प्रकार नीति प्राकृतिक तत्वों को छोड़कर अन्य सभी तत्वों को प्रभावित कर सकती है।

कृषि क्षेत्र की प्रगति

स्वतंत्रता के बाद से ही सरकार कृषि विकास के लिए हर संभव कोशिश कर रही है। भारत सरकार ने कृषि क्षेत्र को विकसित करने एवं कृषकों की आर्थिक स्थिति सुधारने हेतु अनेक कार्यक्रमों, नीतियों व योजनाओं का संचालन कर रही है। आजादी के बाद 1960 के दशक में हरित क्रांति का नारा दिया गया तो अब विभिन्न बैंकों के जरिए कृषि एवं उस पर आधारित उपक्रमों को संवारने की कोशिश की जा रही है। किसान क्रेडिट कार्ड, फसल बीमा योजना, राष्ट्रीय बागवानी मिशन, संस्थागत साख की व्यवस्था न्यूनतम समर्थन मूल्य आदि इसी प्रयास का एक हिस्सा है।

1991 में आर्थिक सुधारों के प्रारंभ होने के बाद भारतीय कृषि की जी.डी.पी. में उतार चढ़ाव दृष्टिगत होता है तालिका के अवलोकन से ज्ञात होता है कि जहां आठवीं योजना में कृषि जी.डी.पी. 4.80 थी। ग्यारहवीं योजना में 4.10 हो गई। जोकि आठवी योजना की तुलना में कम है।

तालिका क्र. 1.1

योजना अवधि में कृषिगत विकास दर

क्र.	योजना	विकास दर (कृषि)	विकास दर (संपूर्ण)
1	आठवी योजना	4.80	6.50
2	नौवीं योजना	2.50	5.70
3	दसवी योजना	2.40	7.60
4	ग्यारहवीं योजना	4.10	8.00
5	बारहवीं योजना	2.5	6.9

स्रोत – भारतीय कृषि की स्थिति 2015-16, भारत सरकार कृषि एवं किसान कल्याण मंत्रालय, कृषि सहकारिता एवं किसान कल्याण विभाग, आर्थिक एवं सांख्यिकी निर्देशालय, नई दिल्ली।

उक्त तालिका के अवलोकन से स्पष्ट है कि कृषि विकास दर में भारी उच्चावचन देखने को मिलता है। वह सीधे तौर पर विकास दर को प्रभावित करती है। कृषि विकास दर कम होने पर विकास दर भी कम हो जाती है। अर्थव्यवस्था के क्षेत्र में कीमतों का उतार चढ़ाव कहीं ज्यादा था। कारण कि मानसून के उतार–चढ़ाव और उस पर निरंतर निर्भरता थी। छोटे एवं सीमांत कृषकों की स्थिति भी इस उतार–चढ़ाव के लिए जिम्मेदार है कारण कि छोटे एवं सीमांत कृषक प्रतिकूल जलवायु दशाओं का बहुत जल्द शिकार हो जाते हैं।

वर्ष 2016–17 में कुल बोये गये क्षेत्र में पूर्व की तुलना में वृद्धि हुई है। दालों में अधिक वृद्धि दर्ज की गई जो 2015–16 की तुलना में लगभग 43.66 लाख हेक्टेयर अधिक है। वर्ष 2015–16 की तुलना में अरहर, चना, उड़द तथा मूंग में क्रमशः लगभग 36 प्रतिशत, 14 प्रतिशत, 24 प्रतिशत और 12 प्रतिशत की वृद्धि हुई है। गेहूँ तथा मोटे अनाजों का कृषि क्षेत्र वर्ष 2015–16 की तुलना में 2016–17 में 2.97 लाख हेक्टेयर से बढ़कर 307.15 लाख हेक्टेयर और 2.94 लाख हेक्टेयर से बढ़कर 246.83 लाख हेक्टेयर हो गया है। किन्तु पिछले वर्ष की तुलना में कृषि क्षेत्र में 5.77 लाख की कमी आई है।

तालिका क्र. 1.2

भारत में प्रमुख फसलों का औसत उत्पादन (कि.ग्रा./हे.)

फसल	1970–71	1980–81	1990–91	2000–01	2010–11	2015–16
चावल	1123	1336	1740	1901	2239	2400
गेहूँ	1307	1630	2281	2708	2989	3034
दालें	524	473	578	544	691	656
तिलहन	579	532	771	810	1193	968
गन्ना टन/हे.	48	58	65	69	70	71
कपास	106	152	225	190	499	415

स्रोत – आर्थिक सर्वेक्षण 2015–16

तालिका के अवलोकन से स्पष्ट है कि प्रमुख फसलों की औसत उपज 1970–71 से 2015–16 के मध्य अपेक्षाकृत अधिक वृद्धि दर्ज की गई है। दालों की औसत उपज तुलनात्मक रूप से अन्य फसलों की तुलना में कम रही।

चुनौतियाँ

कृषि क्षेत्र अन्य क्षेत्रों की तुलना में अधिक चुनौतिपूर्ण है। कृषि उत्पादन, सिंचाई, उन्नत बीज की उपलब्धता, उर्वरकों के उपयोग एवं दुरूपयोग जैसे तत्वों पर निर्भर करता है। भारत में प्रति हेक्टेयर गेहूँ का उत्पादन विश्व के देशों की तुलना में कम है, सर्वाधिक उत्पादन करने वाले देशों से एक तिहाई तक कम है। अतएव स्पष्ट है कि गेंहू की प्रति हेक्टेयर उत्पादन वृद्धि की संभावना अभी भी विद्यमान है।

रासायनिक खादों के अंधाधुंध प्रयोग से मृदा स्वास्थ्य पर प्रतिकूल प्रभाव पड़ता है। सरकार द्वारा उर्वरकों की कीमत घटाने के फलस्वरूप किसानों ने यूरिया जैसे उर्वरकों का प्रयोग बड़ी मात्रा में किया है, जिससे मृदा स्वास्थ्य में असंतुलन उत्पन्न हो गया है। उर्वरक सब्सिडी के असामान्य वितरण, मूल्यन नीतियों और उर्वरक के प्रयोग कीं मात्रा असंतुलनों के कारण सुधार की आवश्यकता है ताकि मृदा की उर्वरता बनाई रखी जा सके।

कृषि का विकास व सम्पन्नता कृषि उत्पादन वृद्धि के साथ ही उत्पादित उत्पादन के उचित मूल्य की प्राप्ति पर निर्भर है। देश के अधिकांश छोटे व सीमांत किसान गरीबी के दुष्चक्र में फंसे हैं। गरीबी तथा ऋणग्रस्तता के कारण किसान अपनी फसल कम कीमत पर विचौलियों को बेचने के लिए तैयार हो जाते हैं। इन विचौलियों के जाल से किसानों को मुक्त करवाने तथा विपणन व्यवस्था में सुधार लाने हेतु सरकार ने नियंत्रित मंडियों के विस्तार, कृषि उपज के क्षेत्रीकरण व प्रभावीकरण, माल गोदामों की व्यवस्था, बाजार एवं मूल्य संबंधी सूचनाओं का प्रसारण व सहकारी विपणन व्यवस्था का प्रबंधन जैसे महत्वपूर्ण कदम उठाये हैं।

बाजार कीमत मांग एवं पूर्ति द्वारा निर्धारित होती है जो अधिशेष एवं कमी से प्रभावित होती है। परन्तु किसानों की अपेक्षाओं के अनुरूप यह कम पड़ जाती है। यदि मौसम–1 में फसल कम होती है तब कीमत में वृद्धि हो जाती है परन्तु यह आवश्यक नहीं कि किसानों को लाभ हो कारण कि उत्पादन कम होता है तथा बाजार में कीमत बढ़ जाती है। यदि मौसम–2 की उच्च कीमत के आधार पर किसान उत्पादन में वृद्धि

करता है। कुल बोये गये क्षेत्र में वृद्धि करके अन्य कृषकों को साथ लेकर वह उत्पादन में वृद्धि का प्रयास करता है। परिणामस्वरूप पूर्ति अधिक हो जाती है और कीमतों में कमी होती है। कभी–कभी तो यह न्यूनतम समर्थन मूल्य से भी काफी कम होती है जिससे किसान को नुकसान होता है। ऐसी स्थिति में किसान को तभी लाभ हो सकता है जब उसका कुल बोया गया क्षेत्र का तरीका चक्रीय पैटर्न के विपरीत हो। स्टॉक बाजार के व्यापार के अनुरूप हो इसके लिए उसका शिक्षित होना आवश्यक है। इसके लिए आवश्यक है कि किसान बुआई के स्थायी पैटर्न को अपनाये ताकि दीर्घावधि में उसे उत्पाद का औसत कीमत प्राप्त हो सके।

कृषि उत्पादन में वृद्धि हेतु ऋण एक महत्वपूर्ण आदान है। पिछले वर्षों में क्रेडिट प्रवाह 2017 में 959826 करोड रूपये हो गया तथा कृषि ऋण खातों की कुल संख्या 9.74 करोड़ हो गई है। इनमें फसल ऋण खातों की संख्या 0.09 करोड़ है। किसानों के लिए ऋण के अनौपचारिक स्रोतों की प्रधानता चिंता का विषय है। एन.एस.ओ. के 70वें रौंद के आंकड़ों के अनुसार 40 प्रतिशत हिस्सा अनौपचारिक ऋणों का है। स्थानीय ऋणदाताओं की भागीदारी कुल कृषि ऋण का 26 प्रतिशत है। इनकी ब्याज की दर काफी ऊँची होती है। इनमें कमी तभी संभव है जब लघु व सीमांत कृषकों को समय पर ऋण उपलब्ध कराया जाये।

घरेलू तथा अंतर्राष्ट्रीय दोनों प्रकार के कृषि व्यापार में सरकार द्वारा समय–समय पर कृषि व्यापार के संबंध में लागू नीतियों तथा बाजार नीतियों में अनिश्चितता एक गंभीर समस्या है। राज्य सरकारों के कृषि उत्पाद विपणन समिति अधिनियम के अंतर्गत कृषि बाजारों जिनमें भौगोलिक स्थिति के अनुसार लगभग 2477 प्रधान विनियमित बाजार और 4843 उप बाजार यार्ड शामिल हैं का विनियमन संबंधित राज्यों की कृषि उत्पाद विपणन समिति द्वारा किया जाता है। बाजार समिति और बाजार बोर्ड में पर्यवेक्षण से जुड़े पदों पर प्रभावशाली लोग होते हैं जो प्रायः अपने लाभ के लिए परस्पर गुटबंदी करके बाजार में एकाधिकार स्थापित कर लेते हैं। इन कारणों से किसान को कृषि उत्पाद विपणन समिति में अपने उत्पादों की बिक्री करके हानि होती है। कृषि उत्पादों के आंतरिक व्यापार पर सभी प्रकार के प्रतिबंधों को समाप्त करने की तथा कृषि को शासित करने वाले खंडित कानूनों के समाप्त कर देने की आवश्यकता है।

कृषि किसान एवं ग्रामीण विकास हेतु जो भी योजनागत एवं गैर योजनागत उपाय सरकार द्वारा अपनाये गये उनके अपेक्षित परिणाम प्राप्त नहीं हुए हैं। वार्षिक कृषि वृद्धि दर में कमी, कृषि क्षेत्र आय में गिरावट, कृषि में घटता वास्तविक पूंजी निवेश, विपरीत कृषि व्यापार शर्तें तथा उत्पादन एवं उत्पादकता में स्थिरता आज भी भारतीय कृषि की पहचान बने हुए हैं। अर्थशास्त्रियों एवं योजनाकारों का मानना है कि कृषि एवं ग्रामीण विकास योजनाएं बहुत सोच विचार के बाद सही ढंग से बनाई गई है। सवाल है फिर कमी कहां रह गई?

वैश्विक स्तर पर खाद्यान्नों की कमी की संभावना के मध्य राष्ट्रीय एवं अंतर्राष्ट्रीय बाजारों में कृषि की कीमतों में अत्याधिक वृद्धि हुई है। भारतीय बाजारों में भी कृषि वस्तुओं की कीमतों में अत्याधिक वृद्धि ने विद्वानों को चिंतन के लिए मजबूर कर दिया। पहले कृषि मानसून के साथ जुआ मानी जाती थी अब बाजार के साथ भी जुआ हो गई है। जिसमें सीमांत व लघु किसान दांव पर है। कृषि उत्पादन एक जटिल व सजीव व्यावसायिक गतिविधि है जिसके ऊपर हवा, बिजली, पानी, गर्मी, ठण्ड, वर्षा एवं अन्य जलवायु उतार–चढ़ावों का सीधा प्रभाव पड़ता है। बुवाई के पूर्व व उत्पादन हाथ में आने तक जोखिम ही जोखिम है। सभी उत्पादन आगत उपलब्ध होने के बावजूद कृषि उत्पादन की एक सीमा है। इसे एक झटके में दो–चार गुणा नहीं बढ़ाया जा सकता है। आधुनिक कृषि तकनीक के उपयोग ने कृषि लागत में वृद्धि की है, जिससे कृषि में पहले से व्याप्त मौसमी बेरोजगारी की समस्या को और गंभीर बना दिया है।

फसलों के न्यूनतम समर्थन मूल्य उत्पादकों के हितों को ध्यान में रखकर कृषि लागत एवं मूल्य आयोग द्वारा निर्धारित किया जाता है। भारतीय कृषि को पूरी तरह बाजार के हवाले नहीं किया जा सकता है इसमें सीमांत एवं लघु किसानों के लिए लाभ कम भविष्य की चुनौतियां एवं समस्याऐं अधिक हैं। लागत खर्च में वृद्धि से देश किसानों की स्थिति प्रभावित हो रही है। यहां तक कि उन्हें अपनी फसल का उचित मूल्य भी नहीं मिल पा रहा है। यही कारण है कि किसानों का कृषि से मोहभंग हो रहा है और वे इस क्षेत्र में लाभ नहीं देख पा रहे हैं। यदि किसानों का कृषि के प्रति यही बेरूखी रही हो वह दिन दूर नहीं जब हम खाद्‌य असुरक्षा की तरफ बढ़ जायेगे। जो कि देश की खाद्य सुरक्षा के लिए खतरे का संकेत है। खाद्य पदार्थों की लगातार बढ़ती कीमत हमारे लिए खतरा है। सरकार को अब कृषि में निवेश के रास्ते खोलने चाहिए जिससे कृषि विकास हो सके।

मध्यप्रदेश में कृषि

क्षेत्रफल की दृष्टि से मध्यप्रदेश देश का दूसरा बड़ा राज्य है, जिसका कुल भौगोलिक क्षेत्रफल 308 लाख हेक्टेयर है, जो देश के कुल भौगोलिक क्षेत्रफल का 9 प्रतिशत है। मध्यप्रदेश 7.2 करोड़ की जनसंख्या के साथ देश का छठवां बड़ा राज्य है, जिसकी 72 प्रतिशत जनसंख्या ग्रामीण इलाकों में निवास करती है। मध्यप्रदेश में जंगल, खनिज, नदियां और घाटियों के साथ-साथ 11 तरह के कृषि-जलवायु जोन, पांच तरह के फसली जोन विभिन्न प्रकार की मिट्टी तथा विभिन्न प्रकार के जल संसाधन हैं, जिनका फैलाव पूरे प्रदेश में है। प्रदेश में दलित और आदिवासियों की भी एक बड़ी संख्या है। यह प्रदेश के 35 प्रतिशत जनसंख्या का प्रतिनिधित्व करती है। प्रदेश की अर्थव्यवस्था मुख्यतः कृषि पर निर्भर है। वर्ष 2011 की जनगणना के अनुसार प्रदेश के कुल कामगारों का 69.8 प्रतिशत व ग्रामीण कामगारों का 85.6 प्रतिशत आजीविका के लिए कृषि पर निर्भर है। इनमें 31.2 प्रतिशत कृषक और 38.6 प्रतिशत कृषि मजदूर हैं। प्रदेश के सकल घरेलू उत्पाद में कृषि का योगदान 24.4 प्रतिशत है।

वर्तमान में राज्य के आधे भौगोलिक क्षेत्र में कृषि हो रही है। सन् 2012-13 में कुल क्षेत्र के 232.32 लाख हेक्टेयर क्षेत्र में फसल बोई गई। करीब 77.64 लाख हेक्टेयर क्षेत्र में एक से ज्यादा बार (दो) फसले ली गई। 2002-03 के दौरान प्रदेश में फसल बुवाई का रकवा 77.64 लाख हेक्टेयर क्षेत्र से बढ़कर 2012-13 में 232.32 लाख हेक्टेयर हो गया जो 307.56 लाख हेक्टेयर के कुल भूमि उपयोग का 75.53 प्रतिशत है। प्रदेश में सिंचित क्षेत्र वर्ष 2001-02 के मुकाबले 2012-13 में सकल सिंचित क्षेत्र 47.35 लाख हेक्टेयर से बढ़कर 89.65 लाख हेक्टेयर हो गया है। इसके बाद भी प्रदेश का करीब 60 प्रतिशत हिस्सा अभी भी वर्षा पर निर्भर और सिंचाई सुविधाओं से वंचित है।

जहाँ तक कृषि कार्य के लिए उपलब्ध जमीन के स्वामित्व की बात है, सबसे ज्यादा जमीन 44 प्रतिशत सीमांत किसानों के पास है। इसके बाद छोटे किसान आते हैं जिनके पास 27 प्रतिशत स्वामित्व हैं। लेकिन वे कुल कृषि रकवे के केवल 34 प्रतिशत का ही खेती के लिए उपयोग करते हैं। कृषि कार्य के लिहाज से जमीन का क्षेत्र कम होना लाभप्रद नहीं है। कारण कि छोटे और सीमांत किसानों के पास ज्यादा निवेश और भूमि के विकास के लिए आर्थिक संसाधन नहीं होते और अंततः उत्पादन गिरता है तथा लागत ज्यादा आती है। दरअसल इस क्षेत्र में रणनीतिक हस्तक्षेप की भी जरुरत है

ताकि राज्य के दो तिहाई किसान (छोटे और सीमांत भू-स्वामी) आजीविका के विकल्प तलाश कर सकें।

प्रदेश के कुल भौगोलिक क्षेत्र के आधे भाग पर कृषि होती है। कुल बुवाई वाला क्षेत्र 154.22 लाख हेक्टेयर है। 86.25 लाख हेक्टेयर क्षेत्र दो फसलीय है। इस तरह वर्ष 2014–15 में कुल बुवाई वाला क्षेत्र 240.47 लाख हेक्टेयर था जो प्रदेश की कुल भूमि का 72 प्रतिशत है। राज्य की अर्थव्यवस्था का मुख्य आधार कृषि है और यही एकमात्र साधन है जो बड़ी संख्या में लोगों को रोजगार उपलब्ध कराता है। वर्ष 2011 की जनगणना के अनुसार मध्यप्रदेश में जीविकोपार्जन के लिए कुल कामकाजी व्यक्तियों के 69.8 प्रतिशत और ग्रामीण क्षेत्र में कुल कामकाजी लोगों के 85.6 प्रतिशत कृषि पर आश्रित हैं। इसमें 31.2 प्रतिशत किसान और 38.6 प्रतिशत खेतिहर मजदूर हैं।

भूमि उपयोग –

मध्यप्रदेश में वर्ष 2014–15 में शुद्ध बोया गया क्षेत्र कुल क्षेत्र का लगभग 50 प्रतिशत है। पड़ती भूमि तथा बंजर भूमि का 7 प्रतिशत है जो कि वर्ष 2009–10 में 8 प्रतिशत था। वर्ष 2014–15 में मध्यप्रदेश में हुए भूमि उपयोग का विश्लेषण निम्नानुसार तालिका में दर्शाया गया है।

तालिका क्र. 1.3

मध्यप्रदेश में भूमि उपयोग का वर्गीकरण (2014–15)

वर्ग	कुल भौगोलिक क्षेत्रफल का प्रतिशत
कृषि हेतु उपलब्ध भूमि	11
पड़त भूमि को छोड़कर गैर कृषि भूमि	4
कृषि योग्य बंजर भूमि	9
पड़त भूमि	3
शुद्ध बोया गया क्षेत्र	50
एक बार से अधिक बोया गया क्षेत्र	27.5
सकल फसल क्षेत्र	77.8
सकल सिंचित क्षेत्र	33.5

स्रोत – आयुक्त भू अभिलेख ग्वालियर, किसान कल्याण तथा कृषि विकास विभाग (म.प्र.)

उपरोक्त तालिका के अवलोकन से ज्ञात होता है कि प्रदेश में कुल सिंचित क्षेत्र 33.5 प्रतिशत है जबकि शेष का क्षेत्र मानसून पर निर्भर करता है। मानसून पर निर्भरता के बावजूद पिछले पांच वर्षों में एक बार से अधिक बुवाई वाले क्षेत्र में 7 प्रतिशत वृद्धि हुई है।

मध्यप्रदेश में कृषि भूमि का प्रादेशिक वितरण बहुत असमान है। प्रदेश में तीन ऐसे क्षेत्र है, जहाँ कुल ग्रामीण क्षेत्र के अनुपात में निरा बोया गया क्षेत्र 50 प्रतिशत से अधिक है।

1. चम्बल की घाटी तथा निकटवर्ती ग्वालियर और दतिया का कृषि क्षेत्र।
2. मालवा का पठार जो पूर्व में रायसेन–भोपाल तक फैला है।
3. रीवा–पन्ना का पठार जो उत्तर में यमुना की घाटी तक है।

ये भाग अपेक्षतया समतल है, यहाँ ढाल कम है और उपजाऊ मिट्टी पायी जाती है। ढाल कम होने से कृषि कार्य में सरलता होती है। यातायात और अन्य सुविधाओं का विकास इसमें सहायक है। दूसरी ओर 1. बुन्देलखण्ड का पठार, 2. मेकल सतपुड़ा श्रेणी 3. छतरपुर एवं टीकमगढ़ का पठारी और कटा–फटा क्षेत्र तथा 4. विंध्य श्रेणी ऐसे क्षेत्र है जहाँ निरा बोया गया क्षेत्र कुल भूमि का एक तिहाई अथवा उससे कम है। बघेलखण्ड के कुछ भागों में यह क्षेत्र केवल 19.15 प्रतिशत के लगभग ही है। स्पष्ट है

कि पठारी और पहाड़ी बनावट के कारण यहाँ कृषि की बहुत सीमित संभावनाएँ हैं। अधिकांश भाग पर छिछली, कंकरीली, पथरीली लाल-पीली मिट्टी पायी जाती है, जिसमें पौधों के पोषक तत्वों की कमी है। ऐसी भौतिक दशाओं में कृषि कार्य कठिन हो जाता है। उत्तर पश्चिम मध्यप्रदेश में औसत वर्षा भी अपेक्षतया कम होती है। यह भी कृषि की संभावनाओं को कम कर देती है तथा केवल वे ही फसलें है जो कम आर्द्रता में होती है।

मध्यप्रदेश में कृषि जोत

मध्यप्रदेश में कृषि जोतों के तीन प्रकार है:

1. सीमांत / छोटी जोतें,
2. लघु जोत,
3. अन्य जोत

मध्यप्रदेश की सीमांत एवं लघु आकार की जोते अनार्थिक जोतें है। यह जोतें सामान्यतः 1 से 2 हेक्टेयर की होती है। इससे कृषकों को किसी भी प्रकार की आर्थिक बचतें प्राप्त नहीं होती इस प्रकार की जोतों वाले किसान वास्तव में बड़े किसानों से भूमि "बटिया" पर लेकर कृषि कार्य करते है।

तालिका क्र. 1.4

मध्यप्रदेश में जोतों की संख्या एवं क्षेत्र

(संख्या : प्रतिशत में एवं क्षेत्र : प्रतिशत में)

सीमांत जोतें (1 हेक्टेयर से कम)		लघु जोतें (1 हेक्टेयर से अधिक एवं 2 हेक्टेयर से कम)		अन्य जोतें (2 हेक्टेयर से अधिक)		योग	
संख्या	क्षेत्र	संख्या	क्षेत्र	संख्या	क्षेत्र	संख्या	क्षेत्र
40.45	9.92	27.17	19.23	32.38	70.85	100	100

स्रोत : www.agricoop.nic.in

तालिका के अध्ययन से ज्ञात होता है कि वर्ष 2010–11 की स्थिति में कृषि हेतु कुल क्षेत्र सीमांत कृषकों के पास 40.45 प्रतिशत था जिनकी संख्या 9.92 प्रतिशत थी। लघु कृषक जिनकी संख्या 27.17 प्रतिशत थी उनके पास कृषि क्षेत्र 19.23 प्रतिशत था। शेष कृषक 32.38 प्रतिशत थे जिनके पास कुल कृषि भूमि 70.85 प्रतिशत थी। मध्यप्रदेश में कृषि भूमि का वितरण असमान है। जोतों का आकार छोटा है जिस पर अधिक जनसंख्या का भार है। जनसंख्या के बढ़ते दबाव के कारण जोतें विभाजित होकर और छोटी होती जा रही हैं।

मध्यप्रदेश में सिंचाईः
तालिका क्र. 1.5

मध्यप्रदेश में सिंचाई के स्रोत (हजार हेक्ट. में)

वर्ष	नहरें	तालाब	नलकूप/कुंए	अन्य	शुद्ध सिंचित भूमि	कुल बोये गये क्षेत्र में सिंचित क्षेत्र का प्रतिशत
2005–06	1030	134	3696	822	5682	29.8
2006–07	1091	149	4196	929	6365	32.4
2007–08	1091	138	4256	973	6418	32
2008–09	1066	130	4369	941	6506	32.3
2009–10	1109	156.5	4072	965	6892	33.0
2010–11	1221	189	4966	1045	1045	33.2

स्रोत – कार्यालय म.प्र. कृषि संचालनालय भोपाल।

तालिका के अवलोकन से ज्ञात होता है कि प्रदेश में सिंचाई के प्रमुख साधनों में नहरें, तालाब, नलकूप/कुएं आदि है। वर्ष 2005–06 में शुद्ध सिंचित क्षेत्र 5682 हजार हेक्टेयर था जिसमें 1030 हजार हेक्टेयर नहरों से 134 हजार हेक्टेयर तालाब से 3696 हजार हेक्टेयर कुओं/नलकूपों में तथा 822 हजार हेक्टेयर अन्य साधनों से सिंचाई हुई। वहीं वर्ष 2010–11

में शुद्ध सिंचित क्षेत्र पूर्व के वर्षों की तुलना में बढ़कर 7140 हजार हेक्टेयर हो गया। नहरों से सिंचित क्षेत्र बढ़कर 1221 हजार हेक्टेयर हो गया वही तालाबों, नलकूपों व कुओं से क्रमशः 189 हजार हेक्टेयर एवं 4966 हजार हेक्टेयर हो गया। अन्य साधनों से सिंचित क्षेत्र 1045 हजार हेक्टेयर हो गया। तुलनात्मक रूप से सिंचित क्षेत्र में पूर्व की तुलना में वृद्धि हुई है।

तालिका क्र. 1.6

कुल खाद्यान्न फसलीय क्षेत्र, उत्पादन एवं उत्पादकता

वर्ष	क्षेत्र	उत्पादन	उत्पादकता
2005—06	4606.3	4371.3	949
2006—07	4528.6	3566.1	787
2007—08	4543.9	3845.2	746
2008—09	4505.5	4150.6	921
2009—10	4371.3	3866.3	884
2010—11	4622.3	4643.5	1005
2011—12	4633.9	5159.2	1113
2012—13	4641.1	7094.5	1529

स्रोत – कार्यालय म.प्र. संचालनालय, भोपाल।
नोट : क्षेत्र– हजार हेक्टेयर में, उत्पादन– हजार टन में, उत्पादकता– कि.ग्रा. प्रति हेक्टेयर

तालिका के अवलोकन से ज्ञात होता है कि वर्ष 2005—06 से 2012—13 तक कृषि में वृद्धि की तुलना में उत्पादन और उत्पादकता में अधिक वृद्धि हुई है। कृषि क्षेत्र जहाँ 2005—06 में 4606.3 हजार हेक्टेयर था वह बढ़कर 2012—13 में 4641.1 हजार हेक्टेयर हो गया। खरीफ फसलों का उत्पादन बढ़कर लगभग दो गुना हो गया। 2005—06 में यह 4371.3 हजार टन था वह 2012—13 में बढ़कर 7094.5 हजार टन हो गया। 2005—06 में उत्पादकता जहां 949 कि.ग्रा. प्रति हेक्टेयर थी वह बढ़कर 2012—13 में 1529 कि.ग्रा. प्रति हेक्टेयर हो गई। वर्ष 2009—10 सूखे के वर्ष होने के कारण उत्पादन और उत्पादकता दोनों में कमी देखी गयी।

तालिका क्र. 1.7

कुल फसलीय क्षेत्र एवं उत्पादन की वृद्धि दर

फसल	उत्पादन		वृद्धि दर प्रतिश में
	1990—91	2010—11	
चावल	1435	1774	0.83
गेंहू	5742	9227	2.39
ज्वार	1468	599	−4.38
मक्का	1126	1340	0.87
बाजरा	152	387	4.78
चना	1792	2266	1.18
खाद्यान्न	12896	16551	1.25
मूंगफली	219	305	1.69
सोयाबीन	2182	6777	5.83
राई / सरसों	492	819	2.58
कपास	397	1017	4.81

स्रोत — कार्यालय म.प्र. संचालनालय, भोपाल।

तालिका के अवलोकन से ज्ञात होता है कि प्रदेश में वर्ष 1990—91 से वर्ष 2010—11 के मध्य उत्पादन की वृद्धि दर में तुलनात्मक रूप से सर्वाधिक वृद्धि सोयाबीन में 5.83 प्रतिशत दर्ज की गई। वहीं ज्वार में वृद्धि दर−4.38 ऋणात्मक रही। शेष सभी फसलों में धनात्मक वृद्धि दर परिलक्षित होती है। खाद्यान्नों में वृद्धि दर 1.25 रही वही चावल की वृद्धि दर 0.83 प्रतिशत व गेंहू की वृद्धि दर 2.39 प्रतिशत थी।

तालिका क्र. 1.8

मध्यप्रदेश में कृषि उत्पादकता एवं वृद्धि दर (1991–2011)

फसल	उत्पादकता		वृद्धि दर प्रतिशत में
	1990–91	2010–11	
चावल	922	1182	1.25
गेंहू	1536	2073	1.51
ज्वार	904	1416	2.27
मक्का	1447	1590	0.47
बाजरा	883	1916	3.95
चना	792	785	–0.04
खाद्यान्न	1018	1247	1.01
मूंगफली	770	1494	3.36
सोयाबीन	1016	1222	0.93
राई / सरसों	902	1128	1.12
कपास	333	926	5.25

स्रोत – कृषि कार्यालय म.प्र. संचालनालय, भोपाल।

तालिका के अवलोकन से ज्ञात होता है कि प्रदेश में वर्ष 1990–91 से वर्ष 2010–11 के बीच उत्पादकता की वृद्धि दर में तुलनात्मक रूप से सर्वाधिक वृद्धि दर कपास में 5.29 प्रतिशत और बाजरा में 3.95 प्रतिशत देखी गई है। वहीं खाद्यान्न, गेंहू, चावल, सोयाबीन की उत्पादकता में कम मात्रा में वृद्धि देखी गई है जो क्रमशः 1.01, 1.91, 1.25 व 0.93 प्रतिशत थी। समग्र फसलों को देंखे तो कपास एवं बाजरा को छोड़कर अन्य सभी फसलों की उत्पादकता में बहुत अधिक परिवर्तन नहीं हुआ।

मध्यप्रदेश में वर्ष 1970–71 में औसत कृषि लागत 515.83 रूपये प्रति हेक्टेयर थी जोकि 1981–91 के मध्य लगभग 2944.39 रूपये प्रति हेक्टेयर हो गयी। नई आर्थिक नीति लागू होने के पश्चात् तो कृषि लागतों में बहुत तेजी से वृद्धि हुई है। यह 1991–2001 के दशक में औसत तीन गुणा बढ़कर 9178.80 रूपये प्रति हेक्टेयर

वर्ष 2004–05 में 14696.06 रूपये प्रति हेक्टेयर तथा 2011–12 में यह बढ़कर लगभग 32409 रूपये प्रति हेक्टेयर पहुँच गई। पिछले पांच वर्षों में कृषि लागत दोगुने से भी अधिक बढ़ी है। 1970–71 से 2011–12 तक के मध्य कृषि लागत में लगभग 65 गुणा वृद्धि देखी गई है। वर्तमान में तो यह वृद्धि और अधिक तेज गति से हो रही है। दूसरी ओर इसी अवधि में खाद्यान्न उत्पादन में मात्र ढ़ाई गुना वृद्धि हुई है। जहाँ तक पारिश्रमिक व्यय का प्रश्न है वर्ष 1970–71 में जो पारिश्रमिक व्यय औसतन 119.18 रूपये प्रति हेक्टेयर था वह 1990–2001 के दशक में बढ़कर 1622.75 रूपये प्रति हेक्टेयर तथा 2004–05 में बढ़कर 2260.03 रूपये प्रति हेक्टेयर हो गया। वर्ष 2011–12 में तो यह पारिश्रमिक व्यय लगभग 8 गुणा बढ़कर 15900 रूपये प्रति हेक्टेयर हो गया। इस प्रकार इस अवधि में कृषि पारिश्रमिक व्यय में भी तेजी से वृद्धि हुई है। इसी प्रकार उर्वरक के प्रयोग व्यय में भी जो 1970–71 में औसतन प्रति हेक्टेयर 4.14 रूपये था वह 1990–2001 के दशक में बढ़कर प्रतिवर्ष 834.85 रूपये वर्ष 2004–05 में बढ़कर 1241.75 रूपये तथा 2011–12 में बढ़कर 3211 रूपये प्रति हेक्टेयर हो गया। इसी प्रकार सिंचाई एवं बीज व्यय में भी वृद्धि परिलक्षित होती है। वर्ष 1970–71 में बीज की लागत 88.13 रूपये प्रति हेक्टेयर व सिंचाई लागत 2.33 रूपये प्रति हेक्टेयर आती थी। जो 1991–01 के दशक में बढ़कर क्रमशः 732.79 रूपये प्रति हेक्टेयर 2004–05 में 997.84 रूपये व 1961.51 रूपये प्रति हेक्टेयर 2011–12 में यह बढ़कर 2338 रूपये प्रति हेक्टेयर व 2200 रूपये प्रति हेक्टेयर हो गई। कुल मिलाकर वर्ष 2011–12 में कृषि उपज का मूल्य लगभग 3498 रूपये प्रति हेक्टेयर पहुँच गया जो अधिक लागतों एवं उत्पादों के मूल्यों में तद्नुसार वृद्धि न होने के कारण लाभप्रद नहीं था। अधिकांश कृषकों के लिए कृषि घाटे का सौदा बना हुआ है। एन.एस.एस.ओ. का तो यहाँ तक अनुमान है कि यदि विकल्प मिले तो 42 प्रतिशत तक किसान कृषि कार्य छोड़ सकते हैं। कारण कि किसानों को उनकी लागत ही नहीं मिल रही है। लागत व्यय बढ़ने से देश के किसानों की हालात खराब होते जा रहे है।

मध्यप्रदेश की प्रमुख फसलें गेंहू एवं चावल की उत्पादकता राष्ट्रीय स्तर से कम है कारण कि प्रदेश में सिंचित क्षेत्रफल मात्र 34 प्रतिशत है। वर्षा की अनिश्चितता के कारण खरीफ की फसलें प्रायः प्रभावित होती है। प्रदेश में लगभग 65 प्रतिशत सिंचाई कुएं व नलकूप द्वारा की जाती है। परन्तु उक्त स्रोतों की सिंचाई क्षमता भू–जल स्तर पर निर्भर है। प्रदेश में भू–जल स्तर कम होता जा रहा है। अतः प्रदेश में जब भी सूखे की स्थिति निर्मित होती है कृषि उत्पादकता पर प्रतिकूल प्रभाव पड़ता है। मध्यप्रदेश

अनुसूचित जाति, अनुसूचित जनजाति बाहुल्य प्रदेश है। प्रदेश के लगभग 68 प्रतिशत किसान लघु एवं सीमांत श्रेणी में आते हैं। इन कृषकों द्वारा सामान्यतः असिंचित क्षेत्र से फसले ली जाती हैं जिससे उनका उत्पादन कम होता है और उत्पादन लागत अधिक आती है।

प्रस्तुत पुस्तक मध्यप्रदेश के दमोह जिले पर केन्द्रित है जिसमें कुछ प्रश्नों के उत्तर तलाशने का प्रयास किया गया है। कृषि कितनी लाभदायी है, सीमांत और वृहत किसानों की लागत व आय का विश्लेषण, जोतों के आकार और आय में क्या सबंध है? दमोह जिला फसलीय विभाजन की दृष्टि से गेहूं उत्पादन क्षेत्र में आता है तथा इसकी उत्पादकता निम्न है। इतना ही नहीं एक ही फसलीय क्षेत्र में उच्च लागत एवं निम्न उत्पादकता के कारण कृषकों की आय एवं कृषि लागत में अंतर है। जबकि, न्यूनतम समर्थन मूल्य की घोषणा पूरे प्रदेश में समान रूप से लागू होती है। ऐसी स्थिति में इस प्रश्न को जानने की लालसा भी कि क्या न्यूनतम समर्थन मूल्य के कारण कृषि तकनीकी में कोई परिवर्तन आया है और क्या किसान न्यूनतम समर्थन मूल्य का पर्याप्त लाभ ले पा रहे हैं?

अध्याय−2

समस्या का चयन एवं अध्ययन क्षेत्र

कृषि लागत एवं आय का विश्लेषण मध्यप्रदेश के दमोह जिले के कृषकों का अध्ययन कर निष्कर्ष निकालने का प्रयास प्रस्तुत पुस्तक में किया गया है। यह कई अर्थों में भिन्न व उपयोगी है जैसे–कृषि लागत व कृषक वर्गो में बहुत ही कम अध्ययन हुए है। कृषि लागत के आंकड़े फसलीय स्तर पर तो उपलब्ध होते हैं तथा उनका अध्ययन किया जाता है परन्तु कृषक वर्ग के स्तर पर कम उपलब्ध होते हैं। यह कृषि क्षेत्र पर न्यूनतम समर्थन मूल्य के प्रभावों के अध्ययन की दृष्टि से भी महत्वपूर्ण है। साथ ही सूक्ष्म स्तर पर न्यूनतम समर्थन मूल्य की व्यावहार्यता का अध्ययन किया गया है।

कृषि की लाभदायकता का अध्ययन, फसल जोतों की आर्थिक स्थिति का परीक्षण करना, फसलों से प्राप्त प्रतिफल को ज्ञात करना एवं कृषि में आने वाली प्रमुख समस्याओं की पहचान करना, इस अध्ययन का उद्देश्य रहा है। न्यूनतम समर्थन मूल्य के कारण उन्नत कृषि तकनीक अपनाने की प्रवृत्ति का परीक्षण व न्यूनतम समर्थन मूल्य और कृषि संबंधी निर्णयों के बीच संबंध का मूल्यांकन भी आगामी अध्यायों में किया गया है।

परिकल्पना किसी भी अध्ययन प्रक्रिया का सर्वाधिक महत्वपूर्ण चरण होता है। अध्ययन, परिकल्पना निर्माण एवं उसके परीक्षण के मध्य की प्रक्रिया है। समस्या का चयन कर लिये जाने के उपरांत अध्ययन से संबंधित परिकल्पना का निर्माण करना महत्वपूर्ण कार्य होता है। समस्या का चयन एवं उसका विश्लेषण करने के बाद कुछ संभावित सुझाव देने का प्रयास किया गया है। ताकि उन सुझावों की सत्यता का वास्तविक तथ्यों के आधार पर परीक्षण किया जा सके। समस्या से संबंधित निम्न परिकल्पनायें निर्मित की गई हैं।

1. आधुनिक तकनीक के साथ कृषि लागत में निरन्तर वृद्धि हुई है।
2. कृषि लागत और कृषि उत्पादों के मूल्य में सीधा संबंध नहीं है।

3. कृषि लागत का सर्वाधिक प्रभाव लघु एवं सीमान्त किसानों पर पड़ता है।
4. न्यूनतम समर्थन मूल्य और वास्तविक कृषि लागत में संबंध नहीं है।

सीमित समय एवं संसाधनों से सभी इकाइयों का अध्ययन करना कठिन है। अतः ऐसी स्थिति में यह आवश्यक हो जाता है कि अध्ययन क्षेत्र की सभी इकाइयों में से निदर्शन पद्धति के आधार पर सावधानीपूर्वक कुछ ऐसी इकाइयों का चयन किया जाये जो समग्र इकाइयों का प्रतिनिधित्व कर सके।

अध्ययन हेतु मध्यप्रदेश के दमोह जिले को विचारपूर्वक चयन किया है। यह जिला प्रदेश के फसलीय विभाजन में गेंहू उत्पादक क्षेत्र के अंतर्गत आता है। प्रस्तुत अध्ययन प्राथमिक एवं द्वितीयक आंकड़ों पर आधारित है।

समंक – म.प्र. की कृषि संबंधी समंकों का अध्ययन करने के लिए संपूर्ण अध्ययन प्राथमिक एवं द्वितीयक दोनों समंकों के आधार पर किया गया है। कृषि से संबंधित द्वितीयक समंक विभिन्न स्रोतों से संकलित किये गये हें। हमने अध्ययन को वर्ष 2003–04 से 2013–14 तक 10 वर्षो में सीमित कर अध्ययन किया है। वर्ष 2003–04 से 2013–14 तक के आंकड़े विभिन्न ग्रन्थों, पत्र–पत्रिकाओं, सरकारी प्रकाशन, सरकारी रिपोर्ट, आर्थिक सर्वेक्षण, बुलेटिन, योजनाओं व इंटरनेट आदि से संकलित किये गये हैं।

निदर्शन तकनीक एवं न्यादर्श का आकार – सर्वेक्षण विधि से न्यादर्श के आधार पर आंकड़ों को संकलित किया गया। सूचना को एकत्रित करने के उद्देश्य से कृषकों से व्यक्तिगत तौर पर मुलाकात की गई। अध्ययन के उद्देश्यों को ध्यान में रखकर साक्षात्कार अनुसूची तैयार की गई। अध्ययन के दौरान अनुसूची को पूर्व जांच की गई और उसके आधार पर संशोधन भी किया गया।

न्यादर्श का आकार – मध्यप्रदेश के दमोह जिले में अध्ययन हेतु 70 किसानों का चयन निम्न तालिका अनुसार किया गया है।

तालिका क्र. 2.1

अनुसंधान क्षेत्र में न्यादर्श का आकार

क्र.	तहसील का नाम	गांव संख्या	गांवों की न्यादर्श संख्या	न्यादर्श गांवों में किसानों की न्यादर्श संख्या
1	दमोह	233	02	10
2	पथरिया	133	02	10
3	जबेरा	182	02	10
4	तेन्दुखेड़ा	185	02	10
5	बटियागढ़	158	02	10
6	हटा	152	02	10
7	पटेरा	162	02	10
	कुल	1205	14	70

उक्त तालिका के अनुसार निम्न प्रकार से सविचार निदर्शन विधि द्वारा न्यादर्श का प्रयोग किया जायेगा–

❖ गांव की कुल संख्या में से 14 गांव का चयन किया गया, प्रत्येक तहसील से 2 गांव का चयन दैव निदर्शन विधि द्वारा किया गया है।

❖ गांव के चयन में जिले की सभी तहसीलें शामिल किया गया है।

❖ चयनित गांव से यादृच्छिक विधि के आधार पर 70 किसानों का प्राथमिक समंक संकलन हेतु वर्गवार अध्ययन किया गया है।

❖ अध्ययन की सुविधा हेतु वृहद किसान व मध्यम किसानों को एक ही श्रेणी में रखा गया है।

❖ कुल चयनित गांवों में से 50 प्रतिशत गांव तहसील मुख्यालय के पास व 50 प्रतिशत गांव तहसील मुख्यालय से दूर के चयनित किये गये हैं। तहसील मुख्यालय के पास 5–10 कि.मी. की दूरी व तहसील मुख्यालय से दूर लगभग 20–25 कि.मी. की दूरी पर स्थित गांव का चयन किया गया।

❖ चयनित गांवों में से प्रत्येक गांव से पांच–पांच किसानों का चयन लॉटरी विधि द्वारा किया गया। अध्ययन हेतु कुल 70 किसानों का चयन किया गया, चूंकि

- किसानों का वर्गवार अध्ययन हेतु किसानों की संख्या में किसी-किसी गांव में परिवर्तन भी करना पड़ा।
- ❖ प्रत्येक तहसील से दो गांवों का चयन किया गया तथा प्रत्येक तहसील से 10 किसानों का चयन सविचार निदर्शन विधि द्वारा किया गया।
- ❖ किसानों का वर्गवार अध्ययन करने हेतु प्रत्येक कृषक वर्ग से किसानों का दैव निर्दशन विधि के आधार पर लॉटरी पद्धति द्वारा चयन किया गया।
- ❖ किसानों के वर्गवार अध्ययन हेतु कृषिकों को चार वर्गो में विभाजित किया गया है। वृहत एवं मध्यम किसानों को अध्ययन की सुविधा हेतु एक ही वर्ग में रखा गया है।
- ❖ 0–1 हेक्टेयर भूमि वाले कृषक सीमांत कृषक कहलाते हैं हमने अपने अध्ययन में लगभग 35 किसानों का इस वर्ग में अध्ययन के लिए चुना। प्रत्येक तहसील से पांच-पांच सीमांत कृषकों का अध्ययन किया गया।
- ❖ जिले में 1 हेक्टेयर से कम वाली जोतों की संख्या लगभग 49 प्रतिशत होने के कारण हमने अध्ययन हेतु लगभग 50 प्रतिशत न्यादर्श सीमांत कृषकों के रखे।
- ❖ एक हेक्टेयर से दो हेक्टेयर तक की जोतों को लघु जोत कहा जाता है। हमने जिले की प्रत्येक तहसील से दो-दो लघु कृषकों का चयन अध्ययन हेतु किया। कुल 14 लघु कृषकों का अध्ययन किया गया। जिले में कुल 20.36 प्रतिशत किसान लघु किसान हैं।
- ❖ दो हेक्टेयर से चार हेक्टेयर तक की जोत को अर्द्धमध्यम जोत कहा जाता है। जिले की प्रत्येक तहसील से दो-दो अर्द्धमध्यम किसानों का चयन अध्ययन हेतु किया गया। कुल 14 अर्द्धमध्यम किसानों का चयन किया गया। जिले में 19.64 प्रतिशत किसान अर्द्धमध्यम आकार के हैं।
- ❖ चार हेक्टेयर से 10 हेक्टेयर की जोतों को मध्यम जोत तथा 10 हेक्टेयर से अधिक जोतों को वृहत जोतें कहा जाता है। हमने अध्ययन की सुविधा हेतु मध्यम व वृहत जोतों को एक ही श्रेणी में रखा है और प्रत्येक तहसील से 4 हेक्टेयर से ऊपर की जोत वाले एक-एक किसान का चयन किया गया। कुल पांच किसानों का चयन किया गया जिनकी जोत का आकार 4 हेक्टेयर से अधिक है।
- ❖ प्रत्येक किसान वर्ग में किसानों का चयन यादृच्छिक रूप से किया गया है। जिले में वृहत व मध्यम किसान लगभग 10.33 प्रतिशत हैं।

समस्या का चयन एवं अध्ययन क्षेत्र

समंकों का विश्लेषण – अध्ययन के उद्देश्य को ध्यान में रखते हुए समंको का सारणीयन एवं वर्गीकरण किया गया। समंको का विश्लेषण करने के लिए निम्न गणितीय एवं सांख्यिकीय विधियों का उपयोग किया गया।

(1) **माध्य** – समांतर माध्य का उपयोग कृषि लागतों, उत्पादन के मूल्यों, आय, प्रतिफल आदि के औसतों का अध्ययन करने के लिए किया गया।

$$\bar{X} = \frac{\Sigma x}{N}$$

जहाँ

$\bar{X}$ = समांतर माध्य

Σx = श्रेणी का योग

N = कुल अवलोकित संख्या

(2) **सापेक्ष परिवर्तन** – कृषि लागतों, कीमतों व उत्पादन के मूल्य में सापेक्ष परिवर्तन ज्ञात करने के लिए निम्न प्रविधि का उपयोग किया गया।

$$AC = y_n - y_0$$

जहाँ

y_n = कृषि लागत / कीमत / उत्पादन 2012–13, 2013–14

y_0 = कृषि लागत / कीमत / उत्पादन 2002–03, 2003–04

(3) **तुलनात्मक परिवर्तन** – प्रतिशत परिवर्तन ज्ञात करने के लिए तुलनात्मक परिवर्तन विधि का उपयोग किया गया।

$$Rc = \frac{y_n - y_0}{y_0} \times 100$$

RC = Relative Change

y_n और y_0 जैसा कि बिन्दु (2) में स्पष्ट किया गया है।

(4) **विचरण गुणांक** – अध्ययन अवधि के दौरान चयनित पदों में परिवर्तन की तुलना करने के लिए इनका उपयोग किया गया।

$$(C.V.) = \frac{\sigma}{\bar{X}} \times 100$$

जहाँ

σ = प्रमाप विचलन

$\bar{X}$ = समांतर माध्य

$$\sigma = \sqrt{\frac{\Sigma x_2}{N} - \left(\frac{\Sigma x}{N}\right)^2}$$

जहाँ

N = अवलोकनों की संख्या

x = कृषि लागत / कीमत / उत्पादन आदि चर

(5) **प्रतीपगमन विश्लेषण** – प्रतीपगमन की न्यूनतम वर्ग रीति का उपयोग किया गया।

Lineur equation y = a + bx

जहाँ

y = परतंत्र चर

a = Constant

b = प्रतीपगमन गुणांक (परिवर्तन की दर)

x = स्वतंत्र चर (वर्ष)

(6) **सहसंबंध गुणांक** – न्यूनतम समर्थन मूल्य, फसल कटाई मूल्य एवं थोक मूल्य में संबंध ज्ञात करने के लिए सहसंबंध गुणांक का सहारा लिया गया।

r = Σ(dx.dy)/N. ($\sigma x \sigma y$)

जहाँ

r = सहसंबंध गुणांक

Σ(dx.dy) = x एवं y श्रेणी का विचरण

N = कुल संख्या

($\sigma x \sigma y$) = x एवं y श्रेणी का प्रभाव विचरण

(7) परिकल्पना परिक्षण हेतु स्टुडेट का टी टेस्ट

$$t = \frac{\bar{x} - m}{\sigma}\sqrt{N}$$

$\bar{x}$= न्यादर्श कृषकों की प्रति हेक्टेयर लागत का समानान्तर माध्य

m = मध्यप्रदेश में कृषकों प्रति हेक्टेयर लागत का समानान्तर माध्य

n = न्यादर्श की कुल संख्या

(8) वृद्धि दर = $\frac{\text{वर्तमान मूल्य − पिछला मूल्य}}{\text{पिछला मूल्य}} \times 100$

$$GR = \frac{T_2 - T_1}{T_2} \times 100$$

(9) **प्रमाप विभ्रम** – प्रमाप विभ्रम का उपयोग सहसंबंध की सार्थकता का परीक्षण करने हेतु किया गया। $SE = \frac{I - r^2}{\sqrt{N}}$

जहाँ

$S.E.$ = प्रमाप विभ्रम

r = सहसंबध गुणांक

N = युग्मों की कुल संख्या

सहसंबंध गुणांक की सीमाएं निम्न सूत्रों द्वारा प्राप्त की गई हैं।

$r \pm 3$ S.E.

(10) **काई वर्ग परीक्षण** – वास्तविक एवं प्रत्याशित आवृत्तियों अंतर का पता लगाने हेतु परिकल्पना परीक्षण काई वर्ग विधि द्वारा किया गया जिसमें निम्न सूत्र का उपयोग किया गया।

1. शून्य परिकल्पना (H_o: Fo – Fe)
2. प्रत्याशित आवृत्तियों का परिगणन – $A_1B_1 = \frac{A_1 - B_1}{N}$
3. x^2 का परिगणन – $x^2 = \sum\left[\frac{(F_o - F_e)^2}{F_e}\right]$
4. स्वातंत्र्य संख्या – d.f. = (c – 1) (r – 1)

(11) **उपनति का मूल्य** – $Y_c = a + bx$

y_c = उपनति का मूल्य जो ज्ञात करना है

a = स्थिरांक

b = स्थिरांक

x = समय की इकाई

a तथा b स्थिरांकों का मूल्य ज्ञात करने के लिए हम दो प्रासामान्य समीकरणों का उपयोग करते हैं–

$\Sigma(y) = Na + b\Sigma(x)$ .... (i)

$\Sigma(xy) = a\Sigma(x) + b\Sigma(x)^2$.......... (ii)

(12) **सहसंबध गुणांक की सार्थकता का ज परीक्षण** – कुल युग्मिक समंकों के दैव प्रतिदर्श के सहसंबंध गुणांक की सार्थकता का परीक्षण करने के लिए t बंटन का प्रयोग किया गया है। t परीक्षण निम्नांकित सूत्र द्वारा ज्ञात किया गया है।

$$t = \frac{r}{\sqrt{(I - r^2)}} \times \sqrt{(n-2)}$$

(13) **प्रसरण विश्लेषण** – प्रतिदर्श के बीच प्रसरण : आकार समान होने पर पर–

$$\bar{\bar{x}} = \frac{\overline{x_1} + \overline{x_2} + \overline{x_3} + \overline{x_k}}{K}$$

$\bar{\bar{x}}$ = प्रतिदर्शो का माध्य

k = प्रतिदर्श की संख्या

आकार समान न होने पर–

$$\bar{\bar{x}} = \frac{\Sigma\overline{x_1} + \Sigma\overline{x_2} + \Sigma\overline{x_3} + \ldots\Sigma\overline{x_k}}{n_1 + n_2 + \ldots n_k}$$

प्रतिदर्शो के अंतर्गत प्रसरण–

$$SSB = n_1(\bar{x}_1 - \bar{\bar{x}})^2 + n_2(\bar{x}_2 - \bar{\bar{x}})^2 + n_3(\bar{x}_3 - \bar{\bar{x}})^2 + \ldots + n_k(\bar{x}_k - \bar{\bar{x}})^2$$

प्रतिदर्शो के अंतर्गत प्रसरण–

$$= \sum(x_1 - \overline{x_1})^2 + \sum(x_2 - \overline{x_2})^2 + \sum(x_3 - \overline{x_3})^2 + \ldots \sum(x_k - \overline{x_k})^2$$

तालिका क्र. 2.2

प्रसरण विश्लेषण तालिका

क्र.	प्रसरण स्रोत	स्वातंत्र कोटियां	वर्गों का योग	प्रसरण	प्रसरण अनुपात
1	प्रतिदर्शों के बीच	$K-1$	$\Sigma[n(\bar{x}_1-\bar{\bar{x}})^2]$ (SSB)	$\Sigma[n(\bar{x}_1-\bar{\bar{x}})^2] \div (k-1)$ (MSB)	$F=\dfrac{MSB}{MSW}$ अथवा $F=\dfrac{MSW}{MSB}$
2	प्रतिदर्शों के अन्तर्गत	$N-K$	$\Sigma(x-\bar{x_K})^2$ (SSW)	$\Sigma(x-\bar{x_K})^2 \div (n-k)$ (MSW)	
3	योग	$N-1$	$\Sigma(x-x)^2$ (SST)	$\Sigma(x-\bar{\bar{x}})^2 \div (n-1)$	

(15) लागत परिकल्पना

लागतों को लागत कतिपय लागत संकल्पनाओं को अपनाकर निकाला जाता है। प्रत्येक अवधारणा में शामिल इन लागत संकल्पना एवं लागत मदों को नीचे दिया गया है।

- किराये पर लिए गए मानव श्रम का मूल्य।
- किराये पर लिए गए बैल श्रम का मूल्य।
- स्वामित्व और श्रम का मूल्य।
- स्वामित्व मशीन श्रम का मूल्य।
- किराये पर ली गई मशीनरी का प्रभार।
- बीजों का मूल्य (फार्म में तैयार किये गये, खरीदे गये)
- कीटनाशी तथा कीटनाशक का मूल्य
- खाद का मूल्य (तैयार किया गया तथा खरीदा गया)
- उर्वरक का मूल्य
- औजारों तथा फार्म भवनों पर मूल्य ह्रास
- सिंचाई प्रभार
- भू राजस्व उपकर तथा अन्य कर
- प्रचालन भूमि पर ब्याज
- विविध खर्चे

लागत की गणना –

लागत A_1 = पारिश्रमिक व्यय (मानवीय + मशीन)

    + बीज

    + उर्वरक

    + खाद गोबर / कम्पोस्ट

    + सिंचाई

    + पौध संरक्षण

    + विपणन

लागत A_2 = लागत A_1 + पट्टे पर ली गई भूमि के लिए भुगतान किया गया किराया

लागत B_1 = लागत A_1 + स्वामित्व वाली निर्धारित पूंजी परिसम्पत्ति के मूल्य पर ब्याज

लागत B_2 = लागत B_1 + स्वामित्व वाली भूमि के बारे में किराया मूल्य तथा पट्टे पर ली गई भूमि के लिए भुगतान किया गया किराया

लागत C_1 = लागत B_1 + पारिवारिक श्रम का आरोपित मूल्य

लागत C_2 = लागत B_2 + पारिवारिक श्रम का आरोपित मूल्य

लागत C_3 = लागत C_1 + जोखिम एवं प्रबंधन व्यय 10 प्रतिशत C_2 का

(16) सकल उत्पाद मूल्य

GVO = उपज प्रति हेक्टेयर × उपज की कीमत प्रति क्विंटल

शुद्ध लाभ = GVO – प्रति हेक्टेयर कुल काश्त लागत (B_2)

(17) आगत–निर्गत अनुपात

$$\text{आगत–निर्गत अनुपात} = \frac{\text{सकल उत्पाद का मूल्य (GVO)}}{\text{कुल काश्त लागत}}$$

(18) उत्पादन की लागत

$$\text{उत्पादन की लागत} = \frac{\text{लागत } C_3 - \text{उत्पादों की कीमतें}}{\text{कुल उत्पाद}}$$

(19) शुद्ध जोत आय = सकल आय – लागत C_3

(20) जोत व्यवसाय आय = सकल आय – A_1

(21) परिवार श्रम आय = सकल आय – लागत B_2

(22) लाभ लागत अनुपात $= \frac{\text{सकल आय}}{\text{सकल व्यय}}$

अध्ययन क्षेत्र

1 नवम्बर, 1956 को मध्य प्रदेश राज्य के पुर्नगठन के समय दमोह जिला अस्तित्व में आया था। दमोह जिला मध्य प्रदेश के मध्य भाग में 32.09 में उत्तरी अक्षांश से 24.275 उत्तरी अक्षांश तक एवं 79.03 पूर्व देशांश से 79.57 तक पूर्व देशांश के बीच स्थित है। इसके उत्तर पूर्व में पन्ना जिला पश्चिम में सागर जिला उत्तर पश्चिम छतरपुर जिला दक्षिण में नरसिंहपुर तथा दक्षिण में जबलपुर एवं कटनी जिला स्थित है। जिले की लम्बाई 145 कि.मी. है। राज्य के अन्य जिले के अनुरूप दमोह जिले की जलवायु मौसमी है। वर्षा मुख्यतः जुलाई एवं अगस्त में होती है जिले की औसत वर्षा 2013–14 में 2119.9 मि.मी. है प्राकृतिक संरचना की दृष्टि से जिले का बहुत सा भाग पर्वतीय है।

दमोह जिले में 461 ग्राम पंचायतें एवं 7 जनपद पंचायतें है। 2001 की जनगणना के अनुसार जिले में कुल 1217 ग्रामों में से 1180 आबाद ग्राम एवं 37 वीरान ग्राम है। जिले में 5 नगरीय निकाय क्रमशः नगर पालिका दमोह, हटा, नगर पंचायत पथरिया, हिण्डोरिया, एवं तेन्दूखेड़ा है।

जिले में वर्ष 2011 की जनगणना अनुसार कुल साक्षरता का प्रतिशत 69.73 है जिसमें साक्षर पुरूष 79.27 प्रतिशत एवं महिला साक्षरता का प्रतिशत 59.22 है। नगरीय क्षेत्र में साक्षरता का प्रतिशत 83.98 है। ग्रामीण क्षेत्र में 66.08 है जिले की वर्ष 2011 की जनगणना के अनुसार कुल जनसंख्या में अनुसूचित जाति का प्रतिशत 19.50 एवं अनुसूचित जनजाति का प्रतिशत 12.06 है जिले की वर्ष 1991 में कुल जनसंख्या में 3,69,699 कार्यशील जनसंख्या है जिसमें 1,16,312 कृषक 83841 खेतीहर मजदूर तथा 4,799 पारिवारिक उद्योगों में लगे है जिले में गैर कार्यशील व्यक्तियों की संख्या 5,30,426 है।

तालिका क्र. 2.3

दमोह जिले की भौगोलिक स्थिति

जिला/तहसील	उत्तरी अक्षांश विस्तार	पूर्वी देशांतर विस्तार	समुद्र तल से ऊँचाई (मीटर में)
पथरिया	23°.50' से 24°.01'	79°.03' से 79°.18'	363
जबेरा	23°.26' से 23°.39'	79°.36' से 79°.57'	353
तेन्दुखेड़ा	23°.09' से 23°.29'	79°.11' से 79°.44'	371
बटियागढ़	23°.50' से 24°.13'	79°.07' से 79°.27'	364
हटा	24°.07' से 24°.27'	79°.26' से 79°.52'	367
पटेरा	23°.44' से 24°.07'	79°.27' से 79°.52'	367
दमोह तहसील	23°.31' से 24°.02'	79°.17' से 79°.47'	341
जिला दमोह	23°.09' से 24°.27'	79°.03' से 79°.57'	341

स्रोत – जिला सांख्यिकी पुस्तिका, दमोह, एवं अधीक्षक, भू-अभिलेख, दमोह।

क्षेत्रफल

आकार की दृष्टि से दमोह जिले का क्षेत्रफल 7306 वर्ग कि.मी. हैं। जिले के इस क्षेत्रफल में ग्रामीण क्षेत्र 7228 वर्ग कि.मी. तथा विभिन्न नगरीय क्षेत्र 78 वर्ग कि.मी. में स्थित हैं।

जलवायु

जलवायु से उस क्षेत्र के मौसमी तापक्रम, वर्षा और उस पर्यावरण की जानकारी मिलती है जिस पर आर्थिक स्वरूप निर्भर करता हैं। जलवायु की दृष्टि से दमोह जिला सम्पूर्ण उत्तरी और मध्य भारत की भौगोलिक स्थिति का प्रतिनिधित्व करता है। दमोह जिले की जलवायु समशीतोष्ण है। जनवरी माह में तापक्रम गिरकर न्यूनतम 6डिग्री सेल्सियस तक पहुँच जाता है। जबकि दिन का तापक्रम 20डिग्री बना रहता है।

मार्च–अप्रैल से लेकर तापक्रम में लगातार वृद्धि होती है। 15 मई से 15 जून तक सर्वाधिक गर्म माह होते है। प्रायः इस समय अधिकतम तापक्रम बढ़कर 45 डिग्री तक पहुँच जाता है।

जून के अंतिम सप्ताह तक मानसूनी वर्षा आरंभ हो जाती है। जो सितम्बर माह तक दृष्टिगोचर होती है। वर्षा ऋतु का प्रभाव 15 सितम्बर तक स्पष्ट रूप से दिखाई देता है। इसके साथ खरीफ सत्र का क्रमशः समापन और अक्टूबर माह के उत्तरार्ध में रवि फसलों की बुआई की पृष्ठभूमि निर्मित होने लगती है।

दमोह जिले की सामान्य औसत वर्षा 2013–14 में 2119 मि.मी. आंकी गई है। जबेरा, तेन्दूखेड़ा जैसे क्षेत्रों में अपेक्षाकृत अधिक वर्षा तथा दमोह, हटा, पथरिया तहसीलों में अपेक्षाकृत कम वर्षा होती है।

वन

वन सम्पदा का आर्थिक विकास में महत्वपूर्ण स्थान है। वनों से न केवल प्रत्यक्ष रूप से इमारती लकड़ी प्राप्त होती है बल्कि जलाऊ लकड़ी, बीड़ी बनाने के लिये तेन्दूपत्ता, कागज बनाने के लिये बाँस, औषधियाँ बनाने के लिये जड़ी–बूटियाँ एवं पेड़–पौधे उपलब्ध होते है, जिनका औषधि विज्ञान में काफी महत्व है। वनों द्वारा उपलब्ध कच्चे माल पर अनेक कुटीर उद्योग संचालित होते है, जिनका राष्ट्रीय उत्पादन में महत्वपूर्ण योगदान होता है। दमोह जिले में वनों का पर्याप्त महत्व है लेकिन जिले के समग्र वार्षिक उत्पादन में वनोपार्जन का अंशदान क्रमशः घटता जा रहा है। दमोह जिले के वन मण्डल कार्यालय के अभिलेख के अनुसार 1970 के बाद से जिले में वनों का क्षेत्रफल लगातार घटता जा रहा है। इसके अनुसार सन् 1950–51 में सम्पूर्ण जिले में वनों का क्षेत्रफल 73.5 प्रतिशत था जो कि सन् 1960–61 में घटकर 64.2 प्रतिशत, 1970–71 में 52.5 प्रतिशत, 1980–81 में 43.5 प्रतिशत, 1990–91 में 38.5 प्रतिशत एवं 2000–01 की स्थिति के अनुसार 32.4 प्रतिशत रह गया है। वर्तमान में इस वन मंडल में आठ परिक्षेत्र सिंग्रामपुर, हटा, सगौनी, तेन्दुखेड़ा, ताराखेड़ी, झालौन, तेजगढ़ एवं दमोह का क्षेत्रफल 267.78 हेक्टेयर हैं।

आर्थिक स्थिति – जिले की अधिकांश जनसंख्या ग्रामीण क्षेत्र में निवास करती है व गरीबी रेखा के नीचे जीवनयापन करती है। यहाँ औद्योगीकरण की गति बहुत ही धीमी है। एकमात्र उद्योग सीमेंट फैक्टरी है। परिणामस्वरूप अधिकांश जनसंख्या

कृषि पर निर्भर है। आय का अतिरिक्त स्त्रोत बीड़ी बनाना है। बड़ी संख्या में लोग बीड़ी बनाने एवं कृषि श्रमिक के रूप में कार्य करते हैं। भूमि की निम्न उर्वरा शक्ति एवं सिंचाई के स्त्रोतों के आभाव के कारण जिला आर्थिक पिछड़ेपन की स्थिति से गुजर रहा है। परिवार के छोटे सदस्य बड़े सदस्यों के काम में हाथ बंटाते हैं ताकि आर्थिक स्थिति संतोषजनक बनी रहे। परिणामस्वरूप समय पूर्व स्कूल छोड़ने पर मजबूर हो जाते हैं। उद्योगों का आभाव, कृषि पर अत्याधिक निर्भरता, गरीबी और बेरोजगारी के कारण जिला अत्याधिक आर्थिक पिछड़ेपन की स्थिति में हैं।

जनसंख्या

तालिका क्र. 2.4

दमोह जिले की जनसंख्या वर्ष 2011 की जनगणना के अनुसार

कुल जनसंख्या			ग्रामीण जनसंख्या		
पुरूष	महिला	कुल	पुरूष	महिला	कुल
661873	602346	1264219	530471	483197	1013668
अनु. जाति			अनु. जनजाति		
पुरूष	महिला	कुल	पुरूष	महिला	कुल
129877	116460	246337	84809	81486	166295

स्रोत – जिला सांख्यकी कार्यालय दमोह

वर्ष 2011 की जनगणना के आधार पर दमोह जिले की जनसंख्या 1264219 है। 661887 पुरूष और 602346 महिला जनसंख्या है। ग्रामीण जनसंख्या का भाग 1013668 है जिसमें 530471 पुरूष व 483197 महिलाएं हैं जिले में कुल 246337 अनु. जाति के व्यक्ति है जिसमें 129877 पुरूष व 116460 महिलाएं है। वही अनुसूचित जनजाति की जनसंख्या 166295 है जहाँ 84809 पुरूष व 81486 महिलाओं की संख्या हैं।

तालिका क्र. 2.5

दमोह जिले में साक्षर जनसंख्या (प्रतिशत में)

वर्ष/ जिला/ तहसील	ग्रामीण साक्षरता प्रतिशत			नगरीय साक्षरता प्रतिशत			कुल साक्षरता प्रतिशत		
	पुरूष	स्त्री	कुल	पुरूष	स्त्री	कुल	पुरूष	स्त्री	कुल
1991	54.90	23.52	40.01	84.83	61.27	73.77	60.49	30.46	46.27
2001	71.1	41.4	57.1	89.4	71.5	80.9	74.7	47.3	61.8
2011	76.56	54.53	66.08	89.84	77.53	83.98	79.27	59.22	69.73
दमोह	77.93	56.29	67.66	90.68	79.05	85.12	84.04	67.27	76.05
पथरिया	81.67	60.39	71.63	86.75	74.13	80.91	82.52	62.61	73.15
जबेरा	78.33	55.28	67.28	88.51	71.10	80.32	78.77	55.94	67.83
तेंदुखेड़ा	73.32	49.24	61.76	84.38	67.70	76.41	74.39	60.66	63.16
बटियागढ़	75.59	54.37	65.52	–	–	–	75.59	54.36	65.52
हटा	71.56	50.82	61.77	90.74	78.03	84.74	75.86	56.91	66.91
पटेरा	75.55	53.69	65.14	–	–	–	75.55	53.68	65.14

स्रोत – जिला सांख्यकीय पुस्तिका, दमोह, 2014, पृ.80

तालिका के अवलोकन से ज्ञात होता है कि दमोह जिले में वर्ष 2014 की जनगणना के अनुसार कुल साक्षर जनसंख्या 69.73 प्रतिशत है जो कि वर्ष 1991 में 46.27 प्रतिशत व 2001 में 61.8 प्रतिशत थी। ग्रामीण क्षेत्र में साक्षरता वर्ष 2011 में 66.08 प्रतिशत थी जो 1991 में 40.01 प्रतिशत व 2001 में 57 प्रतिशत के मुकाबले अधिक थी। नगरीय जनंसख्या वर्ष 2011 में 83.98 प्रतिशत थी जो कि 2001 में 80.9 प्रतिशत व 1991 से 73.77 प्रतिशत थी। दमोह जिले में साक्षरता के प्रतिशत में वृद्धि थी। दमोह जिले में साक्षरता के प्रतिशत में वृद्धि दृष्टिगोचर होती है परंतु इसकी गति धीमी है। अभी भी 30 प्रतिशत जनसंख्या पढना लिखना नहीं जानती है। स्त्रियों की तुलना में पुरूषों के साक्षरता का प्रतिशत अधिक पाया गया है। वर्ष 2011 में 79.27 प्रतिशत पुरूष साक्षर थे वहीं स्त्रियों में साक्षरता का प्रतिशत 59.22 था। स्त्री साक्षरता वर्ष 1991 में 30 प्रतिशत

थी जो 2001 में 47.3 प्रतिशत हो गई और 2011 में 1991 के मुकाबले साक्षरता का प्रतिशत दो गुना हो गया।

ग्रामीण साक्षरता में भी स्त्रियों के मुकाबले पुरूष अधिक साक्षर पाये गये हैं। जहाँ 2011 में पुरूष साक्षरता 76.56 प्रतिशत थी वहीं स्त्रियों की साक्षरता 54.53 प्रतिशत थी जो 1991 की तुलना में 54.90 प्रतिशत व 23.52 प्रतिशत से अधिक है। नगरीय क्षेत्र में स्त्रियों की साक्षरता का प्रतिशत अधिक है यह 77.53 प्रतिशत है वहीं पुरूष साक्षरता लगभग 89.89 प्रतिशत है। गाँवों की तुलना दें नगरों में साक्षरता का प्रतिशत अधिक है। जिले की दमोह व पथरिया तहसील में तुलनात्मक रूप से साक्षरता का प्रतिशत अधिक है। दमोह में कुल 76.05 प्रतिशत जनसंख्या व पथरिया में 73.15 प्रतिशत जनसंख्या साक्षर हे। वहीं तेंदूखेड़ा तहसील में जिले में सबसे कम साक्षर जनसंख्या है जहाँ लगभग 63.16 प्रतिशत जनसंख्या साक्षर है। ग्रामीण क्षेत्र में सर्वाधिक साक्षरता का प्रतिशत पथरिया तहसील में है यहाँ 81.67 प्रतिशत पुरूष व 60.39 प्रतिशत स्त्रियां साक्षर है। कुल 71.63 प्रतिशत व्यक्ति साक्षर हैं। नगरीय क्षेत्र में दमोह एवं हटा तहसील में साक्षरता का प्रतिशत सर्वाधिक है यह दमोह में 85.12 प्रतिशत व हटा में 84.74 प्रतिशत है।

कृषि – दमोह एक कृषि प्रधान जिला है। यहाँ कि लगभग 80 प्रतिशत जनसंख्या कृषि व कृषि से संबंधित कार्यो में संलग्न है एवं गाँवों में निवास करती है। जिले में व्यापार व्यवसाय, परिवाहन उद्यम कृषि पर ही निर्भर है। जिले की कृषि अत्यंत पिछड़ी अवस्था में है। यहाँ प्रमुखतः रवी और खरीफ की फसलें उगायी जाती है। जिले में अनाज में प्रमुखतः गेंहू और चावल का उत्पादन होता है। दालों में चना तुअर व उड़द का उत्पादन प्रमुखतः होता है। तिलहनी फसलों में सोयाबीन व अलसी का उत्पादन होता है। जिलें में वर्ष 2011–12 में कुल बोया गया क्षेत्र 450132 था जिसमें से शुद्ध बोया गया क्षेत्र 316080 हेक्टेयर था। 134052 हे. भूमि पर एक बार से अधिक बोया गया। जिले में उन्नत कृषि यंत्रो, सिंचाई की सुविधाओं, खाद उर्वरक व उन्नत किस्म के बीजों की मात्रा व उपयोग पर्याप्त नही है।

कृषि जिले की अर्थव्यवस्था की रीढ़ है। जिले में रोजगार, उद्योग और व्यापार सभी कृषि पर निर्भर हैं। जिले की 80 प्रतिशत जनसंख्या कृषि पर निर्भर है। जिले में रबी एवं खरीफ दो फसलें बोयी जाती हैं। रबी की फसल में गेंहू, जौ, चना, मटर, मसूर, सरसों आदि तथा खरीफ की फसल में सोयबीन, धान, ज्वार, बाजरा, मूंगफली, तथा उड़द आदि का उत्पादन किया जाता है। दमोह जिले में रबी और खरीफ का क्षेत्र निम्नवत है।

तालिका क्र. 2.6

रबी व खरीफ के अंतर्गत कुल क्षेत्र जिला दमोह

वर्ष	खरीफ खाद्य फसलें	अखाद्य	रबी खाद्य फसलें	अखाद्य	कुल हेक्टेयर में रबी/खरीफ
2010–11	14683	65624	241833	1780	449920
2011–12	197581	1256	250297	998	450132
2012–13	105697	105908	257126	1074	466805
2013–14	94069	130903	293368	795	519135
2014–15	124255	107700	286875	986	519816

स्रोत – जिला सांख्यिकी कार्यालय दमोह

तालिका के अवलोकन से ज्ञात होता है कि वर्ष 2010–11 में कुल फसलों का क्षेत्र 449920 हेक्टेयर था। जो 2014–15 में बढ़कर 519816 हेक्टेयर हो गया। खाद्य फसलों का भाग अखाद्य फसलों की तुलना में अधिक है। वर्ष 2012–13 में खरीफ की फसलों खाद्य व आखाद्य फसलों का क्षेत्र लगभग बराबर है वहीं रबी की फसलों में खाद्यान्न फसलों का क्षेत्र अधिक हो गया है खाद्य फसलों का क्षेत्र अधिक है व अखाद्य फसलों का क्षेत्र कम है। कारण कि अखाद्य फसलों की ओर कृषकों की रूचि कम है। अधिकतर किसान जीविकोपार्जन हेतु कृषि कार्य करते हैं इसलिए खाद्यान्न फसलों के उत्पादन को प्राथमिकता देते हैं।

वर्ष 2012–13 में दमोह जिले में खरीफ की खाद्य फसलों के अंतर्गत 105697 हेक्टेयर क्षेत्र था जो 2013–14 में घटकर 94069 हेक्टेयर हो गया तथा अखाद्य फसलों के अंतर्गत 105908 हेक्टेयर क्षेत्र था जो बढ़कर 2013–14 में 130903 हेक्टेयर हो गया। रबी फसलों के अंतर्गत वर्ष 2012–13 में खाद्य फसलों का क्षेत्र 257126 हेक्टेयर था जो 2013–14 में 293368 हेक्टेयर हो गया। वहीं अखाद्य फसलों के अंतर्गत 2012–13 में 1074 हेक्टेयर क्षेत्र था 2013–14 में 795 हेक्टेयर हो गया।

तालिका क्र. 2.7

जिले में वर्गवार किसानों की संख्या

जिला	सीमांत (0 से 1 हेक्टेयर के रूप)		लघु 1 से 2		अर्द्धमाध्यम 2 से 4		मध्यम 4 से 10		बड़े 10 से अधिक		कुल	
	संख्या	क्षेत्र	संख्या	क्षेत्र	संख्या	क्षेत्र	संख्या	क्षेत्र	संख्या	क्षेत्र	संख्या	क्षेत्र
दमोह	74574	36282	38212	54393	27302	76029	16069	96587	2861	47152	159018	310443
प्रतिशत	49.1	11.68	20.35	17.52	19.65	24.4	9.8	31.11	1.1	15.1	100	100

स्रोत – जिला योजना एवं सांख्यकीय कार्यालय दमोह

जिले में कुल 159018 किसान है। 310443 हेक्टेयर भूमि पर कृषि कार्य करते है। 74574 सीमांत किसान है जो 36282 हेक्टेयर भूमि पर कृषि कार्य करते है। 38212 लघु किसान है जो 54393 हेक्टेयर भूमि पर खेती करते है। अर्द्धमध्यम किसानों की संख्या 27302 है जो 76029 हेक्टेयर भूमि पर कृषिकार्य करते है। मध्यम किसानों की संख्या 16069 है जो 96587 हेक्टेयर भूमि पर खेती करते है बड़े किसानों की संख्या 2861 है जो 47152 हेक्टेयर भूमि पर कृषि कार्य करते है। स्पष्ट है छोटे व लघु किसानों की संख्या अधिक है जबकि उनके पास भूमि का क्षेत्र कम है वहीं बड़े किसानों की संख्या कम व भूमि का भाग अधिक है। यह आर्थिक असमानता का एक उदाहरण है।

तालिका क्र. 2.8

प्रमुख फसलों के अन्तर्गत क्षेत्र (अनाज)

(30 जून 2014 की स्थिति)

(हेक्टेयर में)

जिला/ तहसील	अनाज					योग अनाज
	गेंहूं	धान	ज्वार	मक्का	अन्य अनाज	
जिला दमोह 2013–2014	88617	55634	323	1681	248	146503
दमोह	16146	14600	71	353	138	31308
पथरिया	12812	62	32	26	1	12933
जबेरा	16658	17697	23	275	27	34680
तेंदुखेड़ा	11662	16206	55	503	26	28452
बटियागढ़	12767	65	9	293	1	13144
हटा	8988	268	38	160	40	9496
पटेरा	9584	6736	95	71	5	16490

स्रोत – जिला सांख्यिकी पुस्तिका–दमोह, पृ.28

तालिका के अवलोकन से ज्ञात होता है कि वर्ष 2013–14 में अनाज का उत्पादन 146503 हेक्टेयर हो गया जिसमें गेंहू का भाग 88617 हेक्टेयर धान का 55634 हेक्टेयर ज्वार का 323 हेक्टेयर मक्का का 1681 हेक्टेयर भाग था। जिले की दमोह तहसील में अनाज का कुल क्षेत्र 31308 हेक्टेयर था जिसमें गेंहू 16146 हेक्टेयर 4600 हेक्टेयर धान का 71 हेक्टेयर ज्वार व 353 हेक्टेयर में मक्का का क्षेत्र है। पथरिया तहसील में कुल 12933 हेक्टेयर क्षेत्र में अनाज का उत्पादन होता है जिसमें 12812 हेक्टेयर में गेंहू, 62 हेक्टेयर में धान, 32 हेक्टेयर में ज्वार, 26 हेक्टेयर में मक्का का क्षेत्र है। जिले की जबेरा तहसील में अनाज का कुल क्षेत्र 34680 हेक्टेयर में गेंहू का क्षेत्र 16658 हेक्टेयर, धान का 17967 हेक्टेयर, ज्वार का 23 हेक्टेयर, मक्का का 275 हेक्टेयर क्षेत्र है।

तेन्दूखेड़ा तहसील में कुल अनाज का क्षेत्र 28452 हेक्टेयर है जिसमें 11662 हेक्टेयर में गेंहू, 16206 हेक्टेयर में धान 55 हेक्टेयर में ज्वार, मक्का 503 हेक्टेयर क्षेत्र में उत्पादित किया जाता है। बटियागढ़ तहसील में कुल अनाज का क्षेत्र 13144 हेक्टेयर हटा में 9496 हेक्टेयर व पटेरा तहसील में 16490 हेक्टेयर है जिसमें 12767 हेक्टेयर गेंहू, 65 हेक्टेयर धान, 9 हेक्टेयर ज्वार व 293 हेक्टेयर मक्का का क्षेत्र बटियागढ़ तहसील में है। हटा एवं पटेरा तहसील में गेंहू का भाग क्रमश: 8988 हेक्टेयर व 9584 हेक्टेयर है धान का भाग 268 हेक्टेयर व पटेरा में 6736 हेक्टेयर है।

तालिका क्र. 2.9

प्रमुख फसलों के अंतर्गत क्षेत्र (दालें)

(30 जून 2014 की स्थिति)

(हेक्टेयर में)

जिला/तहसील	दालें			योग दालें
	चना	तुअर	उड़द	
जिला दमोह 2013–2014	178072	8427	24985	211484
दमोह	33234	2517	7202	42953
पथरिया	33658	931	1837	36426
जबेरा	15512	964	2974	19450
तेंदुखेड़ा	13112	602	2618	16332
बटियागढ़	23257	541	1762	25560
हटा	32580	1223	4736	38539
पटेरा	26719	1649	3856	32224

स्रोत – जिला सांख्यिकी पुस्तिका–दमोह, पृ.29

तालिका के अवलोकन से ज्ञात होता है कि वर्ष 2013–14 में 211484 हे। भूमि पर दालों का उत्पादन किया गया। वर्ष 2013–14 में चना का क्षेत्र कम होकर 8427 हेक्टेयर रह

समस्या का चयन एवं अध्ययन क्षेत्र   43

गया। उड़द का क्षेत्र कम होकर 24985 हेक्टेयर हो गया। चना का सर्वाधिक उत्पादन पथरिया तहसील में लगभग 33658 हेक्टेयर भूमि पर किया गया वहीं तेन्दूखेडा तहसील में 13112 हेक्टेयर पर ही चने का उत्पादन किया गया। दमोह तहसील में 33234 हेक्टेयर भूमि पर व जबेरा तहसील में 15512 हेक्टेयर भूमि पर चना का उत्पादन किया गया। बटियागढ़ तहसील में 23257 हेक्टेयर भूमि पर व हटा तहसील में 32580 एवं पटेरा तहसील में 26719 हेक्टेयर भूमि पर चना का उत्पाद किया गया। अन्य दालों की तुलना में चना का उत्पादन क्षेत्र अधिक है कारण कि चना की मांग अन्य दालों की तुलना में अधिक है व कीमत भी अच्छी प्राप्त होती है। तुअर का सर्वाधिक क्षेत्र दमोह तहसील में 2517 हेक्टेयर है व बटियागढ़ तहसील में 541 हेक्टेयर भूमि पर तुअर उगाई जाती है। उड़द सर्वाधिक दमोह तहसील में व बटियागढ़ तहसील में कम क्षेत्र पर उत्पादित की जाती है।

तालिका क्र. 2.10

प्रमुख फसलों के अंतर्गत क्षेत्र (साग-सब्जी)

(30 जून 2014 की स्थिति)

(हेक्टेयर में)

जिला/तहसील	गन्ना	कुल फसल	साग-सब्जी	मिर्च-मसाले
जिला दमोह 2013–2014	98	113	4578	1062
दमोह	33	39	1303	380
पथरिया	22	5	791	166
जबेरा	19	28	618	90
तेंदुखेड़ा	—	—	163	27
बटियागढ़	14	36	708	172
हटा	4	2	374	88
पटेरा	6	3	621	143

स्रोत – जिला सांख्यिकी पुस्तिका–दमोह, पृ.30

तालिका के अवलोकन से ज्ञात होता है कि वर्ष 2012–13 में गन्ना का कुल क्षेत्र 103 हेक्टेयर था जो 2013–14 में कम होकर 98 हेक्टेयर रह गया। दमोह तहसील में 33 हेक्टेयर पर पथरिया तहसील में 22 हेक्टेयर, जबेरा में 19 हेक्टेयर, बटियागढ़, हटा व पटेरा तहसील में क्रमशः 14, 4 व 6 हेक्टेयर पर गन्ना उत्पादित किया गया। वर्ष 2012–13 में 570 हेक्टेयर भाग पर साग–सब्जी का उत्पादन किया गया वहीं 2013–14 में 4578 हेक्टेयर क्षेत्र पर साग–सब्जी का उत्पादन किया गया। दमोह तहसील में 1303 हेक्टेयर क्षेत्र पर पथरिया में 791 हेक्टेयर क्षेत्र पर, जबेरा में 618 हेक्टेयर क्षेत्र पर सागर–सब्जी उत्पादित की गई। तेन्दूखेडा तहसील में 163 हेक्टेयर बटियागढ़ तहसील में 708 हेक्टेयर तथा हटा व पटेरा में क्रमशः 88 व 143 हेक्टेयर क्षेत्र पर साग–सब्जी का उत्पादन किया गया। मिर्च–मसाले वर्ष 2012–13 में 1392 हेक्टेयर क्षेत्र पर उत्पादित किये गये जो 2013–14 में कम होकर 1062 हेक्टेयर रह गया। दमोह तहसील में सर्वाधिक 380 हेक्टेयर क्षेत्र व तेन्दूखेड़ा तहसील में सबसे कम 27 हेक्टेयर क्षेत्र पर मिर्च–मसाले उगाये गये।

समस्या का चयन एवं अध्ययन क्षेत्र 45

तालिका क्र. 2.11

प्रमुख फसलों के अंतर्गत क्षेत्र (तिलहन)

(30 जून 2014 की स्थिति)

(हेक्टेयर में)

जिला/ तहसील	तिलहन					योग तिलहन
	तिल	अलसी	मूंगफली	राई एवं सरसों	सोयाबीन	
जिला दमोह 2013–2014	1203	182	93	613	128582	130673
दमोह	153	9	16	136	18693	19007
पथरिया	25	35	39	16	42388	42503
जबेरा	110	64	2	58	4217	4451
तेंदुखेड़ा	179	19	1	99	3330	3628
बटियागढ़	159	—	33	101	30433	30729
हटा	404	25	—	109	18547	19085
पटेरा	173	30	1	94	10972	11270

स्रोत – जिला सांख्यिकी पुस्तिका–दमोह, पृ.31

तालिका के अवलोकन से यह ज्ञात होता है कि 2013–14 में दमोह जिले में तिल के अंतर्गत 1203 हेक्टेयर क्षेत्र है। अलसी का क्षेत्र 358 हेक्टेयर था वह कम होकर 182 हेक्टेयर हो गया साथ ही मूंगफली जो 184 हेक्टेयर क्षेत्र के अंतर्गत थी वह भी कम होकर 93 हेक्टेयर हो गई। राई एवं सरसों के अंतर्गत 716 हेक्टेयर क्षेत्र था जो कम होकर 613 हेक्टेयर हो गया। सोयाबीन का क्षेत्र 102710 हेक्टेयर था जो कि बढ़कर 128582 हेक्टेयर हो गया। इस तरह से तिलहन का कुल क्षेत्र 2012–13 में 105758 हेक्टेयर से बढ़कर 2013–14 में 130673 हेक्टेयर हो गया। तिल का सर्वाधिक क्षेत्र हटा तहसील में लगभग 404 हेक्टेयर व सबसे कम पथरिया तहसील में 25 हेक्टेयर रह गया। पथरिया तहसील में सर्वाधिक क्षेत्र सोयाबीन का लगभग 42388 हेक्टेयर है जोकि दमोह तहसील में 18963 हेक्टेयर, जबेरा में

43388 हेक्टेयर, तेन्दूखेड़ा में 3330 हेक्टेयर, बटियागढ़ में 30433 हेक्टेयर क्षेत्र है। हटा व पटेरा तहसील में सोयाबीन के अंतर्गत क्षेत्र क्रमशः 18547 हेक्टेयर व 10972 हेक्टेयर है।

तालिका क्र. 2.12

भूमि उपयोग

(30 जून 2014 की स्थिति)

(हेक्टेयर में)

जिला / तहसील	पडत भूमि	शुद्ध बोया गया क्षेत्र	द्विफसली	कुल क्षेत्र
जिला दमोह 2013—2014	6925	317723	201412	519135
दमोह	728	59483	43974	103457
पथरिया	326	59983	36097	96080
जबेरा	734	35713	26190	61903
तेंदुखेड़ा	2114	30810	19932	50742
बटियागढ़	939	40429	30850	71279
हटा	1307	47415	24645	72060
पटेरा	777	43890	19724	63614

स्रोत – जिला सांख्यिकी पुस्तिका–दमोह, पृ.27

तालिका के अवलोकन से ज्ञात होता है कि दमोह जिले में वर्ष 2013–14 में कुल क्षेत्र 519135 हेक्टेयर है। पड़ती भूमि का भाग 6925 हेक्टेयर है व शुद्ध बोया गया क्षेत्र 317723 हेक्टेयर है। जिले की दमोह तहसील में कुल भूमि का उपयोग 103457 हेक्टेयर हुआ जिसमें 728 हेक्टेयर पड़ती भूमि थी व 59483 हेक्टेयर शुद्ध बोया गया क्षेत्र व 43974 हेक्टेयर द्विफसली क्षेत्र था। पथरिया तहसील में कुल भूमि उपयोग 96080 हेक्टेयर है जिसमें 59983 हेक्टेयर शुद्ध बोया गया क्षेत्र व 36097 हेक्टेयर द्विफसली क्षेत्र है 326 हेक्टेयर भूमि पड़ती है। जिले की जबेरा तहसील में कुल भूमि उपयोग का क्षेत्र 61903 हेक्टेयर है जिसमें 26190

हेक्टेयर द्विफसलीय क्षेत्र व 35713 हेक्टेयर शुद्ध बोया गया क्षेत्र है 734 हेक्टेयर भूमि पड़ती है। तेन्दूखेड़ा तहसील में शुद्ध बोया गया क्षेत्र 30810 हेक्टेयर है व द्विफसलीय क्षेत्र 19932 हेक्टेयर है कुल भूमि उपयोग का क्षेत्र 50742 हेक्टेयर है। जिले की बटियागढ़ तहसील में कुल भूमि का क्षेत्र 71279 हेक्टेयर है। 30850 हेक्टेयर द्विफसलीय क्षेत्र है व 40429 हेक्टेयर शुद्ध बोया गया क्षेत्र है। 939 हेक्टेयर भूमि पड़ती है। जिले की हटा तथा पटेरा तहसील में क्रमशः कुल भूमि उपयोग 72060 हेक्टेयर व 63614 हेक्टेयर है, द्विफसलीय भूमि का भाग 24645 हेक्टेयर व 19724 हेक्टेयर एवं शुद्ध बोया गया क्षेत्र 47415 हेक्टेयर व 43890 हेक्टेयर है। पड़ती भूमि का भाग क्रमशः 1307 हेक्टेयर एवं 777 हेक्टेयर है।

तालिका क्र. 2.13

सिंचाई के साधन एवं शुद्ध सिंचित क्षेत्र

(30 जून 2014 की स्थिति)

(हेक्टेयर में)

जिला / तहसील	नहरें		नलकूप		कुएं		तालाब		नदियां
	संख्या	सिंचित क्षेत्र	संख्या	सिंचित क्षेत्र	संख्या	सिंचित क्षेत्र	संख्या	सिंचित क्षेत्र	संख्या
जिला दमोह 2013-2014	175	21074	12921	36321	20881	38008	495	8774	3
दमोह	29	6240	814	4600	6587	10640	74	3076	
पथरिया	5	1865	5380	6528	3855	5976	55	2942	
जबेरा	53	6089	521	3020	2227	4500	92	1566	
तेंदुखेड़ा	60	2680	600	1880	2287	5189	153	520	
बटियागढ़	3	530	3937	14392	2337	6215	9	150	
हटा	1	170	1275	4325	2028	1483	10	400	
पटेरा	24	3500	394	1576	1560	4005	102	120	

स्रोत – जिला सांख्यिकी पुस्तिका–दमोह, पृ.38

तालिका के अवलोकन से ज्ञात होता है कि दमोह जिले में वर्ष 2013–14 में समस्त स्रोतों से शुद्ध सिंचित क्षेत्र 181814 हेक्टेयर था। एक बार से अधिक सिंचित क्षेत्र 23357 हेक्टेयर था जो बढ़कर 181749 हेक्टेयर हो गया। सकल सिंचित क्षेत्र 139837 हेक्टेयर था जो बढ़कर 181814 हेक्टेयर हो गया। शुद्ध सिंचित क्षेत्र का शुद्ध बोये गये क्षेत्र से प्रतिशत भी 36.8570 से 57.22 प्रतिशत हो गया। वर्ष 2012–13 में नहरों की संख्या 139 थी जो बढ़कर 2013–14 में 175 हो गई। सर्वाधिक नहरें तेन्दूखेड़ा तहसील में 2060 हैं जिनमें 2680 हेक्टेयर सिंचाई होती है जिले में नहरों से कुल सिंचित क्षेत्र 2013–14 में 21024 हेक्टेयर था। वर्ष 2012–13 में नलकूपों की संख्या 11207 थी जो 2013–14 में 32136 हेक्टेयर था। जिले में नलकूपों की सर्वाधिक संख्या पथरिया तहसील में है यहाँ 5380 नलकूप है जिनसे 6528 हेक्टेयर सिंचित क्षेत्र है। जिले में कुओं की संख्या 2012–13 में 20442 थी जो बढ़कर 2013–14 में 20881 हो गई। कुओं से कुल सिंचित क्षेत्र वर्ष 2012–13 में 3259 हेक्टेयर था जो 2013–14 में 38008 हेक्टेयर हो गया। जिले की दमोह तहसील में सर्वाधिक 6587 कुऐं है जिनसे 10640 हेक्टेयर में सिंचाई की जाती है। वर्ष 2012–13 में जिले में कुल 69 तालाब थे जिनसे 2400 हेक्टेयर में सिंचाई की जाती थी वर्ष 2013–14 में तालाबों की संख्या बढ़कर 495 हो गई जिनसे 8774 हेक्टेयर भूमि पर सिंचाई होती है। जिले में कुल तीन नदियाँ है।

तालिका क्र. 2.14

उन्नत कृषि के अंतर्गत क्षेत्र एवं मात्रा

(30 जून 2014 की स्थिति)

(हेक्टेयर में)

जिला / तहसील	उन्नत बीज		रासायनिक खाद्य		पौध संरक्षण		तरल दवा मात्रा (लीटर में)	बीजापचार दवा	
	क्षेत्र	मात्रा क्विंटल	क्षेत्र	मात्रा (मी.टन में)	क्षेत्र	मात्रा (क्विंटल मे)		क्षेत्र	मात्रा (क्विंटल में)
जिला दमोह 2013–2014	305735	73378	305735	455800	11512	117	41500	47500	190
दमोह	58300	13992	58300	79288	2120	22	7000	10000	40
पथरिया	54510	13082	54510	74134	1410	14	5100	9250	37
जबेरा	36667	8800	36667	49867	1094	11	4600	5000	20
तेंदुखेड़ा	26593	6382	25593	36166	2179	22	8200	4500	18
बटियागढ़	37622	9029	37622	51166	1726	18	4600	3750	15
हटा	47157	11318	47157	64134	1691	17	7000	8000	32
पटेरा	44886	10773	44886	61045	1292	3	5000	7000	28

स्रोत – उपसंचालक कृषि विभाग, दमोह, पृ.40

तालिका के अवलोकन से ज्ञात होता है कि वर्ष 2013–14 में जिले में उन्नत बीज की मात्रा 305735 हेक्टेयर भूमि पर 73378 क्विंटल उपयोग की गई थी। रासायनिक खाद्य 305735 हेक्टेयर भूमि पर 45580 मी. टन उपयोग की गई थी। 41500 लीटर तरल दवा का उपयोग किया गया। 190 क्विंटल बीजोपचार दवा का उपयोग 47500 हेक्टेयर क्षेत्र में किया गया। उन्नत बीज का सर्वाधिक उपयोग 58300 हेक्टेयर भूमि पर 13992 क्विंटल जिले की दमोह तहसील में किया गया। रासायनिक खाद्य का उपयोग भी जिले की दमोह तहसील में सर्वाधिक 79288 मी.टन किया गया। पौध संरक्षण, तरल दवा का उपयोग एवं बीजोपचार भी दमोह तहसील में सर्वाधिक किया गया। उन्नत कृषि तकनीक के उपयोग में जिले की दमोह तहसील अग्रणी है तथा तेन्दूखेड़ा तहसील इस लिहाज से पिछड़ी हुई है।

तालिका क्र. 2.15

जिले में कृषि उपकरण तथा यंत्र

जिला/तहसील	हल		बैलगाड़ी	पंप सिंचाई हेतु		ट्रेक्टर्स
	लकड़ी	लोहा		तेल	विद्युत	
जिला दमोह	41927	19465	17792	6200	21904	5688
दमोह	8702	3504	3192	1219	4382	1084
पथरिया	4169	2825	2283	828	4728	1059
जबेरा	8070	1863	2430	528	889	443
तेन्दूखेड़ा	7226	1202	2180	704	1828	330
बटियागढ़	2770	3970	2199	768	4788	1366
हटा	5143	3379	286	1289	2701	770
पटेरा	5897	3022	2642	864	2588	636

स्रोत – जिला सांख्यिकी पुस्तिका दमोहः पृ.42

तालिका के अवलोकन से ज्ञात होता है कि जिले में कुल 5688 ट्रेक्टर है सर्वाधिक ट्रेक्टर दमोह तहसील में 1084 है। वही पथरिया तहसील में 1059 ट्रेक्टर है तथा जवेरा और तेदुखेड़ा तहसीलों में क्रमश 443 एवं 330 ट्रेक्टर है जो अन्य तहसीलों की तुलना में सबसे कम है। जिले में कुल 41927 लकड़ी के हल व 19465 लोहे के हल है। 17792 बैलगाड़ियाँ है। 6200 तेल वाले सिंचाई पंप है व 21904 विद्युत वाले सिंचाई पंप है। सबसे कम 528 जबेरा तहसील में है। विद्युत वाले सिंचाई पंप सर्वाधिक पथरिया तहसील में है यहाँ कुल 4728 पंप है। वही सबसे कम 889 जबेरा तहसील में है।

जिले की कृषि विशेषताऐं प्रदेश की कृषि विशेषताओं से लगभग मिलती हैं। दमोह जिले की कृषि विशेषताओं को आधार मानकर हम कुछ न्यादर्श का अध्ययन कर कृषकों की समस्याओं को पहचानने का प्रयास किया है। जिले में कृषि अर्थव्यवस्था की वर्तमान स्थिति पूर्ण रूप से विकसित नहीं है जिले में व्यापक बेरोजगारी और निर्धनता व्याप्त है। अधिकांश फसलों की उत्पादकता न्यून है, कृषि तकनीक भी परम्परागत है। सिंचाई की सीमित सुविधाएं, सिंचित क्षेत्र का न्यून अनुपात, दोहरी फसलों के उत्पादन का

कम क्षेत्र, रासायनिक खाद, उन्नत बीज तथा कीटनाशकों का सामान्य प्रयोग जिले की कृषिगत विशेषताएं हैं। इसके अतिरिक्त आधुनिक कृषि तकनीक का प्रयोग में धीमी गति से वृद्धि हो रही है। कृषि क्षेत्र में आधुनिक तकनीक के प्रयोग से कृषि लागत में वृद्धि कृषकों में ऋण ग्रस्तता, आत्महत्या बड़े किसानों पर निर्भरता जैसी गंभीर समस्याएं उत्पन्न कर रही हैं। कृषिकों में वर्ग–भेद व जाति भेद के साथ–साथ कृषक वर्ग–भेद भी पाया जाता है। बड़े किसान लघु व सीमांत किसानों का शोषण करते हैं और यदि यह लघु व सीमांत किसान किसी निम्न जातीय वर्ग का है तो शोषण के तरीके और भी जघन्य हो जाते हैं। बढ़ती कृषि लागत का इन कृषकों पर और अधिक दुष्प्रभाव पड़ता है। हमारा अध्ययन इन्हीं समस्याओं को लेकर आगे बढ़ता है जो यह स्पष्ट संकेत देता है कि आर्थिक रूप से कमजोर सामाजिक रूप से शोषित कृषकों के विकास हेतु सभी कार्यक्रमों और परिणामों को महत्व देना होगा।

अध्याय—3

कृषक वर्ग एवं कृषि जोतें

कृषि क्षेत्र में कृषि जोत का आकार उत्पादन के लिहाज से महत्वपूर्ण है। कृषि जोत का आकार बढ़ा होने पर प्रबंधन आसान होता है तथा आंतरिक एवं बाह्य बचतें कृषक को होने लगती है। जोत का आकार छोटा होने पर प्रबंधन अकुशल होता है व कृषक को कई प्रकार की अनावश्यक लागतें वहन करना पड़ती है। कृषि क्षेत्र में जोतों के आकार की समस्या अत्यंत गंभीर है। भू–जोतों में लगातार विखण्डन चिंता का विषय बना हुआ है। भू–जोत का आकार कृषि में निवेश, उत्पादकता, जोत यंत्रीकरण एवं प्रबंधन और जोत आय की निरंतरता निर्धारित करता है।

ग्रामीण क्षेत्र में भूमि आय का सर्वप्रमुख साधन है। किसी व्यक्ति या परिवार की प्रतिष्ठा उसे भू–स्वामित्व के आधार पर आंकी जाती है। यदि आय के सर्वप्रमुख स्रोत भूमि से ग्रामीण समाज के छोटे से अंश, जमींदार को ही लाभ प्राप्त हो, तो भू–स्वामित्व का समूचा ढाँचा सामाजिक न्याय की प्राप्ति करने में विफल ही कहा जाएगा। आय की असमानता में कमी करने का सर्वश्रेष्ठ उपाय भू–स्वामित्व की असमानताओं में कमी करना है।

कृषकों को भूमि क्षेत्र के आधार पर विभिन्न वर्गों में विभाजित किया गया है। भूमि सभी आर्थिक गतिविधियों का आधार है। ग्रामीण क्षेत्र में कृषकों के मालिकाना हक व कर्ज हेतु भूमि का महत्व और अधिक बढ़ जाता है। भूमि केवल आर्थिक सम्पत्ति नहीं है इसका स्वामित्व सामाजिक मूल्यों व सामाजिक स्तर को भी निर्धारित करता है।

ग्रामीण भारत में जोतों की सीमा सभी विषमताओं का निर्माण करती है। भूमिहीन आदिवासी श्रमिक की वार्षिक आय वर्ष 2004–05 में हुए सर्वे के अनुसार लगभग 26778 रू. थी, वहीं उच्च जाति वर्ग के भूमिहीन किसान की आय लगभग 49396 रू. प्रति वर्ष थी। बड़े आदिवासी किसान की आय लगभग 61712 रू. प्रतिवर्ष थी, वहीं उच्च जाति वर्ग के बड़े किसान की आय लगभग 117799 रू. है, अर्थात् एक ही कृषक वर्ग में

आय में लगभग दो गुने का अंतर है। सर्वे के अनुसार वर्ष 2004—05 में लगभग 70—80 प्रतिशत अनुसूचित जाति और जनजाति परिवार भूमिहीन श्रमिक या सीमांत किसान हैं, तब निश्चित रूप से इनकी आय का स्तर निम्न होगा। जैसे—जैसे हम एक कृषक वर्ग से दूसरे कृषक वर्ग पर दृष्टि डालते हैं तब विषमता और बढ़ती हुई दिखाई देती है।

  संचालित जोतों से आशय उस समग्र भूमि से है जिसका प्रयोग कुल या आंशिक रूप में कृषि उत्पादन के लिए एक तकनीकी इकाई के रूप में केवल एक व्यक्ति द्वारा या कुछ अन्य व्यक्तियों के साथ किया जाता है, इस बात का ध्यान न रखते हुए कि भूमि का स्वामित्व, कानूनी रूप, या स्थिति क्या है? सीमांत जोतें वे जोतें कहलाती हैं जो आकार में एक हेक्टेयर से कम है। इस वर्ग के अधिकांश किसान निर्धनता रेखा के नीचे जीवनयापन करते हैं। लघु जोतें वे जोतें कहलाती हैं जिनका आकार एक हेक्टेयर से दो हेक्टेयर के मध्य है। अर्द्धमध्यम जोत दो से चार हेक्टेयर के मध्य होती है तथा मध्यम आकार की जोतें में वे जोतें आती है जिनका आकार चार से दस हेक्टेयर की अधिसीमा में है। बड़ी जोतें वे जोतें कहलाती है जिनका आकार दस हेक्टेयर से अधिक है। जोतों का कुल आकार जो 1970—71 में 2.28 हेक्टेयर था गिरकर 1995—96 में 1.41 हेक्टेयर हो गया अर्थात् इस अवधि के दौरान इसमें 38 प्रतिशत की गिरावट आई। इसका मुख्य कारण यह है कि जहाँ जनसंख्या में वृद्धि के कारण संचालित जोतों की संख्या में वृद्धि हुई, वहां संचालित क्षेत्र में थोड़ी सी कमी आई है। संचालित क्षेत्र में थोड़ी सी वृद्धि का कारण कमजोर वर्गों को सरकारी भूमियों का आवंटन है और संभवतः कुछ हद तक सरकारी भूमियों पर नाजायज कब्जा भी है।

भारत में जोतों की संख्या एवं क्षेत्र

तालिका क्र. 3.1

जोतों की संख्या, क्षेत्र एवं औसत आकार – कृषक वर्ग

क्र.	वर्ग	1970–71	1976–77	1980–81	1985–86	1990–91	1995–96	2000–01	2005–06	2010–11
		जोतों की संख्या हजार में								
1	सीमांत	36200	44523	50122	56147	63389	71179	75408	83694	92826
2	लघु	13432	14728	16072	17922	20092	21643	22695	23930	24779
3	अर्द्धमध्यम	10681	11666	12455	13252	13923	14261	14021	14127	13896
4	मध्यम	7932	8212	8068	7916	7580	7092	6577	6375	5875
5	वृहत	2766	2440	2166	1918	1654	1404	1230	1096	973
	कुल	71011	81569	88883	97155	106637	115580	119931	129222	138348
क्र.	वर्ग	संचालित क्षेत्र हजार हेक्टेयर में								
1	सीमांत	14599	17509	19735	22042	24894	28121	29814	32026	35908
2	लघु	19282	20905	23169	25708	28827	30722	32139	33101	35244
3	अर्द्धमध्यम	29999	32428	34645	36666	38375	38953	38193	37898	37705
4	मध्यम	48234	49628	48543	47144	44752	41398	38217	36583	33828
5	वृहत	50064	42873	37705	33002	28659	24160	21072	18715	16907
	कुल	162318	163343	163797	164562	165507	163355	159436	158323	159592
क्र.	वर्ग	औसत जोतें हेक्टेयर में								
1	सीमांत	0.40	0.39	0.39	0.39	0.39	0.40	0.40	0.38	0.39
2	लघु	1.44	1.42	1.44	1.43	1.43	1.42	1.42	1.38	1.42
3	अर्द्धमध्यम	2.81	2.78	2.78	2.77	2.76	2.73	2.72	2.68	2.71
4	मध्यम	6.08	6.04	6.02	5.96	5.90	5.84	5.81	5.74	5.76
5	वृहत	18.10	17.57	17.41	17.21	17.33	17.20	17.12	17.08	17.38
	कुल	2.28	2.00	1.84	1.69	1.55	1.41	1.33	1.23	1.15

स्रोत – कृषि गणना, 2010–11, पृ.13

तालिका के अवलोकन से ज्ञात होता है कि भारत में वर्ष 1970–71 में सीमांत कृषक वर्ग में संचालित जोतों की संख्या 36200 हजार हेक्टेयर थी जो 2010–11 में लगभग तीन गुणा बढ़कर 92826 हजार हेक्टेयर हो गई। लघु कृषक वर्ग में जोतों की संख्या 1970–71 में 13432 थी जो 2010–11 में बढ़कर 24779 लगभग दोगुनी हो गई। अर्ध्दमध्यम कृषक वर्ग में जोतों की संख्या 10681 हजार हेक्टेयर से बढ़कर 13896

हजार हेक्टेयर हो गई। 1995–96 में यह 14261 हजार हेक्टेयर थी जो बाद में घट गई। मध्यम कृषक वर्ग में जोतों की संख्या 7932 हजार हेक्टेयर थी जो 1976–77 में 8212 हजार हेक्टेयर हो गई उसके बाद इनकी संख्या में लगातार कमी होती गई तथा 2010–11 की गणना में यह 5875 रह गई है। वृहत कृषक वर्ग में जोतों की संख्या में भी लगातार कमी देखने को मिलती है। यह 1970–71 में 2766 हजार हेक्टेयर थी जो लगभग तीन गुणा कम होकर 2010–11 में 973 हजार हेक्टेयर रह गई। इस तरह से सीमांत और लघु कृषक वर्ग में जोतों की संख्या में लगातार वृद्धि देखने को मिलती है। मध्यम व वृहत कृषक वर्ग में जोतों की संख्या में लगातार कमी हुई है।

संचालित जोतों का क्षेत्रफल 1970–71 की गणना में 14599 हजार हेक्टेयर था जो 2010–11 की गणना में बढ़कर 35908 हजार हेक्टेयर हो गया। किसानों की संख्या में वृद्धि की तुलना में क्षेत्र में वृद्धि कम देखी गई। लघु कृषकों वर्ग का क्षेत्र 1970–71 की गणना में 19282 हजार हेक्टेयर था जो 2010–11 की गणना में बढ़कर 35244 हजार हेक्टेयर हो गया। लघु कृषकों के क्षेत्र में भी इनकी संख्या में वृद्धि की तुलना में कम वृद्धि देखी गई। अर्द्धमध्यम किसानों की संख्या में 1970–71 से 2010–11 तक नाम मात्र की वृद्धि देखने को मिलती है यह क्रमशः 29999 हजार हेक्टेयर से बढ़कर 37705 हजार हेक्टेयर हो गई।

मध्यम वर्गीय किसानों का क्षेत्र 1970–71 की गणना में 48234 हजार हेक्टेयर था जो लगातार कम होता गया है और 2010–11 की गणना में यह 33828 हजार हेक्टेयर रह गया। 1976–77 की गणना में थोड़ी वृद्धि देखने को मिली उसके बाद यह लगातार कम होता गया।

वृहत कृषक वर्ग के क्षेत्र में भारी कमी देखने को मिलती है यह 1970–71 में 50064 हजार हेक्टेयर था जो लगातार कम होता गया। 1985–86 में 33002 हजार हेक्टेयर 1990–91 में 28659 हजार हेक्टेयर व 2010–11 में 16907 हजार हेक्टेयर रह गया। बड़े मध्यम कृषक वर्ग में जोतों का क्षेत्र लगातार कम हुआ है इसका प्रमुख कारण जनसंख्या के दबाव के कारण भूमि का बंटवारा है।

सीमांत कृषक वर्ग में जोतों का औसत आकार भी लगातार कम हुआ है यह 1970–71 में 0.40 हेक्टेयर था जो 2010–11 में 0.39 हेक्टेयर हो गया। सीमांत कृषक वर्ग में जोतों के औसत आकार में कोई परिवर्तन नहीं आया है जबकि इनकी संख्या लगभग तीन गुणा बढ़ गई है। लघु कृषकों के वर्ग में जोतों का औसत आकार में भी

विशेष परिवर्तन देखने को नहीं मिलता है। यह 1970–71 की गणना में 1.44 हेक्टेयर हो गया। अर्द्धमध्यम कृषक वर्ग में जोतों का औसत आकार 2.81 हेक्टेयर था, 1970–71 में जो 2010–11 में 2.71 हेक्टेयर हो गया। मध्यम वर्गीय किसानों का 1970–71 में जोतों का औसत आकार 6.08 हेक्टेयर था जो 2010–11 में कम होकर 5.76 हेक्टेयर हो गया। वृहत कृषक वर्ग में जोतों का औसत आकार 1970–71 में 18.10 हेक्टेयर था जो कम होकर 17.38 हेक्टेयर हो गया। जोतों का समस्त वर्ग में औसत आकार यदि देखा जाये तो यह 1970–71 में 2.28 हेक्टेयर था जो 2010–11 में कम होकर 1.15 हेक्टेयर हो गया। जोतों का औसत आकार लगभग आधा हो गया। सीमांत कृषक वर्ग के जिनके पास बहुत थोड़ी भूमि थी निर्धनता रेखा के नीचे जीवनयापन कर रहा है चूंकि सीमांत जोत का औसत आकार 0.40 हेक्टेयर था जिससे प्राप्त आय में गुजारा करना बहुत कठिन है। इससे भारतीय कृषि में वर्तमान दरिद्रीकरण का संकेत मिलता है, जिसका प्रमाण सीमांत या लगभग भूमिहीन श्रमिकों की संख्या में लगातार वृद्धि में मिलता है।

तालिका क्र. 3.2

जोतों की संख्या, क्षेत्र एवं औसत आकार – अनुसूचित जाति

क्र.	वर्ग	1980–81	1985–86	1990–91	1995–96	2000–01	2005–06	2010–11
		जोतों की संख्या हजार में						
1	सीमांत	6923	8508	9689	10844	11385	12233	13247
2	लघु	1644	1923	2130	2275	2318	2445	2464
3	अर्द्धमध्यम	952	1067	1092	1099	1019	1014	1005
4	मध्यम	438	456	432	400	357	326	330
5	वृहत	95	87	79	71	62	56	52
	कुल	10052	12041	13422	14688	15140	16073	17099
क्र.	वर्ग	संचालित क्षेत्र हेक्टेयर में						
1	सीमांत	2510	3000	3409	3835	4074	4494	4867
2	लघु	2324	2713	3010	3176	3237	3364	3455
3	अर्द्धमध्यम	2576	2878	2944	2939	2716	2693	2678
4	मध्यम	2554	2636	2492	2291	2040	1865	1885
5	वृहत	1557	1413	1319	1164	1009	883	836
	कुल	11521	12639	13173	13406	13077	13300	13721
क्र.	वर्ग	औसत जोत हेक्टेयर में						
1	सीमांत	0.36	0.37	0.35	0.35	0.36	0.37	0.37
2	लघु	1.41	1.41	1.41	1.40	1.40	1.38	1.40
3	अर्द्धमध्यम	2.71	2.70	2.70	2.67	2.67	2.66	2.66
4	मध्यम	5.84	5.78	5.77	5.73	5.72	5.72	5.70
5	वृहत	16.44	16.24	16.70	16.48	16.27	15.91	15.99
	कुल	1.15	1.05	0.98	0.91	0.86	0.83	0.80

स्रोत – कृषि गणना, 2010–11, पृ.14

तालिका के अवलोकन से ज्ञात होता है कि अनुसूचित जाति वर्ग में 1980–81 की कृषि गणना में सीमांत कृषक वर्ग में जोतों की संख्या 6923 हजार हेक्टेयर थी। लघु

कृषक वर्ग में जोतों की संख्या 1644 हजार हेक्टेयर व अर्द्धमध्यम कृषक वर्ग में जोतों की संख्या 952 हेक्टेयर थी। प्रत्येक गणना वर्ष में उक्त वर्ग की संख्या में लगातार वृद्धि देखने को मिलती है। सीमांत कृषक वर्ग में जोतों की संख्या 2010–11 में 13246 लगभग दोगुनी हो गई। लघु कृषक वर्ग में जोतों की संख्या बढ़कर 2464 हजार हेक्टेयर हो गई। अर्द्धमध्यम कृषक वर्ग में जोतों की संख्या भी 1005 हजार हो गई। वृहत व मध्यम वर्गीय कृषक वर्ग में जोतों की संख्या इस वर्ग में कम हुई है। 1970–71 की गणना में यह क्रमशः 25 हजार व 438 हजार थी जो 2010–11 में कम होकर 52 हजार व 330 हजार हेक्टेयर हो गई। अनुसूचित जाति वर्ग के कुल किसानों की संख्या 1980–81 की गणना में 10052 हजार थी जो 2010–11 में 17099 हजार हो गई।

संचालित जोतों का कुल क्षेत्र अनुसूचित जाति वर्ग में 1980–81 में 11521 हजार हेक्टेयर है जिसमें 2510 हजार हेक्टेयर सीमांत कृषक वर्ग, 2324 हजार हेक्टेयर लघु कृषक वर्ग, 2576 हजार हेक्टेयर अर्द्धमध्यम कृषक वर्ग व 2554 हजार हेक्टेयर क्षेत्र मध्यम कृषक वर्ग तथा 1557 हजार हेक्टेयर वृहत कृषक वर्ग की जोतों का क्षेत्र है। वर्ष 2010–11 की गणना में कुल क्षेत्र बढ़कर 13721 हजार हेक्टेयर हो गया। सीमांत कृषक वर्ग का क्षेत्र 4667 हजार हेक्टेयर लगभग दुगुना हो गया। लघु कृषकों का क्षेत्र 3455 हजार हेक्टेयर व अर्द्धमध्यम कृषक वर्ग का क्षेत्र 2678 हजार हेक्टेयर हो गया। मध्यम व वृहत कृषक वर्ग में जोतों के क्षेत्र में कमी देखने को मिलती है। मध्यम कृषक वर्ग के क्षेत्र 1885 हजार हेक्टेयर तथा वृहत कृषक वर्ग की संख्या कम होकर 836 हजार हेक्टेयर हो गई।

संचालित जोतों का कुल क्षेत्र अनुसूचित जाति वर्ग में 1980–81 में 11521 हजार हेक्टेयर है जिसमें 2510 हजार हेक्टेयर सीमांत कृषक वर्ग, 2324 हजार हेक्टेयर लघु कृषक वर्ग, 2576 हजार हेक्टेयर अर्द्धमध्यम कृषक वर्ग व 2554 हजार हेक्टेयर मध्यम कृषक वर्ग तथा 1557 हजार हेक्टेयर वृहत कृषक वर्ग की जोतों का क्षेत्र है। वर्ष 2010–11 की गणना में कुल क्षेत्र बढ़कर 13721 हजार हेक्टेयर हो गया। सीमांत कृषक वर्ग का क्षेत्र 4667 हजार हेक्टेयर लगभग दुगुना हो गया। लघु कृषक वर्ग का क्षेत्र 3455 हजार हेक्टेयर व अर्द्धमध्यम कृषकों का क्षेत्र 2678 हजार हेक्टेयर हो गया। मध्यम व वृहत कृषक वर्ग के क्षेत्र में कमी देखने को मिलती है, मध्यम कृषक वर्ग में जोतों का क्षेत्र 1885 हजार हेक्टेयर वृहत कृषक वर्ग में जोतों की संख्या कम होकर 836 हजार हेक्टेयर हो गई।

अनुसूचित जाति वर्ग में जोतों की औसत सीमा 1980–81 में सीमांत जोतों की 0.36 हेक्टेयर थी जो 2010–11 में 0.37 हेक्टेयर हो गई। 1980–81 में लघु कृषकों की औसत सीमा 1.41, अर्द्धमध्यम कृषकों की 2.71, मध्यम किसानों की 16.44 हेक्टेयर थी जो 2010–11 में लघु कृषकों की 1.40 हेक्टेयर अर्द्धमध्यम कृषकों की 2.66 हेक्टेयर तथा मध्यम कृषकों की 5.70 हेक्टेयर हो गई। वृहत कृषकों की जोतों का आकार कम होकर 15.99 हेक्टेयर हो गया।

तालिका क्र. 3.3

जोतों की संख्या, क्षेत्र एवं औसत आकार – अनुसूचित जनजाति

क्र.	वर्ग	1980–81	1985–86	1990–91	1995–96	2000–01	2005–06	2010–11
		जोतों की संख्या हजार में						
1	सीमांत	2728	3161	3763	4376	4429	5118	6470
2	लघु	1551	1795	2087	2336	2411	2650	2877
3	अर्द्धमध्यम	1405	1545	1694	1778	1653	1700	1787
4	मध्यम	936	936	943	898	783	763	760
5	वृहत	234	212	183	135	128	112	111
	कुल	6854	7648	8670	9523	9404	10343	12005
क्र.	वर्ग	संचालित जोतें हजार हेक्टेयर में						
1	सीमांत	1309	1512	1839	2131	2159	2468	3144
2	लघु	2220	2563	2996	3332	3421	3692	4119
3	अर्द्धमध्यम	3850	4225	4635	4802	4452	4542	4831
4	मध्यम	5596	5570	5550	5202	4538	4397	4363
5	वृहत	3729	3365	2888	2058	1955	1831	1763
	कुल	16704	17234	17909	17524	16525	16929	18221
क्र.	वर्ग	औसत जोतें हेक्टेयर में						
1	सीमांत	0.48	0.48	0.49	0.49	0.49	0.48	0.49
2	लघु	1.43	1.43	1.44	1.43	1.42	1.39	1.43
3	अर्द्धमध्यम	2.74	2.73	2.74	2.70	2.69	2.67	2.70
4	मध्यम	5.98	5.95	5.89	5.79	5.80	5.76	5.74
5	वृहत	15.88	15.87	15.78	15.24	15.26	16.32	15.95
	कुल	2.44	2.25	2.07	1.84	1.76	1.64	1.52

स्रोत – कृषि गणना, 2010–11, पृ.15

तालिका के अवलोकन से ज्ञात होता है कि वर्ष 1980–81 में अनुसूचित जनजाति वर्ग में सीमांत कृषक वर्ग में जोतों की संख्या 2728 हजार हेक्टेयर थी जो 1990–91 में 3763

हजार हेक्टेयर व 2010-11 में 6470 हजार हेक्टेयर हो गई। लघु कृषक वर्ग में जोतों की संख्या 1980-81 में 1551 हजार हेक्टेयर थी जो बढ़कर लगभग दोगुनी हो गई, 2010-11 में 2877 हजार हेक्टेयर हो गई। अर्द्धमध्यम कृषक वर्ग में जोतों की संख्या 1980-81 में 1405 हजार हेक्टेयर थी जो 2010-11 में बढ़कर 1787 हजार हेक्टेयर हो गई। मध्यम कृषक वर्ग में जोतों की संख्या 1980-81 में 936 हजार हेक्टेयर थी जो कम होकर 2010-11 में 760 हजार हेक्टेयर हो गई। वृहत कृषक वर्ग में जोतों की संख्या भी कम होकर 1960-61 में 234 हजार हेक्टेयर से कम होकर 2010-11 में 111 हजार हेक्टेयर हो गई। इनकी संख्या लगभग आधी हो गई।

अनुसूचित जनजाति वर्ग में सीमांत कृषक वर्ग में जोतों का क्षेत्र 1309 हजार हेक्टेयर 1980-81 में था जो लगातार बढ़कर 2010-11 की गणना में 3144 हजार हेक्टेयर हो गया। लघु कृषक वर्ग में जोतों का क्षेत्र 1980-81 में 220 हजार हेक्टेयर था जो बढ़कर 2010-11 में 4119 हजार हेक्टेयर हो गया। अर्द्धमध्यम कृषक वर्ग में जोतों का क्षेत्र 1980-81 में 3850 हजार हेक्टेयर था जो 2010-11 में बढ़कर 4831 हजार हेक्टेयर हो गया। मध्यम वर्गीय व वृहत कृषक वर्ग में जोतों का क्षेत्र 1980-1981 में क्रमशः 5596 हजार हेक्टेयर एवं 3729 हजार हेक्टेयर था जो कम होकर 2010-11 में 4363 हजार हेक्टेयर व 1763 हजार हेक्टेयर हो गया।

अनुसूचित जाति वर्ग में जोतों का औसत आकार वर्ष 1980-81 की गणना में सीमांत कृषक वर्ग में जोतों का औसत आकार 0.48 हेक्टेयर था लघु कृषक वर्ग का 1.43 हेक्टेयर अर्द्धमध्यम व मध्यम कृषक वर्ग की जोतों का औसत आकार 2.74 हेक्टेयर व 5.98 हेक्टेयर था। वृहत कृषक वर्ग में जोतों का औसत आकार 15.88 हेक्टेयर था। वर्ष 2010-11 की गणना में अनुसूचित जनजाति के कृषकों वर्ग में सीमांत कृषकों की जोत का औसत आकार 0.49 हेक्टेयर लघु कृषकों का 1.43 हेक्टेयर अर्द्धमध्यम कृषकों का 2.70 हेक्टेयर मध्यम कृषकों का 5.74 हेक्टेयर था। वहीं वृहत कृषकों की जोत का आकार 15.95 हेक्टेयर था। कृषकों की जोत के आकार में कोई विशेष परिवर्तन नहीं हुआ है। इस वर्ग में जोत के आकार में स्थायित्व देखने को मिला है।

भारत में संचालित जोतों का बढ़ी संख्या में विखण्डन का पता चलता है। मध्यम जोतें छोटी व सीमांत जोतों में बदल रही है। ऐसी कोई उम्मीद नजर नहीं आती कि वे जोतें भविष्य में बढ़ी हो जाएगी। अनुमान है कि भू-जोतों का औसत आकार 1.15 हेक्टेयर 2020-21 में घटकर और कम हो जायेगी।

मध्यप्रदेश में जोतों की संख्या एवं क्षेत्र

मध्यप्रदेश में कृषि संरचना में पिछले कुछ दशकों के दौरान बड़े परिवर्तन आए हैं। प्रदेश में जोत छोटी हो रही है और धीरे-धीरे अधिकांश जमीन औसत दर्जे के और छोटे किसानों में बंट रही है। इस तरह से जोतों की संख्या बढ़ रही है और इन किसानों द्वारा जोते जाने वाली जमीन का रकवा भी बढ़ रहा है। कुल मिलाकर प्रदेश में छोटे किसानों की संख्या में भारी वृद्धि हो रही है। अधिकांश छोटे किसान गरीबी रेखा से नीचे आते हैं और सामाजिक रूप से वंचित समूहों के होते हैं। अर्थव्यवस्था के उदारीकरण और मध्यम वर्ग के बढ़ने के साथ उन्हें अधिक अवसर मिले हैं और इन छोटे किसानों की संसाधनों तक पहुंच बन गई है। इस संदर्भ में कहा जा सकता है कि अगर छोटे किसानों की उपेक्षा की गई तो इससे ग्रामीण क्षेत्र में विभाजन आ सकता है। 70.5 प्रतिशत लघु जोतों पर अनाज की खेती होती है। बहुत कम जमीन पर फल और सब्जियां उगायी जाती है तथा यह अधिकांशतः किसानों के इस्तेमाल में ही उपयोग की जाती हैं।

तालिका क्र. 3.4

म.प्र. में कृषि जोतों की संख्या एवं क्षेत्र (सभी कृषक वर्ग)

(संख्या – हजार में एवं क्षेत्र. – 000हे. में)

क्र.	कृषक वर्ग	1995–96		2000–01		2005–06		2010–11		2015–16*	
		संख्या	क्षेत्र	संख्या	क्षेत्र	संख्या	क्षेत्र	संख्या	क्षेत्र	संख्या	क्षेत्र
1	सीमांत	3878	1795	2837	1397	3199	1887	3891	1915	3840	1310
2	लघु	2312	3336	1816	2634	2148	3076	2449	3466	1860	2608
3	अर्द्धमध्यम	1919	5289	1488	4122	1566	4304	1655	4510	1257	3415
4	मध्यम	1239	7364	917	5448	868	5087	789	4545	377	4905
5	वृहत	255	4107	166	2576	127	1939	89	1400	30	2870

स्रोत – (1) कृषि सांख्यिकी, योजना, आर्थिक एवं सांख्यिकी विभाग, म.प्र. 2009–10, पृ.09।
(2) कृषि गणना, 2010–11, पृ.16–21, (3) *बाह्य गणन द्वारा अनुमानित।

तालिका के अवलोकन से यह ज्ञात होता है कि वर्ष 1995-96 में सीमांत कृषक वर्ग में जोतों की संख्या 3878 हजार थी एवं क्षेत्र 1795 हजार हेक्टेयर था जो कि 2010-11 तक 3891 हजार संख्या व 1915 हजार हेक्टेयर क्षेत्र हो गया। 1995-96 से 2010-11 तक जोतों की संख्या व क्षेत्र में विशेष परिवर्तन नहीं हुआ। लघु कृषक वर्ग में जोतों की संख्या 1995-96 में 2312 हजार हेक्टेयर थी जो 3336 हजार हेक्टेयर क्षेत्र पर कृषि कार्य करते हैं 2010-11 में लघु कृषकों की जोतों की संख्या 2449 हजार एवं 3466 हजार हेक्टेयर क्षेत्र था। मध्यम कृषक वर्ग में जोतों की संख्या 1995-96 में 1239 हजार थी व क्षेत्र 7364 हजार हेक्टेयर था जो 2010-11 में कम होकर 789 हजार संख्या व 4945 हजार हेक्टेयर क्षेत्र रह गया। वृहत कृषक वर्ग में जोतों की संख्या 1995-96 में 255 हजार थी एवं क्षेत्र 4107 हजार हेक्टेयर था जो 2010-11 में 89 हजार रह गया एवं क्षेत्र 1400 हजार हेक्टेयर रह गया।

तालिका क्र. 3.5

म.प्र. में कृषि जोतों की संख्या एवं क्षेत्र (अनुसूचित जनजाति)

क्र.	कृषक वर्ग	1995-96		2000-01		2005-06		2010-11		2015-16*	
		संख्या	क्षेत्र	संख्या	क्षेत्र	संख्या	क्षेत्र	संख्या	क्षेत्र	संख्या	क्षेत्र
1	सीमांत	847	405	543	270	626	316	749	383	699	111
2	लघु	574	835	413	599	459	657	512	725	380	519
3	अर्द्धमध्यम	540	1466	336	916	344	932	350	939	140	362
4	मध्यम	327	1929	185	1092	176	1025	154	890	27	249
5	वृहत	55	854	26	365	22	303	17	234	15	76

स्रोत – (1) कृषि सांख्यिकी, योजना, आर्थिक एवं सांख्यिकी विभाग, म.प्र. 2009-10, पृ.09।
(2) कृषि गणना, 2010-11, पृ.28-33, (3) *बाह्य गणन द्वारा अनुमानित।

तालिका के अवलोकन से ज्ञात होता है कि म.प्र. में अनुसूचित जनजाति वर्ग के सीमांत कृषक वर्ग में जोतों की कुल संख्या वर्ष 1995-96 में 847 हजार व कुल क्षेत्र 405 हजार हेक्टेयर था, जो कम होकर 2010-11 में 749 हजार व क्षेत्र 383 हजार हेक्टेयर रह

गया। लघु कृषक वर्ग में जोतों की संख्या 1995-96 में 574 हजार थी जो 2010-11 में 512 हजार रह गई। मध्यम वर्गीय कृषक वर्ग में जोतों की संख्या व क्षेत्र 1995-96 में क्रमशः 327 हजार व 1929 हजार हेक्टेयर था जो 2010-11 मे कम होकर 154 हजार संख्या व 890 हजार हेक्टेयर क्षेत्र रह गया। वृहत किसानों की संख्या 1995-96 में 55 हजार से कम होकर 2010-11 में 17 हजार रह गई। वहीं क्षेत्र व 854 हजार हेक्टेयर से कम होकर 234 हजार हेक्टेयर रह गया। सरकारी कानून होने के बाद भी अनुसूचित जाति, अनुसूचित जनजाति के किसानों की संख्या व क्षेत्र में लगातार कमी हुई है।

तालिका क्र. 3.6

म.प्र. में कृषि जोतों की संख्या एवं क्षेत्र (अनुसूचित जाति)

क्र.	कृषक वर्ग	1995-96		2000-01		2005-06		2010-11		2015-16*	
		संख्या	क्षेत्र	संख्या	क्षेत्र	संख्या	क्षेत्र	संख्या	क्षेत्र	संख्या	क्षेत्र
1	सीमांत	606	277	442	219	549	278	610	306	308	167
2	लघु	303	428	259	366	299	414	305	416	159	120
3	अर्द्धमध्यम	195	524	147	396	151	403	139	368	43	116
4	मध्यम	84	469	57	314	50	276	41	222	14	08
5	वृहत	07	106	04	59	3	41	2	29	05	06

स्रोत – (1) कृषि सांख्यिकी, योजना, आर्थिक एवं सांख्यिकी विभाग, म.प्र. 2009-10, पृ.09।
(2) कृषि गणना, 2010-11, पृ.22-27, (3) *बाह्य गणन द्वारा अनुमानित।

तालिका के अवलोकन से ज्ञात होता है कि प्रदेश में अनुसूचित जाति वर्ग के सीमांत कृषक वर्ग में जोतों की संख्या वर्ष 2010-11 की गणना में 610 हजार थी जो 1995-96 की गणना में भी 606 हजार थी। स्पष्ट है कि संख्या में कोई विशेष परिवर्तन नहीं हुआ है। वहीं क्षेत्र 277 हजार हेक्टेयर से बढ़कर 306 हजार हेक्टेयर हो गया। लघु कृषक वर्ग में जोतों की संख्या व क्षेत्र में भी विशेष परिवर्तन दृष्टिगोचर नहीं होता है। यह 1995-96 में 303 हजार व 428 हजार हेक्टेयर था जो 2010-11 में 305 हजार व 416 हजार हेक्टेयर हो गया। अर्द्धमध्यम कृषक वर्ग में जोतों की संख्या 195 हजार

1995—96 की गणना में थी जो कम होकर 139 हजार रह गयी। वृहत कृषक वर्ग में जोतों की संख्या 7 हजार से कम होकर 2 हजार रह गई। स्पष्ट है कि इस वर्ग में लघु व सीमांत किसानों की संख्या व वर्ग में कोई परिवर्तन नहीं हुआ है जबकि मध्यम व वृहत किसानों की संख्या व क्षेत्र दोनों कम हुए हैं।

दमोह जिले में कृषि जोतों की संख्या एवं क्षेत्र

दमोह जिले में भी कृषि क्षेत्र में भारी असमानता विद्यमान है। जिले में सीमांत कृषकों की संख्या में लगातार वृद्धि हुई है। बढ़ती जनसंख्या ने कृषि उत्पादन और भोजन की जरूरतों को पूरा करने के लिए भूमि पर भारी दबाव पैदा किया हैं बढ़ती जनसंख्या भूमि पर व्यक्ति के अधिकार का विखंडन कर उन्हें कई टुकड़ों में बांट रही है, जिसमें किसानों के अधिकार की जमीन का आकार छोटा हो रहा है और यह खेती के नजरिए से लाभप्रद नहीं है। कृषि में निवेश मंहगा होने के कारण ऐसे सीमांत किसानों की संख्या लगातार बढ़ रही है, जो बीज, खाद, मशीनों और उपकरणों के रूप में आधुनिक खेती के लिए पर्याप्त निवेश कर पाने की स्थिति में नहीं है। समाज में सामाजिक—आर्थिक हैसियत और अधिकारिता निर्धारित करने में भूमि एक महत्वपूर्ण कारक है।

तालिका क्र. 3.7

दमोह जिले में कृषि जोतों का क्षेत्र एवं संख्या

(सीमांत किसान – कृषक वर्ग)

तहसील	2000—01		2005—06		2010—11		% परिवर्तन	
	संख्या	क्षेत्र	संख्या	क्षेत्र	संख्या	क्षेत्र	संख्या	क्षेत्र
बटियागढ़	6950	3626	7454	4137	4265	2224	−42.7	−46.24
दमोह	15585	7454	16450	7848	18723	9589	13.81	22.1
हटा	6420	3797	7682	4331	8368	4741	8.92	9.46
जबेरा	6696	7682	13625	6113	15229	7068	14.80	15.62
पटेरा	4840	13625	10112	5195	11980	6269	18.47	20.6
पथरिया	12796	5579	9201	4936	11502	6307	25.0	27.77
तेंदूखेड़ा	9796	4589	11941	5428	12923	6212	8.22	14.44
कुल	74574	36281	76465	37988	82990	42410	8.53	11.64

स्रोत – (1) कृषि गणना 2010—11, http://agcensus.dacnet.nic.in
(2) कार्यालय भू-राजस्व, जिला दमोह।

तालिका के अवलोकन से ज्ञात होता है कि जिले में सीमांत कृषक वर्ग में जोतों की कुल संख्या 74574 हेक्टेयर है। वर्ष 2000—01 की गणना के अनुसार व कुल क्षेत्र 36281 हेक्टेयर था जो 2010—11 की गणना में बढ़कर क्रमशः 82990 हेक्टेयर व 42410 हेक्टेयर हो गया। बटियागढ़ तहसील में सीमांत कृषक वर्ग में जोतों की संख्या 6950 हेक्टेयर थी जो, 2010—11 की गणना में कम होकर 4265 हो गई। दमोह तहसील में 2000—01 में सीमांत कृषक वर्ग में जोतों की संख्या 15585 व क्षेत्र 7454 हेक्टेयर था जो 2010—11 की गणना में क्रमशः 18723 व 9889 हेक्टेयर हो गया। हटा तहसील में 2000—01 की गणना में 6420 सीमांत कृषक वर्ग में कृषि जोतें थी जो 3597 हेक्टेयर भूमि थी। वहीं 2010—11 में 8369 सीमांत कृषक वर्ग में कृषि जोतें हो गयी व 4741 हेक्टेयर भूमि का क्षेत्र हो गया। सर्वाधिक सीमांत कृषक वर्ग की संख्या दमोह तहसील में 15585 है व सर्वाधिक क्षेत्र 13625 पटेरा तहसील में 2000—01 की गणना के अनुसार था। वर्ष 2010—11 में भी सर्वाधिक सीमांत कृषक वर्ग में कृषि जोतें दमोह तहसील में है व सर्वाधिक क्षेत्र भी दमोह तहसील में है।

तालिका क्र. 3.8

दमोह जिले में कृषि जोतों का क्षेत्र एवं संख्या

(सीमांत कृषक वर्ग – अन्य)

तहसील	2000–01		2005–06		2010–11		% परिवर्तन	
	संख्या	क्षेत्र	संख्या	क्षेत्र	संख्या	क्षेत्र	संख्या	क्षेत्र
बटियागढ़	4958	2583	5084	2780	3321	1753	–34.67	–36.94
दमोह	10377	4817	10886	4979	14491	7418	33.11	48.98
हटा	4123	2296	4686	2607	5780	3237	23.34	24.16
जबेरा	7497	3830	7394	3413	9415	4358	27.33	27.68
पटेरा	6511	3451	6336	3184	8489	4393	33.98	37.97
पथरिया	8607	3573	6604	3568	9200	5058	39.33	41.76
तेंदूखेड़ा	5529	2569	7439	3308	8658	4138	16.38	25.09
कुल	47602	23119	48423	23839	59354	30355	25.57	27.33

स्रोत – (1) कृषि गणना 2010–11, http://agcensus.dacnet.nic.in

(2) कार्यालय भू–राजस्व, जिला दमोह।

तालिका के अवलोकन से ज्ञात होता है कि वर्ष 2000–01 की गणना के अनुसार सीमांत कृषक वर्ग में जोतों की संख्या अन्य सामाजिक समूह में जिले कुल 47602 थी व क्षेत्र 23119 था जो 2010–11 की गणना में बढ़कर 59354 व 30355 हो गया। सीमांत कृषक वर्ग में जोतों की इस वर्ग में सर्वाधिक संख्या दमोह तहसील में 4817 हेक्टेयर था। वर्ष 2010–11 की गणना में भी दमोह तहसील क्षेत्र एवं संख्या सर्वाधिक थी वह क्रमशः 7418 हेक्टेयर व 14491 थी। बटियागढ़ तहसील में इस समूह में 2000–01 की तुलना में कृषि जोतों की संख्या 4958 से घटकर 3321 रह गई। क्षेत्र में 2583 हेक्टेयर से कम होकर 1753 हेक्टेयर रह गया। अन्य तहसीलों में संख्या व क्षेत्र दोनों में वृद्धि देखी गई है। जिले की हटा तहसील में वर्ष 2000–01 में इस कृषक वर्ग में जोतों की संख्या 4123 व क्षेत्र 2296 हेक्टेयर था जो 2010–11 की गणना में बढ़कर 5780 व 3237 हेक्टेयर हो गया। जबेरा तहसील में भी क्षेत्र व संख्या में वृद्धि दृष्टिगोचर होती है यह क्रमशः: 3830 हेक्टेयर से बढ़कर 4358 हेक्टेयर व 7497 से बढ़कर 9415 संख्या हो गई। पटेरा व पथरिया में किसानों की संख्या 2000–01 में 86007 व 5529 थी जो बढ़कर 2010–11 में 8658 व 4130 हो गई।

तालिका क्र. 3.9

दमोह जिले में कृषि जोतों का क्षेत्र एवं संख्या

(सीमांत कृषक वर्ग – अनुसूचित जाति)

तहसील	2000—01		2005—06		2010—11		% परिवर्तन	
	संख्या	क्षेत्र	संख्या	क्षेत्र	संख्या	क्षेत्र	संख्या	क्षेत्र
बटियागढ़	1078	570	1261	685	683	351	−45.83	−48.75
दमोह	2545	1240	2861	1409	2929	1450	23.76	29.09
हटा	1361	781	1959	1134	2021	1160	31.64	22.92
जबेरा	2770	1197	2700	1076	2913	1283	78.88	19.23
पटेरा	1678	876	2347	1215	2705	1429	15.25	17.61
पथरिया	2689	1256	1759	926	1996	1059	13.47	14.36
तेंदूखेड़ा	1473	667	1458	638	1446	634	−.82	−.62
कुल	13594	6587	14345	7083	14693	7366	2.42	3.99

स्रोत – (1) कृषि गणना 2010—11, http://agcensus.dacnet.nic.in
(2) कार्यालय भू-राजस्व, जिला दमोह।

तालिका के अवलोकन से ज्ञात होता है कि अनुसूचित जाति वर्ग के सीमांत कृषक वर्ग में जोतों की संख्या पूर्व की तुलना में थोड़ी बड़ी है। जहां 2000—01 में यह 13594 थी, 2005—06 में 14345 व 2010—11 में 14693 हो गई। जिले में कुल क्षेत्र 6587 हेक्टेयर 2000—01 में व 2005—06 में 7083 हेक्टेयर व 2010—11 में 7366 हेक्टेयर हो गया। बटियागढ़ तहसील में सीमांत कृषक वर्ग में जोतों की संख्या व क्षेत्र दोनों पूर्व की तुलना में कम हुए है। 2000—01 में यह 1078 व 570 हेक्टेयर थी जो 2010—11 में इनकी संख्या कम होकर 683 व क्षेत्र कम होकर 381 हेक्टेयर हो गया। दमोह तहसील में सीमांत कृषक वर्ग में जोतों की संख्या 2000—01 में 2545 थी व क्षेत्र 1240 हेक्टेयर था जो 2010—11 में बढ़कर 2929 व 1450 हेक्टेयर हो गया। हटा तहसील में इस कृषक वर्ग में जोतों की संख्या 1361 से बढ़कर 2010—11 में 7021 हो गई व क्षेत्र 781 हेक्टेयर से बढ़कर 1160 हेक्टेयर हो गया। इस तहसील में इस वर्ग के जोतों की संख्या व क्षेत्र दोनों में वृद्धि हुई है। पटेरा तहसील में भी आश्चर्य चकित करने वाली वृद्धि देखने को मिली है। यहां

2000-01 में कृषि जोतों की संख्या 1678 व क्षेत्र 876 हेक्टेयर था जो 2010-11 में बढ़कर 2705 किसानों की संख्या व 1429 हेक्टेयर क्षेत्र हो गया। परन्तु पथरिया तहसील में इस वर्ग में जोतों की संख्या में कमी हुई है यह 2000-01 में 2689 थी जो 2010-11 में 1996 हो गई व कृषि जोतों की संख्या 1256 हेक्टेयर थी जो कम होकर 1059 हेक्टेयर रह गई।

तालिका क्र. 3.10

दमोह जिले में कृषि जोतों का क्षेत्र एवं संख्या

(सीमांत कृषक वर्ग – अनुसूचित जनजाति)

तहसील	2000-01		2005-06		2010-11		% परिवर्तन	
	संख्या	क्षेत्र	संख्या	क्षेत्र	संख्या	क्षेत्र	संख्या	क्षेत्र
बटियागढ़	313	176	512	301	261	120	-49.0	-60.13
दमोह	1063	533	1273	715	1303	722	2.35	0.97
हटा	338	187	418	257	567	344	35.64	33.85
जबेरा	2447	1171	2599	1222	2901	1427	11.61	16.77
पटेरा	519	298	740	435	786	477	6.21	9.65
पथरिया	269	173	289	168	306	189	5.88	12.5
तेंदूखेड़ा	1873	929	2699	1330	2819	1440	4.44	8.27
कुल	6822	3467	8530	4428	8943	4689	4.84	5.89

स्रोत – (1) कृषि गणना 2010-11, http://agcensus.dacnet.nic.in
(2) कार्यालय भू-राजस्व, जिला दमोह।

तालिका के अवलोकन से ज्ञात होता है कि जिले में अनुसूचित जनजाति वर्ग में सीमांत कृषक वर्ग में जोतों की कुल संख्या 6822 है तथा कुल क्षेत्र 3467 हेक्टेयर है। वर्ष 2000-01 की गणना के अनुसार और 2005-06 की गणना के अनुसार कुल क्षेत्र 4428 हेक्टेयर व कुल संख्या 8530 है। वहीं 2010-11 की गणना के अनुसार कुल संख्या 8943 है जो पूर्व की गणनाओं की तुलना में अधिक है व कुल क्षेत्र 4689 हेक्टेयर है यह भी पूर्व की गणनाओं की तुलना में अधिक है। अनुसूचित जनजाति वर्ग के सीमांत कृषक वर्ग में

जोतों की सर्वाधिक संख्या जबेरा तहसील में है। यह 2010-11 में 2447 थी जो 2010-11 में 2901 हो गई है। अनुसूचित जनजाति वर्ग के किसानों का सर्वाधिक क्षेत्र वर्ष 2000-01 की गणना के अनुसार जबेरा तहसील में 1171 था जो 2005-06 की गणना के अनुसार सर्वाधिक क्षेत्र 1330 तेन्दूखेड़ा तहसील में हो गया। 2010-11 की गणना के अनुसार भी सर्वाधिक क्षेत्र तेन्दूखेड़ा तहसील में है। अनुसूचित जनजाति वर्ग के सबसे कम कृषि जोतें पथरिया तहसील में 2000-01 में थे जिनकी संख्या 269 थी व क्षेत्र 176 हेक्टेयर था यह 2010-11 में जबेरा तहसील में 261 हो गई व क्षेत्र 120 हेक्टेयर हो गया। वहीं पथरिया तहसील में इस वर्ग कृषि जोतों की संख्या 306 व क्षेत्र 189 हेक्टेयर हो गया।

तालिका क्र. 3.11

दमोह जिले में कृषि जोतों का क्षेत्र एवं संख्या

(लघु सामाजिक समूह – समस्त वर्ग)

तहसील	2000-01		2005-06		2010-11		% परिवर्तन	
	संख्या	क्षेत्र	संख्या	क्षेत्र	संख्या	क्षेत्र	संख्या	क्षेत्र
बटियागढ़	4045	5986	4940	7130	2704	3873	-45.26	-45.68
दमोह	7886	11125	9659	11598	9952	14017	3.03	20.85
हटा	4649	6824	5205	7582	5760	8203	10.66	8.19
जबेरा	6220	8720	6101	8641	6574	9261	7.75	7.17
पटेरा	4669	6543	5498	7728	6632	9661	20.62	25.01
पथरिया	6111	8510	5599	7997	8089	11866	44.47	48.38
तेंदूखेड़ा	4632	6685	5733	7908	6428	9041	12.12	14.32
कुल	38212	54393	42735	58584	46139	65922	7.96	12.32

स्रोत – (1) कृषि गणना 2010-11, http://agcensus.dacnet.nic.in
(2) कार्यालय भू-राजस्व, जिला दमोह।

तालिका के अवलोकन से ज्ञात होता है कि जिले में समस्त सामाजिक समूहों में लघु कृषक वर्ग में जोतों की कुल संख्या वर्ष 2000-01 की गणना के अनुसार 38212 थी व क्षेत्र 54393

कृषक वर्ग एवं कृषि जोतें 73

हेक्टेयर था जो 2005–06 की कृषि गणना में बढ़कर क्रमशः 42735 व 58584 हेक्टेयर हो गया। वर्ष 2010–11 की गणना में यह और बढ़कर 46739 व 65922 हेक्टेयर हो गया। वर्ष 2000–01 की कृषि गणना के अनुसार लघु कृषक वर्ग में जोतों की सर्वाधिक संख्या जिला दमोह तहसील में 7886 थी। सबसे कम संख्या जिले की बटियागढ़ तहसील में 4045 थी। लघु कृषक वर्ग में जोतों का सर्वाधिक क्षेत्र जिले की दमोह तहसील में 11125 हेक्टेयर व सर्वाधिक कम क्षेत्र जिले की बटियागढ़ तहसील में 5986 हेक्टेयर था। वर्ष 2010–11 की कृषि गणना में बटियागढ़ तहसील में लघु कृषक वर्ग में जोतों की संख्या व क्षेत्र जिले में सबसे कम देखा गया व पूर्व की गणनाओं की तुलना में भी कम हुआ। इस तहसील में लघु कृषक वर्ग में जोतों की संख्या 2704 रह गई व क्षेत्र 3873 हेक्टेयर रह गया। वहीं दमोह तहसील में यह बढ़कर क्रमशः 9952 एवं 14017 हेक्टेयर हो गया। जिले की अन्य तहसीलों में भी लघु कृषकों की संख्या व क्षेत्र दोनों में पूर्व की गणनाओं की तुलना में वृद्धि दृष्टिगत होती है।

तालिका क्र. 3.12

दमोह जिले में कृषि जोतों का क्षेत्र एवं संख्या

(लघु कृषक वर्ग – अन्य)

तहसील	2000–01		2005–06		2010–11		% परिवर्तन	
	संख्या	क्षेत्र	संख्या	क्षेत्र	संख्या	क्षेत्र	संख्या	क्षेत्र
बटियागढ़	3154	4688	3813	5595	2268	3250	–40.51	–41.91
दमोह	6294	8994	7879	9221	8071	11434	2.43	23.99
हटा	3342	4927	3900	5752	4163	6094	6.74	5.94
जबेरा	4033	5624	3676	5260	3894	5487	5.93	2.27
पटेरा	3608	4990	4257	6022	5230	7657	22.85	27.15
पथरिया	4990	6862	4704	6715	6937	10323	47.47	53.73
तेंदूखेड़ा	2786	3991	3498	4810	4129	5826	18.03	21.12
कुल	28207	40076	31727	43375	34692	50071	9.34	15.43

स्रोत – (1) कृषि गणना 2010–11, http://agcensus.dacnet.nic.in
(2) कार्यालय भू–राजस्व, जिला दमोह।

तालिका के अवलोकन से ज्ञात होता है कि जिले में अन्य सामाजिक समूह में वर्ष 2000–01 की गणना के अनुसार लघु कृषक वर्ग में जोतों की कुल संख्या 28207 थी व कुल क्षेत्र 40076 हेक्टेयर था। वर्ष 2005–06 की कृषि गणना में कुल संख्या बढ़कर 31727 हो गई व कुल क्षेत्र भी बढ़कर 43375 हेक्टेयर हो गया। 2010–11 की कृषि गणना में कृषकों की संख्या 34692 हो गई तथा कृषि का क्षेत्र 50071 हेक्टेयर हो गया। जिले की तेन्दूखेड़ा तहसील में इस वर्ग के लघु कृषक वर्ग की जोतों की संख्या सबसे कम 2786 थी जो 2011–12 की गणना में बढ़कर 4129 हो गई तथा क्षेत्र 3991 हेक्टेयर से बढ़कर 5826 हेक्टेयर हो गया। जिले की पथरिया तहसील में भी कृषिकों की संख्या व क्षेत्र वर्ष 2000–01 की गणना में 4990 व 6862 हेक्टेयर था जो बढ़कर 6937 व 10323 हेक्टेयर हो गया। इस वर्ग के कृषक वर्ग में जोतों की संख्या एवं क्षेत्र पटेरा, हटा, जबेरा व दमोह तहसील में भी वृद्धि देखी गई। परन्तु जिले की बटियागढ़ तहसील एक मात्र ऐसी तहसील देखी गई जहां कृषक वर्ग में जोतों की संख्या वर्ष 2000–01 की गणना में 3154 थी व क्षेत्र 4688 हेक्टेयर था जो 2010–11 की गणना में कम होकर 2268 व 3290 हेक्टेयर रह गया।

कृषक वर्ग एवं कृषि जोतें

तालिका क्र. 3.13

दमोह जिले में कृषि जोतों का क्षेत्र एवं संख्या

(लघु कृषक वर्ग – अनुसूचित जाति)

तहसील	2000–01		2005–06		2010–11		% परिवर्तन	
	संख्या	क्षेत्र	संख्या	क्षेत्र	संख्या	क्षेत्र	संख्या	क्षेत्र
बटियागढ़	518	746	591	810	328	471	–44.50	41.85
दमोह	1026	1321	1127	1545	1192	1632	5.76	5.63
हटा	966	1390	972	1347	1176	1533	20.98	13.80
जबेरा	714	1013	904	1242	901	1226	.33	1.28
पटेरा	675	987	833	1136	968	1370	16.20	20.59
पथरिया	849	1269	736	1053	884	1205	20.10	14.43
तेंदूखेड़ा	522	738	516	708	540	745	4.65	5.22
कुल	5270	7464	5679	7843	5989	8182	5.45	4.32

स्रोत – (1) कृषि गणना 2010–11, http://agcensus.dacnet.nic.in
(2) कार्यालय भू-राजस्व, जिला दमोह।

तालिका के अवलोकन से ज्ञात होता है कि अनुसूचित जाति वर्ग में लघु कृषक वर्ग में जोतों की संख्या व क्षेत्र वर्ष 2000–01 की कृषि गणना के अनुसार क्रमशः 5270 व 7464 हेक्टेयर था। वर्ष 2005–06 की कृषि गणना में लघु कृषक वर्ग में जोतों की संख्या इस वर्ष में बढ़कर 5679 हो गई व क्षेत्र 7843 हेक्टेयर हो गया। वर्ष 2010–11 की कृषि गणना में इस कृषक वर्ग की जोतों की संख्या और बढ़कर 5989 हो गई व क्षेत्र बढ़कर 8182 हेक्टेयर हो गया।

जिले में अनुसूचित जाति वर्ग के लघु कृषकों की सर्वाधिक संख्या दमोह तहसील में व सबसे कम तेन्दूखेड़ा तहसील में वर्ष 2010–11 की गणना के अनुसार है। बटियागढ़ तहसील में इस वर्ग के लघु कृषकों की संख्या वर्ष 2000–01 में 518 थी व कुल क्षेत्र 746 हेक्टेयर था वहीं दमोह तहसील में यह क्रमशः 1626 व 1321 हेक्टेयर था। जिले की हटा, जबेरा, पटेरा व पथरिया तहसील में किसानों की संख्या क्रमशः 966, 714, 675, 849 थी तथा क्षेत्र

क्रमशः 1390, 1013, 987, 1269 हेक्टेयर था जो 2010-11 की गणना में कृषक वर्ग में जोतों की संख्या उक्त तहसीलों में क्रमशः 1176, 901, 968, 889 थी व क्षेत्र क्रमशः 1533, 1226, 1370, 1205 हेक्टेयर था। जिले की बटियागढ़ तहसील में इस वर्ग के कृषक वर्ग में जोतों की संख्या पूर्व की तुलना में कम हुई है यह 2000-01 में जहां 518 थी वह 2010 में 328 रह गई। वहीं इस कृषक वर्ग में जोतों का क्षेत्र जो 746 हेक्टेयर था कम होकर 471 हेक्टेयर रह गया। इसी तरह तेन्दूखेड़ा तहसील में 2000-01 में इस वर्ग के किसानों का क्षेत्र 738 हेक्टेयर था नाममात्र का बढ़कर 745 हेक्टेयर हो गया व संख्या 522 से बढ़कर 540 हो गई।

तालिका क्र. 3.14

दमोह जिले में कृषि जोतों का क्षेत्र एवं संख्या

(लघु कृषक वर्ग – अनुसूचित जनजाति)

तहसील	2000-01		2005-06		2010-11		% परिवर्तन	
	संख्या	क्षेत्र	संख्या	क्षेत्र	संख्या	क्षेत्र	संख्या	क्षेत्र
बटियागढ़	354	526	535	724	108	152	-19.81	-79.0
दमोह	489	699	649	824	689	951	12.48	15.41
हटा	311	464	333	483	421	576	26.42	19.25
जबेरा	1308	1854	1516	2131	1779	2548	17.34	19.56
पटेरा	375	550	408	570	434	634	6.37	11.22
पथरिया	266	371	158	228	268	339	69.62	48.68
तेंदूखेड़ा	1160	1711	1719	2389	1759	2470	2.32	3.39
कुल	4263		5318	7351	5458	7668	2.63	4.31

स्रोत – (1) कृषि गणना 2010-11, http://agcensus.dacnet.nic.in
(2) कार्यालय भू-राजस्व, जिला दमोह।

तालिका के अवलोकन से ज्ञात होता है कि जिले में अनुसूचित जनजाति वर्ग के लघु कृषक वर्ग में जोतों की संख्या व क्षेत्र वर्ष 2000-01 की कृषि गणना के अनुसार जबेरा व तेन्दूखेड़ा तहसील में सर्वाधिक थी। जबेरा तहसील में इस कृषक वर्ग में जोतों की

संख्या 1308 व तेन्दूखेड़ा में 1160 थी। वहीं कृषि क्षेत्र जबेरा तहसील में 1854 हेक्टेयर व तेन्दूखेड़ा तहसील में 1711 हेक्टेयर था। वहीं हटा व पथरिया तहसील में इस वर्ग के जोतों की संख्या क्रमशः 311 व 266 तथा क्षेत्र 464 हेक्टेयर वर 371 हेक्टेयर था। वर्ष 2010–11 की कृषि गणना में भी जबेरा व तेन्दूखेड़ा तहसील में कृषक वर्ग में जोतों की संख्या व क्षेत्र सर्वाधिक था व पूर्व की गणनाओं की तुलना में संख्या व क्षेत्र में वृद्धि भी दर्ज की गई है। जबेरा तहसील में इस वर्ग में जोतों की संख्या 1779 व क्षेत्र 2548 हेक्टेयर था वहीं तेन्दूखेड़ा तहसील में इस वर्ग की जोतों की संख्या व क्षेत्र पूर्व की गणनाओं की तुलना में बढ़कर 1759 व 2470 हेक्टेयर हो गया। वर्ष 2010–11 की गणना के अनुसार सबसे कम संख्या इस वर्ग के किसानों की बटियागढ़ व पथरिया तहसील में देखने को मिलती है। बटियागढ़ तहसील में यह 108 व पथरिया में 268 है तथा क्षेत्र बटियागढ़ तहसील में 152 हेक्टेयर व पथरिया तहसील में 339 हेक्टेयर है।

तालिका क्र. 3.15

दमोह जिले में कृषि जोतों का क्षेत्र एवं संख्या

(अर्द्धमध्यम – कृषक वर्ग)

तहसील	2000–01		2005–06		2010–11		% परिवर्तन	
	संख्या	क्षेत्र	संख्या	क्षेत्र	संख्या	क्षेत्र	संख्या	क्षेत्र
बटियागढ़	3407	9791	3648	10157	1935	5316	–46.55	–47.66
दमोह	5022	13766	5294	14561	5639	15229	6.51	4.58
हटा	3792	10618	4166	11631	4242	11942	1.82	2.67
जबेरा	3605	9786	3440	9326	3727	9903	8.34	6.18
पटेरा	3716	10396	3954	11057	4050	11445	2.42	3.50
पथरिया	4743	13327	4588	12907	5739	15805	25.08	22.45
तेंदूखेड़ा	3017	8345	3396	9286	3448	9601	1.53	3.39
कुल	27302	76029	28486	78925	28780	79241	1.03	0.40

स्रोत – (1) कृषि गणना 2010–11, http://agcensus.dacnet.nic.in

(2) कार्यालय भू–राजस्व, जिला दमोह।

तालिका के अवलोकन से ज्ञात होता है कि वर्ष 2000—01 की कृषि गणना के अनुसार जिले की बटियागढ़ तहसील में अर्द्धमध्यम कृषक वर्ग में जोतों की कुल संख्या 3407 थी व कुल क्षेत्र 9791 हेक्टेयर था जो वर्ष 2010—11 की कृषि गणना में कम होकर संख्या 1936 व 5316 हेक्टेयर कृषि क्षेत्र रह गया। जिले की ही दमोह तहसील में वर्ष 2000—01 की गणना के अनुसार अर्द्धमध्यम कृषक वर्ग में जोतों की कुल संख्या 5022 थी व कुल कृषि क्षेत्र 13766 हेक्टेयर था जो 2010—11 की गणना में बढ़कर 5639 व 15229 हेक्टेयर कृषि क्षेत्र हो गया। वहीं हटा तहसील में जोतों की संख्या 3792 से बढ़कर 11942 हेक्टेयर हो गया। जबेरा तहसील में जोतों की संख्या 3605 से बढ़कर 3727 हो गई व कृषि क्षेत्र 9786 हेक्टेयर से बढ़कर 9903 हेक्टेयर हो गया। जिले की ही पटेरा व पथरिया तहसील में इस वर्ग के जोतों की संख्या 3716 व 4743 से बढ़कर 4050 व 5739 हो गई। कृषि क्षेत्र 10396 हेक्टेयर व 8345 हेक्टेयर से बढ़कर 11445 हेक्टेयर व 15805 हेक्टेयर हो गया।

तालिका क्र. 3.16

दमोह जिले में कृषि जोतों का क्षेत्र एवं संख्या

(अर्द्धमध्यम : सामाजिक समूह – अन्य)

तहसील	2000—01		2005—06		2010—11		% परिवर्तन	
	संख्या	क्षेत्र	संख्या	क्षेत्र	संख्या	क्षेत्र	संख्या	क्षेत्र
बटियागढ़	2732	7999	2988	8463	1650	4571	−45.98	−44.77
दमोह	3951	10901	4522	12550	4873	13214	7.76	5.29
हटा	2693	7602	3369	9516	3422	9664	1.57	1.55
जबेरा	2255	6195	2287	6224	2425	6448	6.03	3.59
पटेरा	2945	8559	3302	9288	3398	9675	18.04	4.16
पथरिया	3968	11130	4127	11676	5266	14527	27.59	24.41
तेंदूखेड़ा	1793	4981	2094	5757	2268	6428	8.30	11.65
कुल	20337	57037	22689	63474	23302	64527	2.70	1.65

स्रोत – (1) कृषि गणना 2010—11, http://agcensus.dacnet.nic.in
(2) कार्यालय भू-राजस्व, जिला दमोह।

तालिका के अवलोकन से ज्ञात होता है कि अर्द्धमध्यम कृषक वर्ग में जोतों की संख्या अन्य सामाजिक समूह में वर्ष 2000–01 की कृषि गणना के अनुसार संख्या 20337 व कृषि क्षेत्र 57037 हेक्टेयर था जो 2005–06 की कृषि गणना में बढ़कर 22689 व कुल क्षेत्र 63474 हेक्टेयर हो गया। वर्ष 2010–11 की कृषि गणना में कुल कृषि क्षेत्र 23302 व कृषि क्षेत्र 64527 हेक्टेयर हो गया। जिले की बटियागढ़ तहसील में वर्ष 2000–01 में कृषि संख्या 2732 व कुल क्षेत्र 7999 हेक्टेयर था जो 2010–11 में 1650 व कुल क्षेत्र कम होकर 4571 हेक्टेयर हो गया। वहीं जिले की दमोह तथा हटा तहसील में कुल जोतों की संख्या 3951 व 2693 थी जो 2010–11 में बढ़कर 4875 व 3422 हो गई। कृषि क्षेत्र 10901 हेक्टेयर व 7602 हेक्टेयर था जो बढ़कर 13214 हेक्टेयर व 9664 हेक्टेयर हो गया। जिले की जबेरा व पटेरा तहसील में वर्ष 2000–01 में जोतों की संख्या 2425 व 3398 हो गई। वहीं कृषि क्षेत्र 6195 हेक्टेयर व 8229 हेक्टेयर से बढ़कर 6448 हेक्टेयर व 9675 हेक्टेयर हो गया। पथरिया व तेन्दूखेड़ा तहसील में जोतों की संख्या 3968 व 1793 से बढ़कर 2010–11 में 3398 व 5266 हो गई। वहीं कृषि क्षेत्र 11130 हेक्टेयर व 4981 हेक्टेयर से बढ़कर 14527 हेक्टेयर व 6428 हेक्टेयर हो गया। इस तरह बटियागढ़ एकमात्र ऐसी तहसील थी जहां पूर्व की गणनाओं की तुलना में कृषि जोतों का क्षेत्र व संख्या इस वर्ग में कम हुई।

तालिका क्र. 3.17

दमोह जिले में कृषि जोतों का क्षेत्र एवं संख्या

(अर्द्धमध्यम कृषक वर्ग – अनुसूचित जाति)

तहसील	2000–01		2005–06		2010–11		% परिवर्तन	
	संख्या	क्षेत्र	संख्या	क्षेत्र	संख्या	क्षेत्र	संख्या	क्षेत्र
बटियागढ़	248	686	291	818	204	546	−0.29	−0.33
दमोह	391	1038	436	1127	452	1206	0.03	0.07
हटा	542	1507	502	1361	541	1505	0.07	0.10
जबेरा	309	831	302	807	292	761	−0.03	−0.05
पटेरा	422	1183	349	930	339	914	−0.02	−0.01
पथरिया	377	1001	381	1018	378	1035	−0.007	0.01
तेंदूखेड़ा	213	566	225	571	177	459	−0.21	−0.19
कुल	2502	6812	2486	6632	2383	6426	−0.04	−0.031

स्रोत – (1) कृषि गणना 2010–11, http://agcensus.dacnet.nic.in
(2) कार्यालय भू-राजस्व, जिला दमोह।

तालिका के अवलोकन से ज्ञात होता है कि अनुसूचित जाति वर्ग के अर्द्धमध्यम कृषक वर्ग में जोतों की कुल संख्या वर्ष 2000–01 में 2502 थी व कुल क्षेत्र 6812 हेक्टेयर था जो 2005–06 में कम होकर 2468 व 6632 हेक्टेयर रह गया। वर्ष 2010–11 में यह और कम होकर 2383 व 6426 हेक्टेयर हो गया। जिले में इस वर्ग में अनुसूचित जाति के इस कृषक वर्ग में जोतों की संख्या व कृषि क्षेत्र दोनों में पूर्व की गणनाओं की तुलना में कमी हुई है। जिले की बटियागढ़ तहसील में वर्ष 2000–01 में कृषकों की संख्या 248 थी जो 2010–11 में 204 रह गई। कृषि क्षेत्र 686 हेक्टेयर से कम होकर 546 हेक्टेयर रह गया। जिले की दमोह तथा हटा तहसील में वर्ष 2000–01 में इस कृषक वर्ग में जोतों की संख्या 391 व 542 थी जो 2010–11 में 452 व 541 हो गई। दमोह तहसील में इस वर्ग के जोतों की संख्या में वृद्धि देखी गई है। वहीं कृषि क्षेत्र 1038 हेक्टेयर व 1507 हेक्टेयर से बढ़कर 1206 हेक्टेयर व 1505 हेक्टेयर हो गया। जिले की जबेरा और पटेरा तहसील में जोतों की संख्या 309 व 422 से कम होकर क्रमशः 292 व 339

हो गई वहीं कृषि क्षेत्र 831 हेक्टेयर व 1183 हेक्टेयर से कम होकर 2010–11 में 761 व 914 हेक्टेयर रह गया। जिले की पथरिया व तेन्दूखेड़ा तहसील में इस वर्ग की कृषि जोतों की संख्या 2000–01 में 377 व 213 थी जो 2010–11 में 378 व 177 हो गई तथा कृषि क्षेत्र जो 1001 व 566 हेक्टेयर था वह 1035 व 459 हेक्टेयर हो गया। इस तरह स्पष्ट है कि जिले में अनुसूचित जाति के अर्द्धमध्यम वर्ग की जोतों की संख्या व क्षेत्र दोनों में कमी दृष्टिगोचर होती है।

तालिका क्र. 3.18

दमोह जिले में कृषि जोतों का क्षेत्र एवं संख्या

(अर्द्धमध्यम कृषक वर्ग – अनुसूचित जनजाति)

तहसील	2000–01		2005–06		2010–11		% परिवर्तन	
	संख्या	क्षेत्र	संख्या	क्षेत्र	संख्या	क्षेत्र	संख्या	क्षेत्र
बटियागढ़	260	634	366	866	81	198	–77.86	–77.13
दमोह	277	738	330	865	314	808	–4.48	–6.58
हटा	327	875	295	754	279	772	–5.42	2.38
जबेरा	885	2337	848	2287	1010	2694	19.10	17.79
पटेरा	236	666	303	839	313	857	3.30	2.14
पथरिया	85	231	80	214	95	244	18.75	14.01
तेंदूखेड़ा	873	2427	1076	2954	1003	2713	–6.78	–8.15
कुल	2943	7908	3298	8779	3095	8286	–6.15	–5.61

स्रोत – (1) कृषि गणना 2010–11, http://agcensus.dacnet.nic.in
(2) कार्यालय भू–राजस्व, जिला दमोह।

तालिका के अवलोकन से ज्ञात होता है कि जिले में अनुसूचित जनजाति वर्ग के अर्ध्दमध्यम कृषक वर्ग में जोतों की संख्या वर्ष 2000–01 की कृषि गणना के अनुसार 2943 थी व कुल कृषि क्षेत्र को 7908 हेक्टेयर था जो 2005–06 की कृषि गणना में कुल संख्या बढ़कर 3298 व कुल कृषि क्षेत्र बढ़कर 8779 हेक्टेयर हो गया। वर्ष 2010–11

की कृषि गणना में कृषकों की कुल संख्या फिर कम होकर 3095 व कुल कृषि क्षेत्र कम होकर 8286 हेक्टेयर रह गया। जिले की बटियागढ़ तहसील में अनुसूचित जनजाति वर्ग के इस कृषक वर्ग में जोतों की संख्या में भारी कमी देखने को मिलती है यह 2000-01 की कृषि गणना में 260 से कम होकर 2010-11 में 81 रह गई। कृषि क्षेत्र भी 634 हेक्टेयर से कम होकर 198 हेक्टेयर रह गया। जिले की दमोह तथा जबेरा तहसील में वर्ष 2000-01 में जोतों की संख्या 277 व 885 थी जो बढ़कर 2010-11 में 314 व 1010 हो गई। कृषि क्षेत्र 738 हेक्टेयर व 2337 हेक्टेयर से बढ़कर 808 हेक्टेयर व 2694 हेक्टेयर हो गया। जिले की पटेरा व तेन्दूखेड़ा तहसील में 2000-01 की गणना के अनुसार जोतों की संख्या 236 व 873 से बढ़कर 2010-11 में 313 व 1003 हो गई वहीं कृषि क्षेत्र 666 हेक्टेयर व 2427 हेक्टेयर से बढ़कर 857 हेक्टेयर व 2713 हेक्टेयर हो गई। जिले की हटा व पथरिया तहसील में 2000-01 की कृषि गणना के अनुसार कृषकों की संख्या 327 व 85 थी जो 2010-11 में 279 व 95 हो गई। हटा तहसील में इस कृषक वर्ग में जोतों की संख्या इस वर्ग में कम हुई है। वहीं कृषि क्षेत्र 875 हेक्टेयर व 231 हेक्टेयर था जो 2010-11 में 772 हेक्टेयर व 244 हेक्टेयर हो गया। हटा तहसील में इस वर्ग के किसानों का कृषि क्षेत्र भी कम हुआ है।

तालिका क्र. 3.19

दमोह जिले में किसानों का क्षेत्र एवं संख्या

(मध्यम कृषक वर्ग)

तहसील	2000–01		2005–06		2010–11		% परिवर्तन	
	संख्या	क्षेत्र	संख्या	क्षेत्र	संख्या	क्षेत्र	संख्या	क्षेत्र
बटियागढ़	2106	13642	2047	12131	72	429	–96.48	–96.46
दमोह	2669	15702	2679	15485	2520	14288	–5.93	–7.73
हटा	2912	17570	2780	17179	2399	14133	–13.70	–17.73
जबेरा	1346	7958	1311	7586	1173	6610	–10.52	–12.86
पटेरा	2430	14258	2246	13127	2292	13163	3.60	0.27
पथरिया	3170	19047	2910	17610	2884	16755	–0.89	–4.85
तेंदूखेड़ा	1436	6383	1301	7376	1221	6795	–6.14	–7.87
कुल	16069	96587	15274	90494	12561	72173	–17.76	–20.24

स्रोत – (1) कृषि गणना 2010–11, http://agcensus.dacnet.nic.in
(2) कार्यालय भू–राजस्व, जिला दमोह।

तालिका के अवलोकन से ज्ञात होता है कि जिले में मध्यम कृषक वर्ग में जोतों की कुल संख्या 2000–01 की कृषि गणना के अनुसार 16069 थी वह कुल कृषि क्षेत्र 96587 हेक्टेयर था जो 2005–06 की कृषि गणना में कम होकर कुल कृषकों की संख्या 15274 हो गई व 90494 हेक्टेयर कृषि क्षेत्र हो गया। वर्ष 2010–11 की कृषि गणना के अनुसार यह और कम होकर कृषि संख्या 12561 व 72173 कुल कृषि क्षेत्र रह गया। जिले की बटियागढ़ तहसील में इस वर्ग के जोतों की संख्या व क्षेत्र में आश्चर्यजनक परिवर्तन देखने को मिलता है वर्ष 2000–01 की कृषि गणना में इस तहसील में इस वर्ग की जोतों की संख्या 406 थी व कुल कृषि क्षेत्र 13642 हेक्टेयर था जो 2010–11 में कम होकर कुल जोतों की संख्या 72 रह गई व कृषि क्षेत्र 429 हेक्टेयर रह गया। जिले की दमोह तथा हटा तहसील में इस वर्ग के जोतों की संख्या 2000–01 में 2669 व 2912 थी जो 2010–11 में कम होकर 2520 व 2399 रह गई। वहीं कृषि क्षेत्र जो 15702 हेक्टेयर व 17570 हेक्टेयर था कम होकर 14288 व 14133 हेक्टेयर रह गया।

जिले की हटा व जबेरा तहसील में जोतों की संख्या 2000–01 की कृषि गणना के अनुसार 1346 व 2430 थी जो 2010–11 के अनुसार 1173 व 2292 रह गई। कृषि क्षेत्र 7958 व 14258 से कम होकर 6610 व 13163 रह गया। जिले की पथरिया व तेन्दूखेड़ा तहसील में 2000–01 में किसानों की संख्या 3170 व 1436 थी जो 2010–11 में 2884 व 1221 रह गई। वहीं कृषकों की क्षेत्र 2000–01 में 19047 व 8383 था जो 2010–11 में 16755 व 6798 रह गया। इस तरह से हम कह सकते हैं कि इस वर्ग में पूर्व की गणनाओं की तुलना में मध्यम वर्गीय किसानों की संख्या व क्षेत्र कम हुआ है।

तालिका क्र. 3.20

दमोह जिले में कृषि जोतों का क्षेत्र एवं संख्या

(मध्यम कृषक वर्ग – अन्य वर्ग)

तहसील	2000–01		2005–06		2010–11		% परिवर्तन	
	संख्या	क्षेत्र	संख्या	क्षेत्र	संख्या	क्षेत्र	संख्या	क्षेत्र
बटियागढ़	1952	12735	1862	11123	14	82	−99.24	−99.26
दमोह	2492	14753	2457	14289	2379	13559	−3.17	−5.10
हटा	2620	15951	2504	15668	2170	12857	−13.33	−17.94
जबेरा	989	5978	891	5175	800	4626	−10.23	−10.60
पटेरा	2155	12756	1683	11654	2118	12185	25.84	4.55
पथरिया	2986	18050	2758	16777	2735	15995	−0.83	−7.04
तेंदूखेड़ा	891	5296	812	4645	785	4398	−3.32	−5.31
कुल	14085	85519	13267	79341	11001	63702	0.61	−19.71

स्रोत – (1) कृषि गणना 2010–11, http://agcensus.dacnet.nic.in
(2) कार्यालय भू–राजस्व, जिला दमोह।

तालिका के अवलोकन से ज्ञात होता है कि मध्यमवर्गीय कृषक वर्ग में जोतों की अन्य सामाजिक समूह में कृषि जोतों की कुल संख्या वर्ष 2000–01 की कृषि गणना के अनुसार 14085 व कुल कृषि क्षेत्र 85519 था जो 2005–06 की कृषि गणना में कम

होकर 13267 व 79341 हेक्टेयर रह गया। वर्ष 2010—11 की कृषि गणना में यह और कम होकर 11001 व कृषि क्षेत्र 63702 हेक्टेयर रह गया। जिले की बटियागढ़ तहसील में इस वर्ग में मध्यम वर्गीय जोतों की संख्या में भारी कमी देखने को मिलती है। वर्ष 2000—01 में इस तहसील में जोतों की संख्या 1952 थी जो 12735 कृषि क्षेत्र पर कृषि कार्य करते थे। वर्ष 2005—06 की गणना के अनुसार यह 1862 व 11133 हेक्टेयर हो गई। परन्तु 2010—11 की गणना में यह आश्चर्यजनक रूप से कम होकर 14 कुल संख्या व 82 हेक्टेयर कृषि क्षेत्र ही रह गया। जिले की दमोह तथा हटा तहसील में वर्ष 2000—01 की गणना के अनुसार किसानों की कुल संख्या 2992 व 2620 थी तथा कुल क्षेत्र 15951 हेक्टेयर व 5976 हेक्टेयर था। वर्ष 2010—11 की गणना में यह क्रमशः 2379 व 2170 हो गई तथा कुल क्षेत्र 13559 हेक्टेयर व 12857 हेक्टेयर हो गया। जिले की जबेरा व पटेरा तहसील में कृषि जोतों की संख्या 989 व 2155 थी व कृषि क्षेत्र 5978 हेक्टेयर व 12756 हेक्टेयर था जो 2010—11 में कुल संख्या 800 व 2118 तथा कुल क्षेत्र 4626 व 12185 हेक्टेयर हो गया। जिले की पथरिया व तेन्दूखेड़ा तहसील में कुल संख्या 2000—01 में 2986 व 891 थी तथा कुल क्षेत्र 18050 व 5296 हेक्टेयर था जो 2010—11 में 15998 हेक्टेयर व 4398 हेक्टेयर हो गया तथा कुल संख्या 2735 व 785 हो गई। स्पष्ट है कि इस वर्ग में मध्यम वर्गीय किसानों की संख्या व क्षेत्र दोनों में कमी हुई है।

तालिका क्र. 3.21

दमोह जिले में कृषि जोतों का क्षेत्र एवं संख्या

(मध्यम कृषक वर्ग – अनुसूचित जाति)

तहसील	2000–01		2005–06		2010–11		% परिवर्तन	
	संख्या	क्षेत्र	संख्या	क्षेत्र	संख्या	क्षेत्र	संख्या	क्षेत्र
बटियागढ़	78	472	109	586	44	264	–59.63	–54.94
दमोह	109	548	149	787	77	374	–48.32	10.29
हटा	180	964	141	768	127	700	57.44	10.54
जबेरा	61	311	61	329	65	332	6.55	0.91
पटेरा	150	773	126	676	73	369	–42.06	–45.41
पथरिया	150	811	118	629	115	580	–2.54	–7.79
तेंदूखेड़ा	68	378	61	312	45	216	–26.22	–30.76
कुल	796	4257	765	4087	546	2835	–28.62	1.98

स्रोत – (1) कृषि गणना 2010–11, http://agcensus.dacnet.nic.in
(2) कार्यालय भू–राजस्व, जिला दमोह।

तालिका के अवलोकन से ज्ञात होता है कि दमोह जिले में मध्यम कृषक वर्ग में अनुसूचित जाति की कृषि जोतों की संख्या 796 थी वर्ष 2000–01 की गणना के अनुसार व कुल क्षेत्र 4257 हेक्टेयर था। वर्ष 2005–06 की गणना के अनुसार अनुसूचित जाति वर्ग की जोतों की संख्या इस कृषक वर्ग में 765 हो गई व कुल क्षेत्र 4087 हेक्टेयर हो गया। वर्ष 2010–11 की गणना के अनुसार इस वर्ग में जोतों की कुल संख्या 546 व कुल कृषि क्षेत्र 2835 रह गया। जिले की जबेरा तहसील में मध्यम वर्ग में अनुसूचित जाति की कृषि जोतों की संख्या में वृद्धि देखने को मिलती है। यह वर्ष 2000–01 की कृषि गणना के अनुसार कुल संख्या 61 थी जो 2010–11 की कृषि गणना में नाममात्र बढ़कर 65 हो गई तथा कुल कृषि क्षेत्र इस वर्ग के किसानों का 311 हेक्टेयर था जो बढ़कर 332 हेक्टेयर हो गया। जिले की बटियागढ़ व दमोह तहसील में इस कृषक वर्ग में अनुसूचित जाति वर्ग की कृषि जोतों की संख्या वर्ग 2000–01 की कृषि गणना में 78 व 109 थी तथा कृषि क्षेत्र 472 हेक्टेयर व 548 हेक्टेयर था जो 2010–11 की

कृषि गणना में कृषकों की संख्या क्रमशः 44 व 77 हो गई तथा कुल क्षेत्र 264 हेक्टेयर व 374 हेक्टेयर हो गया। जिले की हटा व पटेरा तहसील में वर्ष 2000–01 की कृषि गणना में जोतों की संख्या 180 व 150 थी व कृषि क्षेत्र 964 हेक्टेयर व 773 हेक्टेयर था। वर्ष 2010–11 में यह 127 और 73 तथा कृषि क्षेत्र 700 हेक्टेयर व 569 हेक्टेयर हो गया। पथरिया व तेन्दूखेड़ा तहसील में कृषि जोतों की संख्या वर्ष 2000–01 में 150 व 68 थी तथा कुल क्षेत्र 811 व 378 हेक्टेयर थी। वर्ष 2010–11 में यह 115 व 45 व कुल क्षेत्र 580 हेक्टेयर व 216 हेक्टेयर हो गया। स्पष्ट है कि इस वर्ष में जोतों की संख्या पूर्व से कम हुई है व क्षेत्र भी कम हुआ है।

तालिका क्र. 3.22

दमोह जिले में कृषि जोतों का क्षेत्र एवं संख्या

(मध्यम कृषक वर्ग – अनुसूचित जनजाति)

तहसील	2000–01		2005–06		2010–11		% परिवर्तन	
	संख्या	क्षेत्र	संख्या	क्षेत्र	संख्या	क्षेत्र	संख्या	क्षेत्र
बटियागढ़	76	435	76	412	14	82	–81.57	–80.09
दमोह	62	363	68	377	64	355	–0.05	–5.83
हटा	111	649	135	743	102	576	–24.44	–0.22
जबेरा	296	1669	356	2067	308	1652	–13.48	3.91
पटेरा	125	756	137	797	101	609	–0.26	–23.5
पथरिया	33	179	34	205	34	180	0.0	–12.19
तेंदूखेड़ा	477	2709	428	2420	391	2181	–8.64	–9.87
कुल	1180	6760	1234	7021	1014	5635	–17.82	–19.74

स्रोत – (1) कृषि गणना 2010–11, http://agcensus.dacnet.nic.in
(2) कार्यालय भू–राजस्व, जिला दमोह।

तालिका के अवलोकन से ज्ञात होता है कि अनुसचित जनजाति के मध्यम कृषक वर्ग में जोतों की संख्या वर्ष 2000–01 में 1180 थी तथा कुल क्षेत्र 6760 हेक्टेयर था जो

2005–06 की गणना में 1234 व 7021 हेक्टेयर हो गया। वर्ष 2010–11 की गणना में यह 1014 व 5635 हेक्टेयर हो गया। जिले की बटियागढ़ तहसील में यह 2000–01 में कृषि जोतों की संख्या 76 थी व कुल क्षेत्र 435 था जो 2010–11 में कम होकर 14 एवं 82 हेक्टेयर रह गया। जिले की दमोह व हटा तहसील में 2000–01 में 62 व 111 थी तथा कुल क्षेत्र 363 व 649 हेक्टेयर था जो 2010–11 में 64 व 102 तथा कुल क्षेत्र 355 व 576 हेक्टेयर हो गया। जिले की जबेरा व पटेरा तहसील में कुल संख्या 296 व 125 थी व कुल क्षेत्र 1669 हेक्टेयर व 756 हेक्टेयर हो गया। वर्ष 2010–11 में यह 308 व 101 थी व कुल क्षेत्र 1652 हेक्टेयर व 609 हेक्टेयर हो गया। जिले की पथरिया व तेन्दूखेड़ा तहसील में वर्ष 2000–01 में कुल संख्या 33 व 477 तथा कुल क्षेत्र 179 हेक्टेयर व 2709 हेक्टेयर था जो वर्ष 2010–11 में 34 व 391 तथा 180 हेक्टेयर व 2181 हेक्टेयर हो गया।

तालिका क्र. 3.23

दमोह जिले में कृषि जोतों का क्षेत्र एवं संख्या

(वृहत कृषक वर्ग – समस्त)

तहसील	2000–01		2005–06		2010–11		% परिवर्तन	
	संख्या	क्षेत्र	संख्या	क्षेत्र	संख्या	क्षेत्र	संख्या	क्षेत्र
बटियागढ़	514	9188	355	5713	3	41	−99.15	−99.28
दमोह	326	5654	419	6884	344	5222	−17.89	−24.14
हटा	609	10141	519	7724	369	7796	−28.0	0.93
जबेरा	161	2306	117	1718	110	1582	−3.98	−7.91
पटेरा	447	6988	387	5723	290	4573	−25.06	−20.09
पथरिया	611	10071	692	12194	392	6406	−43.35	−47.46
तेंदूखेड़ा	193	2804	144	2323	183	2655	27.08	14.29
कुल	2861	47152	2633	42279	1691	28275	−35.77	−0.33

स्रोत – (1) कृषि गणना 2010–11, http://agcensus.dacnet.nic.in
(2) कार्यालय भू-राजस्व, जिला दमोह।

तालिका के अवलोकन से ज्ञात होता है कि जिले में वृहत कृषक वर्ग में जोतों की संख्या वर्ष 2000–01 की कृषि गणना के अनुसार 2861 थी व कुल कृषि क्षेत्र 47152 हेक्टेयर था। वर्ष 2005–06 की कृषि गणना में कृषि जोतों की संख्या 2633 व कुल कृषि क्षेत्र 42279 हेक्टेयर हो गया। वर्ष 2010–11 की कृषि गणना में कृषकों की संख्या 1091 व कुल कृषि क्षेत्र 28275 हेक्टेयर हो गया। जिले की बटियागढ़ तहसील में वर्ष 2000–01 में कृषि जोतों की संख्या 514 थी व कुल कृषि क्षेत्र 9188 हेक्टेयर था जो 2010–11 में कम होकर कृषि जोतों की संख्या मात्र 3 रह गयी व कृषि क्षेत्र 41 हेक्टेयर रह गया। जिले की दमोह तथा हटा तहसील में वर्ष 2000–01 में कृषि जोतों की संख्या 326 व 609 थी तथा कृषि क्षेत्र 5654 व 10141 हेक्टेयर था जो 2010–11 की गणना में कृषि जोतों की संख्या 344 व 309 तथा कृषि क्षेत्र 5222 व 7796 हेक्टेयर हो गया। जिले की जबेरा व पटेरा तहसील में वर्ष 2000–01 में कृषि जोतों की संख्या 161 व 447 थी तथा कुल कृषि क्षेत्र 2306 व 6986 हेक्टेयर था जो 2010–11 में क्रमशः जोतों की संख्या 110 व 290 हो गई व कृषि क्षेत्र 1582 हेक्टेयर व 4573 हेक्टेयर हो गया। जिले की पथरिया व तेन्दूखेड़ा तहसील में कृषि जोतों की संख्या वर्ष 2000–01 में 611 व 193 थी तथा कृषि क्षेत्र 1007 हेक्टेयर व 2804 हेक्टेयर था जो 2010–11 में 392 व 185 तथा कृषि क्षेत्र 6406 व 2655 हेक्टेयर हो गया। स्पष्ट है कि जिले में वृहत कृषक वर्ग में जोतों की संख्या इन 10 वर्षों में कम हुई है व वृहत कृषक वर्ग में जोतों का कृषि क्षेत्र लगभग आधा हो गया है।

तालिका क्र. 3.24

दमोह जिले में कृषि जोतों का क्षेत्र एवं संख्या

(वृहत कृषक वर्ग – अन्य)

तहसील	2000–01		2005–06		2010–11		% परिवर्तन	
	संख्या	क्षेत्र	संख्या	क्षेत्र	संख्या	क्षेत्र	संख्या	क्षेत्र
बटियागढ़	499	8953	329	5095	1	14	−99.69	−99.72
दमोह	307	5293	395	6357	339	5138	−14.17	−19.17
हटा	581	9713	496	7288	358	7647	−27.82	4.92
जबेरा	114	1652	87	1283	95	1387	9.19	8.10
पटेरा	424	6670	364	5283	276	4381	−24.17	−17.07
पथरिया	602	9943	683	12067	375	6222	−45.09	−48.43
तेंदूखेड़ा	132	1994	107	1746	100	1490	−6.54	−14.66
कुल	2659	44218	2461	39119	1544	2679	−37.26	−32.82

स्रोत – (1) कृषि गणना 2010–11, http://agcensus.dacnet.nic.in
(2) कार्यालय भू-राजस्व, जिला दमोह।

तालिका के अवलोकन से स्पष्ट है कि दमोह जिले में वृहत कृषक वर्ग में जोतों की संख्या अन्य सामाजिक समूहों के वर्ग में वर्ष 2000–01 की कृषि गणना के अनुसार 2659 थी व कुल कृषि क्षेत्र 44218 हेक्टेयर था। वर्ष 2005–06 की कृषि गणना में जातों की संख्या कम होकर 2461 व कृषि क्षेत्र कम होकर 39119 हेक्टेयर रह गया। वर्ष 2010–11 की कृषि गणना में यह और कम हो गई। जोतों की संख्या 1544 व कृषि क्षेत्र 26279 हेक्टेयर रह गया। जिले की बटियागढ़ तहसील में वृहत कृषक वर्ग में जोतों की संख्या लगभग समाप्ति की ओर है। वर्ष 2000–01 में जहाँ 499 वृहत कृषक वर्ग में जोतें थी तथा कृषि क्षेत्र 8953 हेक्टेयर था वह 2010–11 की कृषि गणना में एकमात्र किसान वृहत श्रेणी में है जिसके पास 14 हेक्टेयर कृषि भूमि है। जिले की दमोह एवं हटा तहसील में इस सामाजिक समूह में कृषकों की संख्या वर्ष 2000–01 में 307 व 581 थी जिनके पास 5293 हेक्टेयर वर 9713 हेक्टेयर कृषि क्षेत्र था। वर्ष 2010–11 में 339 व 358 जोतों की संख्या व कृषि क्षेत्र 5138 हेक्टेयर व

7647 हेक्टेयर हो गया। जिले की जबेरा एवं पटेरा तहसील में वर्ष 2000-01 में जोतों की संख्या 114 व 424 थी व कृषि क्षेत्र 87 हेक्टेयर व 364 हेक्टेयर था। 2010-11 में यह 95 व 276 तथा कृषि क्षेत्र 1387 हेक्टेयर व 4381 हेक्टेयर हो गया। जिले की पथरिया व तेन्दूखेड़ा तहसील में जोतों की संख्या 602 व 132 थी तथा कृषि क्षेत्र 9943 हेक्टेयर व 1994 हेक्टेयर था वर्ष 2010-11 में 375 व 100 जोतों की संख्या व 6222 हेक्टेयर व 1490 हेक्टेयर कृषि क्षेत्र रह गया। स्पष्ट है कि अन्य सामाजिक समूह में दमोह जिले में वृहत कृषक वर्ग में जोतों की संख्या पूर्व की तुलना में कम हुई है व कृषि क्षेत्र भी कम हुआ है।

तालिका क्र. 3.25

दमोह जिले में कृषक वर्ग में जोतों का क्षेत्र एवं संख्या

(वृहत कृषक वर्ग – अनुसूचित जाति)

तहसील	2000-01		2005-06		2010-11		% परिवर्तन	
	संख्या	क्षेत्र	संख्या	क्षेत्र	संख्या	क्षेत्र	संख्या	क्षेत्र
बटियागढ़	6	96	5	67	1	13	-80.0	-54.0
दमोह	10	120	8	118	1	36	-87.5	-69.49
हटा	14	205	12	167	3	34	-75.0	-20.35
जबेरा	1	10	0	0	0	0	0	0
पटेरा	6	84	1	12	1	12	0	0
पथरिया	5	62	4	47	16	173	-75.0	268.08
तेंदूखेड़ा	5	73	2	26	0	0	-100.0	-100.0
कुल	47	650	32	437	22	268	-31.25	-38.67

स्रोत – (1) कृषि गणना 2010-11, http://agcensus.dacnet.nic.in
(2) कार्यालय भू-राजस्व, जिला दमोह।

तालिका के अवलोकन से स्पष्ट है कि जिले में अनुसूचित जाति वर्ग में वृहत कृषक वर्ग में जोतों की संख्या वर्ष 2000-01 की कृषि गणना में 47 थी व कुल कृषि क्षेत्र

650 था। वर्ष 2005–06 की कृषि गणना में इस वर्ग के वृहत किसानों की संख्या 32 हो गई व कृषि क्षेत्र भी कम होकर 437 हो गया। वर्ष 2010–11 में इस वर्ग के वृहत कृषक वर्ग में जोतों की संख्या घटकर 22 रह गई व कृषि क्षेत्र 268 हेक्टेयर रह गया। जिले की बटियागढ़ व दमोह तहसील में वर्ष 2000–01 में इस वर्ग के वृहत किसानों की संख्या 06 एवं 10 थी तथा कृषि क्षेत्र 96 हेक्टेयर व 120 हेक्टेयर था वर्ष 2010–11 में कम होकर कृषकों की संख्या एक–एक रह गई व कृषि क्षेत्र 13 हेक्टेयर व 36 हेक्टेयर रह गया। जिले की हटा व जबेरा तहसील में इस वर्ग में वृहत किसानों की संख्या 2000–01 में क्रमशः 14 व 1 थी तथा कृषि क्षेत्र 205 हेक्टेयर व 10 हेक्टेयर था वर्ष 2010–11 की कृषि गणना में हटा तहसील में यह कम होकर 3 रह गई व कृषि क्षेत्र 34 हेक्टेयर हो गया वहीं जबेरा तहसील में और तेन्दूखेड़ा तहसील में इस वर्ग में एक भी वृहत किसान नहीं है। जिले की पथरिया तहसील एक ऐसी तहसील है जहां 2000–01 में 5 वृहत किसान थे जिनके पास 62 हेक्टेयर कृषि भूमि थी। इनकी संख्या 2010–11 में बढ़कर 16 हो गई जिनके पास 173 हेक्टेयर कृषि भूमि है। स्पष्ट है कि वर्ष 2000–01 की तुलना में वर्ष 2010–11 में कृषकों की संख्या लगभग आधी हो गई व कृषि क्षेत्र भी कम हो गया।

तालिका क्र. 3.26

दमोह जिले में किसानों का क्षेत्र एवं संख्या (वृहत) सामाजिक समूह – अनुसूचित जनजाति

तहसील	2000—01		2005—06		2010—11		% परिवर्तन	
	संख्या	क्षेत्र	संख्या	क्षेत्र	संख्या	क्षेत्र	संख्या	क्षेत्र
बटियागढ़	9	139	8	120	1	14	−87.5	−88.33
दमोह	3	51	3	34	4	48	−33.33	41.17
हटा	11	153	8	117	8	115	0	−1.70
जबेरा	44	581	29	398	15	195	−48.27	−51.0
पटेरा	17	234	13	172	13	179	0	4.06
पथरिया	3	53	3	33	1	12	−66.66	−63.63
तेंदूखेड़ा	55	681	32	410	83	1165	253.12	184.19
कुल	142	1892	96	1284	125	1728	30.20	34.57

स्रोत – (1) कृषि गणना 2010–11, http://agcensus.dacnet.nic.in
(2) कार्यालय भू-राजस्व, जिला दमोह।

तालिका के अवलोकन से ज्ञात होता है कि जिले में अनुसूचित जनजाति वर्ग में वृहत कृषक वर्ग में जोतों की कुल संख्या वर्ष 2000–01 में 142 थी व कुल कृषि क्षेत्र 1892 हेक्टेयर हो गया। वर्ष 2005–06 में कुल संख्या 96 थी व कुल कृषि क्षेत्र 1284 हेक्टेयर था। वर्ष 2010–11 में जोतों की संख्या फिर बढ़ गई और यह 125 हो गई वहीं कुल संख्या 1728 हेक्टेयर हो गई। जिले की बटियागढ़ व दमोह तहसील में अनुसूचित जनजाति वर्ग के वृहत कृषक वर्ग में जोतों की संख्या वर्ष 2000–01 में 9 एवं 3 थी तथा कृषि क्षेत्र 139 हेक्टेयर व 51 हेक्टेयर था जो 2010–11 में कम होकर कृषकों की संख्या 1 एवं 4 रह गई तथा कृषि क्षेत्र 14 हेक्टेयर व 48 हेक्टेयर रह गया। जिले की हटा व जबेरा तहसील में इस वर्ष के वृहत किसानों की संख्या 2000–01 में 11 व 44 थी व कृषि क्षेत्र 153 हेक्टेयर व 581 हेक्टेयर था जो 2010–11 में कृषकों की संख्या 8 व 15 रह गई व कृषि क्षेत्र 115 हेक्टेयर व 195 हेक्टेयर रह गया। जिले की पटेरा व तेन्दूखेड़ा तहसील में इस वर्ग के वृहत जोतों की संख्या 17 व 55 तथा कृषि क्षेत्र

234 हेक्टेयर व 681 हेक्टेयर हो गया। वर्ष 2010-11 में जोतों की संख्या 13 व 83 हो गई तथा कृषि क्षेत्र 179 हेक्टेयर व 1165 हेक्टेयर हो गया। स्पष्ट है कि जिले में पूर्व की गणनाओं की तुलना में अनुसूचित जनजाति वर्ग के वृहत किसानों की संख्या कम हुई है तथा कृषि क्षेत्र में भी कमी दृष्टिगोचर होती है।

तालिका क्र. 3.27

सर्वेक्षित गांव में कृषक वर्ग और परिवारों की संख्या

वर्ग	हटा	पथरिया	दमोह	बटियागढ़	पटेरा	जबेरा	तेन्दुखेडा	कुल
वृहत	01	01	01	01	01	01	01	08
अर्द्ध मध्यम	02	02	02	02	02	02	02	14
लघु	02	02	02	02	02	02	02	14
सीमांत	05	05	05	05	05	05	05	35

स्रोत – स्वयं के सर्वेक्षण पर आधारित।

तालिका के अवलोकन से ज्ञात होता है कि बड़े किसानों की संख्या व प्रतिशत दोनों बहुत ही कम हैं जबकि सीमांत किसानों का प्रतिशत अधिक है। जिले में वृहत किसान व अर्द्धमध्यम किसान कुल 10.33 प्रतिशत है वहीं किसानों का कुल में 19.64 प्रतिशत किसान मध्यम आकार के है। जिले में कुल 20.36 प्रतिशत किसान लघु किसान है लगभग 49.67 प्रतिशत किसान सीमांत किसान है। सीमांत किसानों की संख्या सर्वाधिक है। और अन्य कृषक वर्ग की तुलना में बढ़ती हुई प्रवृत्ति देखी गई है।

प्रमुख फसलों के अंतर्गत सकल फसलीय क्षेत्र का अनुपात

जिले में प्रमुखतः रबी और खरीफ की फसलों का उत्पादन होता है। रबी की फसलों में गेंहू, चना की प्रधानता है। वही खरीफ की फसलों में सोयाबीन व धान की प्रमुख फसलों के रूप में उत्पादित की जाती है। अध्ययन का क्षेत्र ही इन्ही फसलों तक सीमित है। कृषि उत्पादन पर प्रकृति द्वारा निर्धारित वर्षा एवं मौसम का भारी प्रभाव पड़ता है। कृषि

कृषक वर्ग एवं कृषि जोतें 95

अधीन क्षेत्र, औसत प्रति हेक्टेयर उत्पादन और कुल उत्पादन में प्रति वर्ष उच्चावचन होता रहता है। मौसम संबंधी प्रभाव को अलग करना बहुत कठिन है जिसमें, कृषि विकास पर केवल कृषि आदानों और तकनालॉजी के प्रभाव को आंका जा सके।

वर्गवार संचालित जोतों की औसत सीमा – विभिन्न कृषक वर्गों के अंतर्गत जोतों की सीमा का औसत आकार निम्न तालिका अनुसार है।

तालिका क्र. 3.28

सर्वेक्षित गांव में वर्गवार संचालित जोतों की औसत सीमा

(इकाई प्रति हेक्टेयर)

वर्ग	हटा	दमोह	पथरिया	बटियागढ़	पटेरा	जबेरा	तेन्दुखेडा
वृहत	9.2	14	08	6.4	11.2	14.4	11.2
मध्यम	2.4	3.2	3.2	2.8	3.2	3.2	2.8
लघु	1.2	1.4	1.4	1.4	1.8	1.2	1.6
सीमांत	0.56	0.64	0.48	0.48	0.48	0.48	0.7

स्रोत – स्वयं के सर्वेक्षण पर आधारित।

तालिका के अवलोकन से स्पष्ट है कि जोतों की औसत सीमा बड़े/मध्यम किसानों में अधिक है। जबकि सीमांत किसानों में यह नगण्य है। हटा तहसील में वृहत व अर्द्धमध्यम आकार के किसानों की औसत जोत 9 हेक्टेयर है जबकि दमोह तहसील में यह 14, पथरिया में 08, बटियागढ़ में 6.4, पटेरा में 11.2 व जबेरा एवं तेन्दुखेड़ा में क्रमशः 14.4 व 11.2 हेक्टेयर है। मध्यम आकार के किसानों की औसत जोत हटा तहसील में 2.4 दमोह में 3.2 पथरिया में 3.2 बटियागढ़ व तेन्दुखेड़ा में 2.8 तथा पटेरा और जबेरा में 3.2 हेक्टेयर है। लघु किसानों की औसत जोत हटा व जबेरा में 1.2 हेक्टेयर दमोह में 1.4, तेन्दुखेड़ा में 1.6 हेक्टेयर है। सीमांत किसानों की औसत जोत लगभग 0.56 हटा में, 0.64 दमोह में व 0.48 हेक्टेयर अन्य तहसीलों में है।

तालिका क्र. 3.29

प्रमुख फसलों के अंतर्गत सकल फसलीय क्षेत्र का अनुपात

(सर्वेक्षित तहसील हटा)

(इकाई प्रतिशत में)

फसल	वृहत	अर्द्धमध्यम	लघु	सीमांत	कुल
सोयाबीन	44	50	43	43	45
गेंहू	17	25	25	43	25
धान	06	0	07	07	05
चना	33	25	25	7	25

स्रोत – स्वयं के सर्वेक्षण के आधार पर।

तालिका के अवलोकन से ज्ञात है कि सर्वेक्षित ग्रामों में कुल फसल क्षेत्र में लगभग 45 प्रतिशत में सोयाबीन, 25 प्रतिशत गेंहू व 5 प्रतिशत में चावल, 25 प्रतिशत भाग पर चना की खेती होती है। वृहत किसान लगभग 44 प्रतिशत भाग पर सोयाबीन, 17 प्रतिशत भाग पर गेंहू, 6 प्रतिशत पर चावल व 33 प्रतिशत पर चना का क्षेत्र है। मध्यम किसानों का कुल फसलीय क्षेत्र में से 50 प्रतिशत भाग पर सोयाबीन, 25 प्रतिशत पर गेंहू व 25 प्रतिशत भाग पर चना का उत्पादन करते हैं। लघु किसान 43 प्रतिशत भाग पर सोयाबीन, 25 प्रतिशत पर गेंहू, 7 प्रतिशत पर चावल व 25 प्रतिशत भाग पर चने का उत्पादन करते हैं। वहीं सीमांत किसान 43 प्रतिशत भाग पर सोयाबीन, 43 प्रतिशत भाग पर गेंहू व 7 प्रतिशत पर चावल व इतने ही प्रतिशत भाग पर चना उत्पादित करते हैं। प्रमुख फसलों में भी सोयाबीन, गेंहू, चना के उत्पादन में अधिक उत्सुकता प्रदर्शित होती है।

तालिका क्र. 3.30

प्रमुख फसलों के अंतर्गत सकल फसलीय क्षेत्र का अनुपात

(सर्वेक्षित तहसील पथरिया)

(इकाई प्रतिशत में)

फसल	वृहत	अर्द्धमध्यम	लघु	सीमांत	कुल
सोयाबीन	45	37	40	41	41
गेंहू	13	19	20	30	20
धान	05	13	10	9	9
चना	37	31	30	20	30

स्रोत – स्वयं के सर्वेक्षण के आधार पर।

तालिका के अवलोकन से ज्ञात है कि पथरिया तहसील में कुल फसलीय क्षेत्र में से 41 प्रतिशत भाग पर सोयाबीन, 20 प्रतिशत पर गेंहू, लगभग 9 प्रतिशत पर चावल और 30 प्रतिशत भाग पर चना उत्पादन किया जाता है। वृहत व अर्द्धमध्यम किसान मिलकर लगभग 45 प्रतिशत भाग पर सोयाबीन व 37 प्रतिशत भाग पर चने का उत्पादन करते हैं। गेंहू और चना क्रमशः 19 व 13 प्रतिशत भाग पर उत्पादित किया जाता है। लघु किसान लगभग 40 प्रतिशत पर सोयाबीन, 20 प्रतिशत पर गेंहू, 10 प्रतिशत पर चावल व 30 प्रतिशत पर चना उत्पादन करते हैं। सीमांत किसान लगभग 41 प्रतिशत भाग पर सोयाबीन, लगभग 30 प्रतिशत भाग पर गेंहू व 9 प्रतिशत भाग पर क्रमशः चावल और 20 प्रतिशत चना का उत्पादन करते है।

तालिका क्र. 3.31

प्रमुख फसलों के अंतर्गत सकल फसलीय क्षेत्र का अनुपात

(सर्वेक्षित तहसील दमोह)

(इकाई प्रतिशत में)

फसल	वृहत	अर्द्धमध्यम	लघु	सीमांत	कुल
सोयाबीन	30	31	29	37	32
गेंहू	31	19	20	32	26
धान	20	19	21	13	18
चना	19	31	30	18	24

स्रोत – स्वयं के सर्वेक्षण के आधार पर।

तालिका के अवलोकन से ज्ञात है कि दमोह तहसील में प्रमुख फसलों का अनुपात सोयाबीन का लगभग 32 प्रतिशत, गेंहू का लगभग 25 प्रतिशत, चावल का लगभग 18 प्रतिशत व चने का लगभग 25 प्रतिशत है। वृहत व मध्यम किसान मिलकर जहाँ 31 प्रतिशत पर सोयाबीन व गेंहू का उत्पादन करते हैं वहीं 20 प्रतिशत पर चावल व चने का उत्पादन किया जाता है। तहसील में मध्यम किसान 31 प्रतिशत पर सोयाबीन 19 प्रतिशत पर चावल का उत्पादन करते है लगभग 19 प्रतिशत भाग पर गेंहू व 31 प्रतिशत चना उत्पादित किया जाता है। लघु किसान क्रमशः 29, 20, 21 और 31 प्रतिशत भाग पर सोयाबीन, गेंहू, चावल और चना का उत्पादन करते है। सीमांत किसान सोयाबीन व गेंहू का उत्पादन क्रमशः 37 प्रतिशत व लगभग 32 प्रतिशत भाग पर किया जाता है व चावल व चना लगभग 13 व 18 प्रतिशत भाग पर उत्पादित किया जाता है।

कृषक वर्ग एवं कृषि जोतें   99

तालिका क्र. 3.32

प्रमुख फसलों के अंतर्गत सकल फसलीय क्षेत्र का अनुपात

(सर्वेक्षित तहसील बटियागढ़)

(इकाई प्रतिशत में)

फसल	वृहत	अर्द्धमध्यम	लघु	सीमांत	कुल
सोयाबीन	37	42	42	44	41
गेंहू	19	16	29	29	23
धान	13	07	08	06	09
चना	31	34	21	21	27

स्रोत – स्वयं के सर्वेक्षण के आधार पर।

तालिका के अवलोकन से ज्ञात होता है कि सोयाबीन का कुल फसलीय क्षेत्र का अनुपात 41 प्रतिशत है। वहीं गेंहू, चावल व चना लगभग 23, 9 व 27 प्रतिशत है। वृहत व अर्द्ध मध्यम किसान मिलकर लगभग 37 प्रतिशत भाग पर सोयाबीन उत्पादन करते है। मध्यम किसान 42 प्रतिशत पर व सीमांत किसान लगभग 44 प्रतिशत भाग पर सोयाबीन का उत्पादन करते है। गेंहू का उत्पादन का भाग सीमांत किसानों का अन्य की तुलना में अधिक है लगभग 29 प्रतिशत सीमांत किसान गेंहू का उत्पादन करते है। अन्य कृषक वर्ग क्रमशः 19, 15 व 29 प्रतिशत भाग पर गेंहू का उत्पादन करते है। वृहत किसान चावल का लगभग 3 प्रतिशत मध्यम व लघु 7 प्रतिशत व सीमांत किसान 6 प्रतिशत भाग पर कृषि कार्य करते हैं। चना का उत्पादन कुल फसलीय क्षेत्र का विभिन्न कृषक वर्गों में क्रमशः 31 प्रतिशत, 34 प्रतिशत, 21 प्रतिशत व 21 प्रतिशत है।

तालिका क्र. 3.33

प्रमुख फसलों के अंतर्गत सकल फसलीय क्षेत्र का अनुपात

(सर्वेक्षित तहसील पटेरा)

(इकाई प्रतिशत में)

फसल	वृहत	अर्द्धमध्यम	लघु	सीमांत	कुल
सोयाबीन	42	46	38	50	44
गेंहू	14	18	17	32	21
धान	7	04	12	0	06
चना	36	32	33	18	29

स्रोत – स्वयं के सर्वेक्षण के आधार पर।

तालिका के अवलोकन से ज्ञात है कि पटेरा तहसील में कुल 44 प्रतिशत भाग पर चावल व 30 प्रतिशत भाग पर चना उत्पादन होता है। वृहत एवं अर्द्धमध्यम किसान लगभग 42 प्रतिशत भाग पर सोयाबीन, 13 प्रतिशत भाग पर गेंहू व 7 प्रतिशत भाग पर चावल तथा 37 प्रतिशत भाग पर चना उत्पादन होता है। मध्यम किसान लगभग 46 प्रतिशत भाग पर सोयाबीन, 18 प्रतिशत भाग पर गेंहू व 4 प्रतिशत भाग पर चावल व 32 प्रतिशत भाग पर चना उत्पादन करते हैं। सोयाबीन का उत्पादन 38 प्रतिशत भाग व लघु किसान व 50 प्रतिशत भाग पर सीमांत किसान उत्पादन करते हैं। वहीं लगभग 17 प्रतिशत व 32 प्रतिशत भाग पर गेंहू का उत्पादन व 12 प्रतिशत भाग पर चावल का उत्पादन तथा लगभग 33 प्रतिशत व 18 प्रतिशत भाग पर चना उत्पादित करते हैं। तहसील में चावल उत्पादन अन्य की तुलना कम क्षेत्र पर उत्पादन होता है।

तालिका क्र. 3.34

प्रमुख फसलों के अंतर्गत सकल फसलीय क्षेत्र का अनुपात

(सर्वेक्षित तहसील तेन्दुखेड़ा)

(इकाई प्रतिशत में)

फसल	वृहत	अर्द्धमध्यम	लघु	सीमांत	कुल
सोयाबीन	22	18	25	19	21
गेंहू	22	20	26	31	24
धान	28	31	25	31	29
चना	28	30	24	19	26

स्रोत – स्वयं के सर्वेक्षण के आधार पर।

तालिका के अवलोकन से ज्ञात है कि जबेरा तहसील में प्रमुख फसलों का अनुपात लगभग 21 प्रतिशत क्षेत्र में सोयाबीन, लगभग 23 प्रतिशत पर गेंहू व लगभग 29 प्रतिशत क्षेत्र पर चावल का उत्पादन तथा 27 प्रतिशत भाग पर चना उत्पादन होता है। वृहत व मध्यम किसान लगभग 22 प्रतिशत भाग पर सोयाबीन व गेंहू तथा 28 प्रतिशत भाग पर चावल व चना का उत्पादन करते है। मध्मय वर्गीय किसान लगभग 18 प्रतिशत भाग पर सोयाबीन व 20 प्रतिशत पर गेंहू, लगभग 31 प्रतिशत भाग पर चावल व चना उत्पादित करते हैं। सीमांत किसान 19 प्रतिशत भाग पर सोयाबीन लगभग 31 प्रतिशत क्षेत्र पर गेंहू व चावल तथा 19 प्रतिशत क्षेत्र पर चना उत्पादित करते हैं। जबेरा तहसील में अन्य फसलों की तुलना में चावल का अधिक उत्पादन होता है।

तालिका क्र. 3.35

प्रमुख फसलों के अंतर्गत सकल फसलीय क्षेत्र का अनुपात

(सर्वेक्षित तहसील जबेरा)

(इकाई प्रतिशत में)

फसल	वृहत	अर्द्धमध्यम	लघु	सीमांत	कुल
सोयाबीन	14	25	34	22	18
गेंहू	24	29	26	26	27
धान	36	25	16	28	32
चना	26	21	24	24	23

स्रोत – स्वयं के सर्वेक्षण के आधार पर।

तालिका के अवलोकन से ज्ञात होता है कि तेन्दुखेड़ा तहसील में कुल फसल क्षेत्र में से 18 प्रतिशत भाग पर सोयाबीन, 26 प्रतिशत भाग पर गेंहू व 32 प्रतिशत भाग पर चावल, 24 प्रतिशत भाग पर चना का उत्पादन किया जाता है। वृहद व मध्मय किसानों के कुल भाग में से 14 प्रतिशत भाग पर सोयाबीन, 24 प्रतिशत भाग पर गेंहू, 36 प्रतिशत भाग पर चावल व 26 प्रतिशत भाग पर चना का उत्पादन होता है। लघु किसान लगभग 34 प्रतिशत भाग पर सोयाबीन, 25 प्रतिशत भाग पर गेंहू, 29 प्रतिशत भाग पर चावल व लगभग 25 प्रतिशत भाग पर चना उत्पादित करते है। सीमांत किसान 22 प्रतिशत भाग पर सोयाबीन, 26 प्रतिशत भाग पर गेंहू व 28 प्रतिशत व 24 प्रतिशत भाग पर क्रमशः चावल व चना उत्पादित करते हैं। तहसील में प्रमुख फसलों में भी चावल व गेंहू का तुलनात्मक रूप से उत्पादन अधिक होता है।

तालिका क्र. 3.36

प्रमुख फसलों के अंतर्गत सकल फसलीय क्षेत्र का अनुपात

(जिला – दमोह)

(इकाई प्रतिशत में)

फसल	वृहत	अर्द्धमध्यम	लघु	सीमांत	कुल
सोयाबीन	34*	36*	35*	37*	35
गेंहू	20*	21**	24*	32*	25
धान	16**	14**	15**	13**	15
चना	30*	29*	26*	18**	25

स्रोत – स्वयं के सर्वेक्षण के आधार पर।

नोट : *5 प्रतिशत सार्थकतास्तर पर t (Calculated value) > t (tabulated value) है अतः अंतर सार्थक है।

**5 प्रतिशत सार्थकतास्तर पर t (Calculated value) < t (tabulated value) है अतः अंतर सार्थक नहीं है।

तालिका के अवलोकन से ज्ञात होता है कि जिले में कुल फसलीय क्षेत्र के अनुपात में सोयावीन सर्वाधिक 35 प्रतिशत भाग पर उत्पादित किया जाता है। 25 प्रतिशत भाग पर गेहूँ और चना तथा 15 प्रतिशत भाग पर धान का उत्पादन होता है। रवि की फसलों में चना अधिक मात्रा में उत्पादित किया जाता है। जबकि खरीव की फसलों में सोयाबीन अधिक मात्रा में उत्पादित किया जाता है। वृहत एवं अर्द्ध मध्यम किसान 34 प्रतिशत भाग पर सोयावीन पर 20 प्रतिशत भाग पर गेहूँ 16 पर धान और 30 प्रतिशत भाग चना का उत्पादन करते है। सीमान्त किसान 37 प्रतिशत भाग पर सोयावीन 32 प्रतिशत पर गेहूँ 13 प्रतिशत धान तथा 18 प्रतिशत भाग पर चने का उत्पादन करते है।

भूमि का एक बड़ा भाग टूटकर भागों में बंटने लगता है तब इसे भूमि का विखण्डन कहा जाता है। आंकड़ें स्पष्ट कर रहे हैं कि देश में प्रत्येक स्तर पर भूमि का विखण्डन हो रहा है। बढ़ती जनसंख्या के कारण भूमि की उपलब्धता में कमी आई है। भूमि की प्रति व्यक्ति उपलब्धता जो 1951 में 0.91 हेक्टेयर थी घटकर वर्ष 2011 में 0.27 हेक्टेयर

हो गई और इसके वर्ष 2025 तक और घटकर 0.20 हेक्टेयर प्रति व्यक्ति हो जाने की संभावना है। जहां तक कृषि भूमि की बात है तो प्रतिव्यक्ति भूमि की उपलब्धता 1951 में 0.5 हेक्टेयर से घटकर वर्ष 2011 में 0.15 हेक्टेयर हो गई है, इसके और अधिक कम होने की संभावना है। भूमि विखण्डन से बाड़, पत्थर की दीवार, खाई, बाउंड्रीवाल आदि के कारण भूमि का पूरा उपयोग नहीं हो पाता है। छोटी जोतों में आधुनिक मशीनों का उपयोग कठिन व असंभव है। दोनों ओर बाउंड्रीवाल बहुत अधिक मानव श्रम की आवश्यकता होती है जिसके परिणामस्वरूप उत्पादकता में कमी आ जाती है व किसान की आय घट जाती है।

स्पष्ट है कि कृषि क्षेत्र में व्यापक असमानता व्याप्त है। समाज में सामाजिक–आर्थिक प्रतिष्ठा और अधिकारिता निर्धारित करने में भूमि एक महत्वपूर्ण कारक है। अनुसूचित जाति–जनजाति के लोगों को भूमि का मालिकाना हक देना उन्हें प्रतिष्ठा व स्थिरता प्रदान करता है। सभी साधनों में भूमि एक ऐसा साधन है जिसकी मात्रा सर्वाधिक सीमित है किन्तु उसके स्वामित्व के दावेदार बहुत अधिक हैं। अतः अन्य गंभीर और महत्वपूर्ण कारण न होने पर एक व्यक्ति को किसी बहुत बड़े भू क्षेत्र पर अपना अधिकार बनाये रखने की इजाजत देना अन्यायपूर्ण होगा। इसके अतिरिक्त भूमि, श्रम और पूंजी के उपलब्ध पूर्ति को दृष्टि में रखते हुए उत्पादन के पूंजी प्रधान तरीके को प्रोत्साहन देना आवांछनीय होगा। इसके अतिरिक्त बड़े पैमाने के प्रबंध में जो लाभ हों, वे एक परिवार के लिए नहीं काश्तकारों के सामूहिक या सहकारी संगठनों के लिए होने चाहिए। अन्त में वर्तमान सामाजिक, राजनीतिक वातावरण में भूमि पुर्नवितरण आवश्यक प्रतीत होता है। भू–स्वामित्व में असमानता को न केवल नीति संबंधी उपायों द्वारा दूर करना होगा, परन्तु कार्य आदानों में असमान वितरण को सुधारने के लिए प्रयत्न भी करने होंगे जो कि छोटे और बड़े कार्यों के बीच बढ़ती हुई आय की असमानताओं के लिए उत्तरदायी हैं। कृषि का अधिकतर भाग अलाभकारी है और यह लाभदायिकता जोत के आकार पर निर्भर करती है इसकी विवेचना आगामी अध्यायों में की जावेगी।

अध्याय—4

कृषि लागतें एवं प्रतिफल

कृषि लागत से आशय कृषि कार्य के दौरान किसानों द्वारा किया जाने वाला पारिश्रमिक व्यय, बीज, सिंचाई, रसायन, उर्वरक एवं विपणन पर किया जाने वाला व्यय साथ ही औजार व कार्य भूमि पर मूल्य ह्रास, भूराजस्व कर, प्रचालन भूमि पर ब्याज व विविध खर्चों का ब्यौरा है। भारत सरकार वर्ष 1970 से 19 प्रदेशों में प्रमुख फसलों की कृषि लागत योजना का क्रियान्वयन कर रही है। कृषि उत्पादन व आदानों की लागत व कीमतों में समय–समय पर उच्चावचन, आता रहता है। कृषि क्षेत्र की लाभदायिकता निम्न तथ्यों पर निर्भर करती है– कृषि आदानों की लागत, कृषि उत्पादन की कीमत, लागत, कीमत व संबंधित साधनों में स्थायित्व आदि पर निर्भर करती है।

चावल एवं गेहूँ भारत की दो प्रमुख खाद्यान्न फसलें हैं। म.प्र. में भी यह दो प्रमुख खाद्यान्न फसलें है। प्रस्तुत अध्याय में गेहूँ एवं चना दो रवी की फसलों एवं धान एवं सोयाबीन दो खरीफ फसलों की लागत एवं प्रतिफल का अध्ययन किया गया है। चयनित फसलों की लाभदायिकता, उत्पादन की लागत, शुद्ध आय व समर्थन मूल्य में संबंध तथा किसानों की वर्गवार लागतों में अंतर संबंधी प्रश्नों के उत्तर देने का प्रयास किया गया है।

कृषि–लागत

भारत में वर्ष 1970–71 में औसतन कृषि लागत 1417.05 रूपये प्रति हेक्टेयर थी जोकि 1981–91 के मध्य औसतन 2100.57 रूपये प्रति हेक्टेयर प्रतिवर्ष हो गयी। नई आर्थिक नीति लागू होने के पश्चात् कृषि लागतों में तेजी से वृद्धि हुई है तथा 1991–2001 के दशक में औसतन तीन गुणा बढ़कर 12669.48 रूपये प्रति हेक्टेयर प्रतिवर्ष हो गई। वर्ष 2004–05 में कृषि लागत बढ़कर 19910.52 रूपये प्रति हेक्टेयर तथा 2011–12 में यह बढ़कर लगभग 38409 रूपये प्रति हेक्टेयर हो गई। पिछले पांच वर्षों में कृषि लागत

दोगुने से भी अधिक बढ़ गई। 1970–71 से 2011–12 तक कृषि लागत में लगभग 65 गुणा वृद्धि देखी गई है। वर्तमान में तो यह और अधिक तेज गति से बढ़ रही है। वहीं खाद्यान्न उत्पादन में केवल ढ़ाई गुना वृद्धि हुई है। इसी प्रकार वर्ष 1970–71 में जो पारिश्रमिक व्यय औसतन 230.56 रूपये प्रति हेक्टेयर था वह 1990–2001 के दशक में बढ़कर 368.56 रूपये प्रति हेक्टेयर हो गया तथा 2004–05 में बढ़कर 758.16 रूपये प्रति हेक्टेयर हो गया। 2011–12 में पारिश्रमिक व्यय लगभग 8 गुणा बढ़कर 1642.43 रूपये प्रति हेक्टेयर हो गया। इस प्रकार कृषि हेतु पारिश्रमिक व्यय में भी तेजी से वृद्धि हुई है। उर्वरक का उपयोग भी जहाँ 1970–71 में औसतन प्रति हेक्टेयर 100.75 रूपये का आता था वह 1990–2001 के दशक में बढ़कर प्रतिवर्ष 227.85 रूपये प्रति हेक्टेयर हो गया। इसी प्रकार वर्ष 2004–05 में बढ़कर 1716.84 रूपये तथा 2011–12 में बढ़कर 4013 रूपये प्रति हेक्टेयर हो गया। स्पष्ट है कि उर्वरक के उपयोग व्यय में भी भारी वृद्धि हुई है। इसी प्रकार वर्ष 1970–71 में बीज की लागत 92.44 रूपये प्रति हेक्टेयर व सिंचाई लागत 83.99 रूपये प्रति हेक्टेयर आती थी, जो 1991–01 के दशक में बढ़कर क्रमशः 289.16 रूपये प्रति हेक्टेयर औसतन प्रतिवर्ष हो गई। 2004–05 में भी क्रमशः 1109.1 रूपये व 2034.49 रूपये प्रति हेक्टेयर हो गई। 2011–12 में यह बढ़कर 2518 रूपये प्रति हेक्टेयर व 2100 रूपये प्रति हेक्टेयर हो गई। कुल मिलाकर वर्ष 2011–12 में कृषि उपज का मूल्य लगभग 3673 रूपये प्रति हेक्टेयर हो गया जो अधिक लागतों के कारण लाभप्रद नहीं था। अधिकांश कृषकों के लिए आज कृषि घाटे का सौदा बन गयी है। एन.एस.एस.ओ. का भी अनुमान है कि यदि विकल्प मिले तो 42 प्रतिशत तक किसान कृषि कार्य छोड़ सकते हैं। कारण कि किसानों को उनकी लागत ही नहीं मिल रही है। लागत व्यय बढ़ने से देश के किसानों की स्थिति बद्तर होती जा रही है।

मध्यप्रदेश में कृषि लागतें

मध्यप्रदेश में गेंहू एवं चावल दो प्रमुख फसले हैं। इनकी उत्पादकता राष्ट्रीय स्तर से कम है। प्रस्तुत अध्ययन में हमने दो रबी की फसल गेंहू एवं चना तथा दो प्रमुख खरीफ की फसलें सोयाबीन एवं धान का अध्ययन करेंगे। वर्षा की अनिश्चितता के कारण सभी फसलें प्रमुखतः प्रभावित होती है। इसी कारण से किसानों को सिंचाई हेतु अधिक निवेश करना पड़ता है। यही कारण है कि किसानों की सिंचाई लागत अधिक आती हैं प्रदेश में अधिकांश कृषक लगभग 68 प्रतिशत किसान लघु एवं सीमांत श्रेणी में आते हैं और इनमें भी अधिकांश कृषक असंचित भूमि पर कृषि कार्य करते हैं जिससे उनका

उत्पादन कम होता है और उत्पादन लागत अधिक आती है। म.प्र. में कृषि लागतों की स्थिति निम्नानुसार है।

औसत कृषि लागत

मध्यप्रदेश में गेंहूँ, धान, सोयाबीन एवं चना की औसत कृषि लागत का अध्ययन वर्ष 2004–05 से 2012–13 तक किया गया है। उक्त फसलों की प्रति हेक्टेयर औसत कृषि लागत निम्नानुसार है–

तालिका क्र. 4.1

मध्यप्रदेश में औसत कृषि लागत (रूपये/हेक्टेयर)

वर्ष	गेंहूँ	धान	सोयाबीन	चना
2004–05	14697	11977	12006	11101
2005–06	16979	12666	11991	13989
2006–07	19373	12551	12555	15323
2007–08	21450.07	13650.51	15141.91	15507.74
2008–09	22489.75	21954.50	17329.75	16873.17
2009–10	24217.75	22270.83	21485.73	18468.17
2010–11	27523.33	23998.24	22668.10	18657.75
2011–12	33396.15	29135.18	22561.37	29948.11
2012–13	40291	22369	25449	33659

स्रोत – (1) संचालनालय आर्थिक एवं सांख्यिकी विभाग, सहकारिता एवं कृषि विभाग, कृषि मंत्रालय, भारत सरकार नई दिल्ली। (2) संचालनालय योजना आर्थिक एवं सांख्यिकी विभाग, म.प्र. शासन भोपाल।

तालिका के अवलोकन से ज्ञात होता है कि म.प्र. में वर्ष 2004–05 में गेंहूँ की कृषि लागत 14697 रूपये प्रति हेक्टेयर थी जो वर्ष 2012–13 में लगभग चार गुणा बढ़कर 40291 रूपये प्रति हेक्टेयर हो गई। 10 वर्षों में लागतों में भारी वृद्धि देखने को मिलती है। वर्ष 2004–05 से प्रति वर्ष लगातार लागतों में वृद्धि दृष्टिगत होती है। यह 2006–07 में 19373 रू. प्रति हेक्टेयर 2006–07 में 19373 रू. प्रति हेक्टेयर 2009–10 में 24217 रू. प्रति हेक्टेयर तथा 2010–11 में 33996 रू. प्रति हेक्टेयर तथा 2010–11 में 33996 रू. प्रति हेक्टेयर हो गई। गेंहू की लागत में अन्य फसलों की तुलना में अधिक तेज गति से वृद्धि हुई है। लागतों में तीव्र वृद्धि का कारण कृषि आदानों का मंहगा होना तथा किसानों द्वारा उच्च कृषि तकनीक का अपनाया जाना है।

प्रदेश की दूसरी प्रमुख रवी की फसल चावल की लागत वर्ष 2004–05 में 11101 रू. प्रति हेक्टेयर थी जो 2006–07 में बढ़कर 15323 रू. प्रति हेक्टेयर हो गई। 2008–09 में कृषि लागत बढ़कर 16824 रू. प्रति हेक्टेयर हो गई। वर्ष 2009–10 एवं 2010–11 में कृषि लागत में स्थायित्व भी देखने को मिला जहाँ 2009–10 में यह 18468 रू. प्रति हेक्टेयर थी 2010–11 में 71447 बढ़कर 18657 रू. प्रति हेक्टेयर हो गई। परंतु अगले ही वर्ष 2011–12 में कृषि लागत में भारी वृद्धि देखने को मिली और बढ़कर 29448 रू. प्रति हेक्टेयर हो गई। वर्ष 2012–13 में चना की कृषि लागत बढ़कर 33659 रू. हो गई। चने की लागत में भी लगातार वृद्धि देखने को मिलती है और यह 2004–05 की तुलना में लगभग तीन गुणा बढ़ गई।

खरीफ की फसलों में धान की लागत वर्ष 2004–05 में 11977 रू. प्रति हेक्टेयर थी जो वर्ष 2005–06 में बढ़कर 12666 रू. प्रति हेक्टेयर हो गई व 2006–07 में नाममात्र कम होकर 12551 रू. प्रति हेक्टेयर हो गई। 2007–08 में यह 13650 रू. प्रति हेक्टेयर थी परंतु अगले ही वर्ष 2008–09 में यह भारी मात्रा में बढ़कर 21955 रू. प्रति हेक्टेयर हो गई। वर्ष 2010–11 में धान की कृषि लागत बढ़कर 23998 रु. प्रति हेक्टेयर हो गई। वर्ष 2012–13 में यह 22369 रू. प्रति हेक्टेयर हो गई।

इन दस वर्षों में धान की कृषि लागत लगभग दो गुनी हो गई। खरीफ की ही दूसरी फसल सोयाबीन की कृषि लागत वर्ष 2004–05 में 12006 रू. प्रति हेक्टेयर थी जो 2065–07 में 12555 दर प्रति हेक्टेयर हो गई। वर्ष 2009–10 में यह 21486 रू. प्रति हेक्टेयर व 2010–11 में 22668 रू. प्रति हेक्टेयर हो गई। 2012–13 में यह 25449 रू. प्रति हेक्टेयर हो गई।

सोयाबीन की कृषि लागत में लगातार वृद्धि देखने को मिलती है। परंतु वर्ष 2009–10 से 2011–12 में सोयाबीन की लागतों में स्थायित्व की प्रवृत्ति देखने को मिलती है। इन दस वर्षों में सोयाबीन की कृषि लागत लगभग दोगुनी से अधिक हो गई। रवी की फसलों की तुलना में खरीफ की फसलों की लगतों में इस गति से वृद्धि हुई है। इसका प्रमुख कारण खरीफ की फसलों में सिंचाई लागत का न होना।

पारिश्रमिक लागत

पारिश्रमिक लागत से आशय कृषि कार्य के दौरान फसलीय मौसम में प्रयोग मानवीय श्रम घंटे एवं मशीनों के घंटे का मूल्य है। साथ ही प्रयुक्त बीज का मूल्य, उर्वरक एवं खाद का मूल्य, सिंचाई का मूल्य, पौध संरक्षण एवं विपणन मूल्य का योग होता है। उक्त सभी श्रम पारिश्रमिक लागत कहलाता है।

पारिश्रमिक लागतें समय व परिस्थिति के अनुसार परिवर्तित होती रहती है। मानवीय श्रम का मूल्य व मशीनों के प्रयुक्त घंटों का मूल्य अत्याधिक अस्थित है। बड़े किसान, लघु व सीमांत किसानों को अधिक कीमत पर कृषि आदान उपलब्ध कराते हैं जिससे कृषि लागत में वृद्धि हो जाती है। कभी–कभी दो किसानों को एक घंटे का अलग–अलग मूल्य भी देना पड़ता है। चूंकि कृषि क्षेत्र में समय का महत्व अधिक होता है, बड़े किसान समय की नजाकत को पहचानते हुए कृषि आदानों का मूल्य अधिक कर देते हैं। कृषक अधिक कीमत पर कृषि आदान क्रय करने पर मजबूर होते हैं।

तालिका क्र. 4.2

मध्यप्रदेश में कुल पारिश्रमिक व्यय (रूपये/हेक्टेयर)

वर्ष	गेंहूँ	चना	धान	सोयाबीन
2004–05	4467	3469	5513	4477
2005–06	5357	3979	5969	4933
2006–07	5784	4062	6151	5392
2007–08	6269	4477	6738	5948
2008–09	6842	5202	8369	6948
2009–10	7722	6332	9746	8442
2010–11	9040	6755	10980	8903
2011–12	10315.3	8242	12609	8783
2012–13	22500	14224	16856	12584

स्रोत – (1) संचालनालय आर्थिक एवं सांख्यिकी विभाग, सहकारिता एवं कृषि विभाग, कृषि मंत्रालय, भारत सरकार नई दिल्ली। (2) संचालनालय योजना आर्थिक एवं सांख्यिकी विभाग, म.प्र. शासन भोपाल।

तालिका के अवलोकन से ज्ञात होता है कि वर्ष 2004–05 में गेंहू की फसल का कुल पारिश्रामिक व्यय 4467 रू. प्रति हेक्टेयर था। जो 2006–07 में बढ़कर 5784 रू. प्रति हेक्टेयर हो गया। वर्ष 2008–09 में यह 6842 रू. प्रति हेक्टेयर व 2010–11 में 9040 रू. प्रति हेक्टेयर हो गया। 2012–13 में यह आश्चर्यजनक रूप से बढ़कर 22500 रू. हो गया। इसका प्रमुख कारण कृषि श्रम का मंहगा होना साथ मशीन व कार्य के घंटे का भी मंहगा होना है। वर्ष 2004–05 से 2012–13 में प्रति हेक्टेयर पारिश्रामिक व्यय में लगभग साढ़े चार गुणा वृद्धि देखने को मिलती है। रवी की दूसरी फसल चना का पारिश्रमिक व्यय वर्ष 2004–05 में 3469 रू. प्रति हेक्टेयर था जो वर्ष 2006–07 में 4062 रू. प्रति हेक्टेयर हो गया। 2008–09 में यह 5202 रू. प्रति हेक्टेयर व 2010–11 में 6765 रू. प्रति हेक्टेयर कृषि लागत हो गई। वर्ष 2012–13 में यह पूर्व वर्ष की तुलना में लगभग दोगुनी होकर 14224 रू. प्रति हेक्टेयर हो गई। चना की कृषि लागत में भी 2004–05 से अब तक लगभग पाँच गुणा वृद्धि देखने को मिलती है।

वहीं दूसरी ओर खरीफ की फसल में धान का पारिश्रामिक व्यय 2004–05 में 5513 रू. प्रति हेक्टेयर था जो कि 2006–07 में बढ़कर 6151 रू. प्रति हेक्टेयर हो गया। 2008–09 में धान का पारिश्रामिक व्यय बढ़कर 8369 रू. प्रति हेक्टेयर हो गया व 2010–11 में और अधिक वृद्धि हो गई यह 10980 रू. प्रति हेक्टेयर हो गया। 2012–13 में यह 16856 रू. प्रति हेक्टेयर हो गया। धान का पारिश्रामिक व्यय 2004–05 से 2012–13 तक लगभग तीन गुणा बढ़ गया। धान के पारिश्रामिक व्यय में प्रतिवर्ष लगातार वृद्धि देखने को मिलती है। खरीफ की ही दूसरी फसल सोयाबीन का पारिश्रामिक व्यय वर्ष 2004–05 में 4477 रू. प्रति हेक्टेयर या जो 2006–07 में बढ़कर 5392 रू. प्रति हेक्टेयर हो गया। 2008–09 में यह 6948 रू. प्रति हेक्टेयर था तथा 2010–11 में पारिश्रामिक व्यय 8903 रू. प्रति हेक्टेयर था। सोयाबीन के पारिश्रमिक व्यय में अचानक वृद्धि वर्ष 2012–13 में देखने को मिलती है इस वर्ष यह 12584 रू. प्रति हेक्टेयर हो गया। जो कि वर्ष 2004–05 के मुकाबले लगभग तीन गुणा अधिक है। खरीफ की फसलों के पारिश्रामिक व्यय तुलना में रवी की फसलों का पारिश्रामिक व्यय अधिक तेज गति से बढ़ा है। पारिश्रामिक व्यय में वृद्धि का प्रमुख कारण श्रम का मंहगा होना व मशीनों के कार्य प्रति घंटों का मंहगा होना है।

पिछले कुछ वर्षों में फसलों की लागतों मं भारी वृद्धि देखने को मिलती है इसका प्रमुख कारण श्रम की मजदूरी में वृद्वि, आदान कीमतें एवं अन्य प्रबंधकीय लागतों में वृद्धि है। इस कारण से फसलों की लागतों में वृद्धि दृष्टिगोचर होती है।

मानवीय श्रम के मंहगा होने व मशीनों के प्रयोग से कृषि लागतें लगातार बढ़ती रही हैं। मशीनों का प्रयोग बेहतर उत्पादन के लिए उपयुक्त माना जाता है। साथ ही यह मानवीय श्रम का प्रतिस्थापक भी हैं। यदि परम्परागत हल–बैल की खेती के तरीके का उपयोग किया जाता है तब मानवीय श्रम भी उतनी ही मात्रा में प्रयोग करना पड़ता है। जबकि मशीनों के प्रयोग से मानवीय श्रम कम लगता है। इस कारण से बेरोजगारी में वृद्धि होती है। एक आंकलन के अनुसार सत्तर के दशक में गेंहू के उत्पादन में 72 व्यक्ति दिनों के मानवीय श्रम की आवश्यकता पड़ती है। वर्ष 2004–05 में यह कम होकर 63 व्यक्ति दिन हो गई।

बीज लागत

प्रमुख फसलों के बीज का मूल्य बीज लागत कहलाता है। पूर्व के वर्षों में कृषक उत्पादन का एक भाग बचाकर बीज के रूप में रख लेते थे। आधुनिक कृषि तकनीक अपनाने के

कारण कृषक उच्च जनन क्षमता वाले बीजों का प्रयोग करने में रूचि दिखाते हैं। उच्च जनन क्षमता वाले वैज्ञानिक बीजों के प्रयोग से कृषि लागत में वृद्धि हुई है। पिछले 10 वर्षों में बीज की लागत निम्न तालिका अनुसार है।

तालिका क्र. 4.3

मध्यप्रदेश में कुल बीज लागत (रूपये/हेक्टेयर)

वर्ष	गेंहूँ	चना	धान	सोयाबीन
2004–05	998	1281	728	1715
2005–06	1168	1337	691	1415
2006–07	1573	2639	819	1405
2007–08	2090	2285	911	7516
2008–09	1694	2362	1161	2151
2009–10	1888	2260	1335	2397
2010–11	1938	2310	1378	2222
2011–12	1912	2995	1370	2468
2012–13	2060	2920	2050	2700

स्रोत – (1) संचालनालय आर्थिक एवं सांख्यिकी विभाग, सहकारिता एवं कृषि विभाग, कृषि मंत्रालय, भारत सरकार नई दिल्ली। (2) संचालनालय योजना आर्थिक एवं सांख्यिकी विभाग, म.प्र. शासन भोपाल।

तालिका के अवलोकन से ज्ञात होता है कि म.प्र. में कुल बीज लागत वर्ष 2004–05 में गेंहू की फसल हेतु 998 रू. प्रति हेक्टेयर था जो 2006–07 में बढ़कर 1573 रू. प्रति हेक्टेयर हो गया। वर्ष 2008–09 में यह 1694 रू. प्रति हेक्टेयर तथा 2010–11 में 1938 रू. प्रति हेक्टेयर हो गया। 2012–13 में गेंहू की बीज लागत बढ़कर 2060 रू. प्रति हेक्टेयर हो गई। वहीं रवी की दूसरी फसल चना की बीज लागत वर्ष 2004–05 में 1281 रू. प्रति हेक्टेयर थी जो 2006–07 में 2639 रू. प्रति हेक्टेयर लगभग दोगुनी हो गई। वर्ष 2008–09 में यह कम होकर 2362 रू. प्रति हेक्टेयर व 2010–11 में और कम

होकर 2310 रू. प्रति हेक्टेयर रह गई परंतु 2012–13 में तीव्रगति से वृद्धि हुई और चना की बीज लागत बढ़कर 2920 रू. प्रति हेक्टेयर हो गई।

गेंहू की बीज लागत वर्ष 2004–05 की तुलना में 2012–13 में लगभग दोगुनी हो गई तथा चना की बीज लागत वर्ष 2004–05 की तुलना में 2012–13 तक लगभग तीन गुणा वृद्धि हुई है। गेंहूँ की तुलना में चना का बीज मंहगा हुआ है।

दूसरी ओर खरीफ की फसलों में धान की फसल की बीज लागत वर्ष 2004–05 में 728 रू. प्रति हेक्टेयर थी जो 2006–07 में 819 रू. प्रति हेक्टेयर हो गई। वर्ष 2008–09 में धान की बीज लागत 1161 रू. प्रति हेक्टेयर हो गई। तथा 2010–11 में यह 1378 रू. प्रति हेक्टेयर हो गई। तथा 2010–11 में यह 1378 रू. प्रति हेक्टेयर हो गई। 2012–13 में धान की बीज लागत बढ़कर 2050 रू. प्रति हेक्टेयर हो गई। सोयाबीन की बीज लागत वर्ष 2004–05 मे 1408 रू. प्रति हेक्टेयर हो गई। वर्ष 2008–09 में सोयाबीन की प्रति हेक्टेयर बीज लागत 2151 रू. तथा वर्ष 2010–11 में 2222 रू. प्रति हेक्टेयर हो गई। सोयाबीन की बीज लागत वर्ष 2012–13 में बढ़कर 2700 दर प्रति हेक्टेयर हो गई। धान की बीज लागत वर्ष 2004–05 की तुलना में 2012–13 में लगभग तीन गुणा वृद्धि हो गई वहीं सोयाबीन की बीज लागत लगभग दोगुनी हुई है। रवी की फसलों की तुलना में खरीफ की फसलों की बीज लागत कम गति से बढ़ी है। बीज लागत में वृद्धि का कारण बीज की प्रति किलोग्राम उपयोग की मात्रा में वृद्धि है। बीज की लागतों में वृद्धि का एक महत्वपूर्ण कारण परंपरागत बीजों के स्थान पर उच्च जनन क्षमता वाले बीजों का उपयोग भी है।

कई किसानों को प्रमाणित बीज नहीं मिल पाता तथा वे कृषि उत्पादन बढ़ाने के लिए कृषि से बचे हुए बीजों पर निर्भर होना पड़ता है। कभी–कभी अचानक बाढ़, सूखा, चक्रवात जैसी प्राकृतिक आपदा आने के कारण बुवाई प्रभावित होती है। बीज खराब हो जाने के कारण पुनः बुवाई करना पड़ती है जिससे कृषकों की बीज लागत में वृद्धि हो जाती है।

सामान्यतः यह आंकलित किया गया है कि लगभग एक चौथाई किसान प्रतिवर्ष बीज की गुणवत्ता में परिवर्तन करते हैं। मध्यप्रदेश में लगभग 20–28 प्रतिशत किसान बीजों में परिवर्तन करते हैं अधिकांश किसान परम्परागत बीजों का ही उपयोग करते हैं। किसान व्यावसायिक रूप से बीजों को क्रय करने हेतु प्राइवेट कंपनियों पर निर्भर है और ये कम्पनियां मनमाने ढंग से मूल्य वसूल करती हैं इस कारण से बीज की लागत अधिक आती है।

उर्वरक एवं कीटनाशकों की लागत

फसलों में विभिनन प्रकार के रासायनिक खाद एवं कीटनाशकों के प्रयोग का व्यय उर्वरक एवं कीटनाशकों की लागत कहलाती है। उर्वरक के प्रयोग से फसल अच्छी व गुणवत्तायुक्त होती है। पौधे का पोषण अच्छा होता है वहीं कीटनाशकों का प्रयोग फसल को खराब होने से बचाता है। उर्वरकों का असंतुलित उपयोग, सकारात्मक मात्रा का सही उपयोग न होना, समय पर उपयोग में कमी आदि कारणों से उर्वरक की खपत सामान्य से अधिक होती है, जो लागत वृद्धि का एक कारण है। म.प्र. में उर्वरक एवं कीटनाशक के प्रयोग की लागत निम्नानुसार है।

तालिका क्र. 4.4

उर्वरक एवं कीटनाशकों की लागत (रूपये/हेक्टेयर)

वर्ष	गेंहूँ	चना	सोयाबीन	धान
2004–05	1265	590	1182	1568
2005–06	1246	600	1090	1369
2006–07	1245	868	1090	1334
2007–08	1435	685	7540	7571
2008–09	1390	755	1625	1842
2009–10	1360	1100	1823	2158
2010–11	1524	1137	2223	2172
2011–12	2238	1954	2798	3450
2012–13	3960	2462	3577	3550

स्रोत – (1) संचालनालय आर्थिक एवं सांख्यिकी विभाग, सहकारिता एवं कृषि विभाग, कृषि मंत्रालय, भारत सरकार नई दिल्ली। (2) संचालनालय योजना आर्थिक एवं सांख्यिकी विभाग, म.प्र. शासन भोपाल।

तालिका के अवलोकन से ज्ञात होता है कि म.प्र. में उर्वरक एवं कीटनाशकों की लागत गेंहू की फसल में 2004–05 में 1265 रू. प्रति हेक्टेयर थी तथा 2006–07 में 1245 रू. प्रति हेक्टेयर 2008–09 में 1390 रू. प्रति हेक्टेयर हो गई। 2010–11 में उर्वरक एवं कीटनाशकों

पर व्यय 1524 रू. प्रति हेक्टेयर हो गया वर्ष 2012-13 में यह बढ़कर 3960 रू. प्रति हेक्टेयर हो गया। वर्ष 2004-05 से 2012-13 तक लगभग चार गुणा व्यय में वृद्धि हो गई। वहीं रवी की दूसरी फसल चना की उर्वरक एवं कीटनाशकों की लागत वर्ष 2004-05 में 590 रू. प्रति हेक्टेयर हो गई। 2006-07 में यह 868 रू. प्रति हेक्टेयर हो गई। वर्ष 2008-09 में यह 755 रू. प्रति हेक्टेयर व 2010-11 में 1100 रू. प्रति हेक्टेयर तथा 2012-13 में बढ़कर 2462 रू. प्रति हेक्टेयर हो गई। चना की प्रति हेक्टेयर उर्वरक एवं कीटनाशक की लागत वर्ष 2004-05 की तुलना में 2012-13 तक लगभग पांच गुणा वृद्धि हो गई।

दूसरी ओर खरीफ की फसलों में धान की फसल हेतु प्रति हेक्टेयर कीटनाशक एवं उर्वरक का व्यय वर्ष 2004-05 में 1568 रू. प्रति हेक्टेयर था जो 2006-07 में 1334 रू. प्रति हेक्टेयर व 2008-09 में 1571 रू. प्रति हेक्टेयर हो गया। वर्ष 2010-11 में 2172 रू. प्रति हेक्टेयर से बढ़कर 2012-13 में 3550 रू. प्रति हेक्टेयर हो गया। वर्ष 2004-05 की तुलना में धान का कीटनाशक एवं उर्वरक व्यय बढ़कर लगभग दोगुने से भी ज्यादा हो गया। खरीफ की ही दूसरी फसल सोयाबीन के लिए कीटनाशक एवं उर्वरक व्यय 2004-05 में 1182 रू. प्रति हेक्टेयर था जो 2006-07 में 1090 रू. प्रति हेक्टेयर हो गया एवं 2008-09 में 1625 रू. प्रति हेक्टेयर हो गया। वर्ष 2012-13 में सोयाबीन का उर्वरक एवं कीटनाशक व्यय बढ़कर 3577 रू. प्रति हेक्टेयर हो गया। सोयाबीन के उर्वरक एवं कीटनाशक व्यय 2004-05 की तुलना में 2012-13 में लगभग तीन गुणा से ज्यादा हो गया। वर्ष 2004-05 की तुलना में 2012-13 तक कीटनाशक एवं उर्वरक व्यय में लगातार वृद्धि देखने को मिलती है। जिसका प्रमुख कारण कृषकों में उर्वरक एवं कीटनाशकों के उपयोग के प्रति जागरूकता एवं उर्वरक एवं कीटनाशकों की कीमतों में वृद्धि होना है।

उर्वरक एवं कीटनाशकों की लागतें संचालित लागतों में दूसरी सबसे बड़ी लागत मद है। उत्पादकता में अधिक भागीदारी होने के कारण किसान अच्छे से अच्छा उर्वरक व कीटनाशक उपयोग करता है। इस कारण से किसानों की अन्य संबंधित लागतों के व्यय में वृद्धि हो जाती है। उदाहरण के तौर पर जैसे किसी किसी उर्वरक में या कीटनाशक में अत्याधिक पानी का उपयोग या कम पानी का उपयोग न केवल उत्पादकता को प्रभावित करता है वरन् उर्वरक/कीटनाशक की गुणवत्ता भी प्रभावित कर देता है। किसानों के अशिक्षित होने के कारण इस प्रकार की समस्या आम है। अतः लागतों में अनावश्यक रूप से अधिक वृद्धि हो जाती है। उन्नत किस्म के बीजों में उर्वरक व कीटनाशक अधिक क्षमता से अपना प्रभाव दिखाते हैं परन्तु इस हेतु जुताई के तरीके, भूमि की तैयारी, पौधरोपण, सिंचाई, कटाई, निंदाई व अनाज

निकालने की आधुनिक विधियों का उपयोग बढ़ जाता है इस कारण लागत में वृद्धि हो जाती है।

सिंचाई लागत

सिंचाई की लागत सिंचाई के स्रोतों पर निर्भर करती है। सिंचाई के स्रोतों में जैसे भूमिगत जल की उपलब्धता, कुओं, नलकूप, तालाब आदि में पानी की उपलब्धता से हैं। सिंचाई लागत, पम्प सेट की कीमतों, कम गति, डीजल व तेल की कीमतों, बिजली की दर, नहर सिंचाई दर आदि पर भी उतनी ही निर्भर करती है। कुओं व नलकूपों से सिंचाई तथा सिंचाई हेतु बिजली व डीजल पम्प का उपयोग लगभग 70 प्रतिशत किसान करते हैं। औसत सिंचाई लागत वर्तमान में कुल संचालित लागतों की 17 प्रतिशत तक है। मध्यप्रदेश में बिजली की खपत लगातार बढ़ रही है। वर्ष 2003 में 4843 मेगावाट थी जो 2013 में 10231 मेगावाट हो गयी है।

तालिका क्र. 4.5

कुल सिंचाई लागत (रूपये/हेक्टेयर)

वर्ष	गेंहूँ	चना
2004—05	1962	641
2005—06	1652	1028
2006—07	1879	535
2007—08	2143	665
2008—09	1860	858
2009—10	1658	585
2010—11	2227	560
2011—12	2576	1212
2012—13	2500	1500

स्रोत – (1) संचालनालय आर्थिक एवं सांख्यिकी विभाग, सहकारिता एवं कृषि विभाग, कृषि मंत्रालय, भारत सरकार नई दिल्ली। (2) संचालनालय योजना आर्थिक एवं सांख्यिकी विभाग, म.प्र. शासन भोपाल।

तालिका के अवलोकन से ज्ञात होता है कि म.प्र. में प्रमुख फसलों की सिंचाई लागत में पूर्व के वर्षों तुलना में वृद्धि देखने को मिलती है। वर्ष 2004–05 में गेहूँ की कुल सिंचाई लागत 1962 रू. प्रति हेक्टेयर थी जो 2006–07 में 1879 रू. प्रति हेक्टेयर हो गई। वर्ष 2008–09 में 1860 रू. प्रति. हेक्टेयर सिंचाई व्यय व 2010–11 में 2227 रू. प्रति हेक्टेयर सिंचाई व्यय हुआ। वर्ष 2012–13 में गेंहू की फसल का कुल सिंचाई व्यय 2500 रू. प्रति हेक्टेयर था जो 2004–05 की तुलना में अधिक था। 2004–05 से 2012–13 सिंचाई व्यय में लगातार वृद्धि दृष्टिगत होती है। खरीफ की ही दूसरी फसल चना का सिंचाई व्यय वर्ष 2004–05 में 641 रू. था जो 2006–07 में 535 रू. तथा 2008–09 में 858 रू. प्रति हेक्टेयर हो गया। वर्ष 2010–11 में सिंचाई व्यय कम होकर 560 रू. प्रति हेक्टेयर व 2012–13 में बढ़कर 1500 प्रति हेक्टेयर हो गया। चने के सिंचाई व्यय में उच्चावचन देखने को मिलता है। ज्ञातव्य है कि भारतीय कृषि मानसून पर निर्भर है अतः सिंचाई व्यय में उच्चावचन मानसून व वर्षा की मात्रा पर निर्भर हो जाता है। दूसरी ओर खरीफ की फसल वर्षाकालीन फसल होने के कारण सिंचाई व्यय न के बराबर होता है। रबी की फसल में वर्षा की मात्रा व मानसून का प्रभाव अधिक देखने को मिलता है।

कुल स्थिर लागत

फसलीय मौसम के दौरान स्थिर साधनों के व्य को कुल स्थिर लागत कहते हैं। मध्यप्रदेश में वर्ष 2004–05 से 2012–13 तक कुल स्थिर लागत का विवरण निम्न तालिका अनुसार है–

तालिका क्र. 4.6

मध्यप्रदेश में कुल स्थिर लागत (रूपये/हेक्टेयर)

वर्ष	गेंहूँ	चना	धान	सोयाबीन
2004–05	5782	4968	3662	4360
2005–06	7316	6393	4197	4342
2006–07	8622	7056	4055	4447
2007–08	9730	7178	4160	5872
2008–09	10408	7453	10119	6327
2009–10	11270	7918	8299	8424
2010–11	12436	4621	9049	8964
2011–12	15937	14118	11398	8144
2012–13	12839	12156	8275	5588

स्रोत – (1) संचालनालय आर्थिक एवं सांख्यिकी विभाग, सहकारिता एवं कृषि विभाग, कृषि मंत्रालय, भारत सरकार नई दिल्ली। (2) संचालनालय योजना आर्थिक एवं सांख्यिकी विभाग, म.प्र. शासन भोपाल।

तालिका के अवलोकन से ज्ञात होता है कि म.प्र. में प्रमुख फसलों की कुल स्थिर लागत में वर्ष 2004–05 की तुलना में 2012–13 तक लगातार प्रतिवर्ष वृद्धि देखने में मिलती है। गेंहू की कुल स्थिर लागत वर्ष 2004–05 में 5782 रू. थी जो 2006–07 में 8622 प्रति हेक्टेयर व 2008–09 में 10408 रू. प्रति हेक्टेयर हो गई। वर्ष 2010–11 में गेंहू की कुल स्थिर लागत 1243 रू. प्रति हेक्टेयर हो गई व 2012–13 में यह बढ़कर 12839 रू. प्रति हेक्टेयर हो गई। गेंहू की कुल स्थिर लागत वर्ष 2004–05 से 2012–13 तक लगभग दोगुनी से भी अधिक वृद्धि देखने को मिलती है। रवी की ही दूसरी फसल चना की प्रति हेक्टेयर कुल स्थिर लागत वर्ष 2004–05 में 4908 रू. प्रति. हेक्टेयर थी जो 2006–07 में 7056 रू. प्रति हेक्टेयर हो गई। वर्ष 2010–11 में कुल स्थिर लागत 7621 रू. प्रति हेक्टेयर से बढ़कर 2012–13 में 12156 रू. प्रति हेक्टेयर हो गई। चना की स्थिर लागत में वर्ष 2012–13 में 2004–05 की तुलना में लगभग तीन गुणा वृद्धि दृष्टिगोचर होती है।

दूसरी ओर खरीफ की फसलों में धान की कुल स्थिर लागत वर्ष 2004–05 में 3662 रू. प्रति हेक्टेयर थी जो 2006–07 में 4055 रू. प्रति हेक्टेयर हो गई व 2008–09 में 10119 रू. प्रति हेक्टेयर हो गई। वर्ष 2010–11 में 9049 रू. कुल स्थिर लागत थी जो 2012–13 में 8275 रू. प्रति हेक्टेयर हो गई। चावल की कुल स्थिर लागत लगभग तीन गुणा बढ़ गई। खरीफ की ही दूसरी फसल सोयाबीन की कुल स्थिर लागत 4360 रू. हेक्टेयर थी जो 2006–07 में 4447 रू. प्रति हेक्टेयर हो गई। वर्ष 2008–09 में सोयाबीन की कुल स्थिर लागत 6327 रू. प्रति हेक्टेयर हो गई व 2010–11 में यह बढ़कर 8944 रू. प्रति हेक्टेयर हो गई। तथा 2012–13 में 8588 रू. प्रति हेक्टेयर कुल स्थिर लागत हो गई। कुल स्थिर लागत में वृद्धि का प्रमुख कारण भूमि के किराये में वृद्धि व अचल पूँजी पर ब्याज में वृद्धि है।

परिचालन लागतें

परिचालन लागतों में मानवीय श्रम, पशु श्रम, मशीन श्रम, बीज, उर्वरक एवं कीटनाशक, सिंचाई लागतें और स्थायी पूंजी पर ब्याज सम्मिलित होते हैं। मानवीय श्रम मंहगा होने व मशीनों के प्रयोग में वृद्धि से परिचालन लागतों में वृद्धि होती है। परिचालन लागत में वृद्धि का सबसे बड़ा कारण मानवीय श्रम का अधिक होना व उर्वरक एवं कीटनाशक का अधिक मूल्य होना है।

तालिका क्र. 4.7

मध्यप्रदेश में कुल परिचालन लागत (रूपये/हेक्टेयर)

वर्ष	गेंहूँ	चना	सोयाबीन	धान
2004–05	8915	6133	7646	8315
2005–06	9664	7586	7648	8489
2006–07	10752	8267	8108	8496
2007–08	11721	8331	9271	9492
2008–09	12083	9422	11004	11837
2009–10	12949	10552	13062	13973
2010–11	15099	11038	13705	14950
2011–12	17460	15831	14419	17738
2012–13	22500	23228	18928	18500

स्रोत – (1) संचालनालय आर्थिक एवं सांख्यिकी विभाग, सहकारिता एवं कृषि विभाग, कृषि मंत्रालय, भारत सरकार नई दिल्ली। (2) संचालनालय योजना आर्थिक एवं सांख्यिकी विभाग, म.प्र. शासन भोपाल।

तालिका के अवलोकन से ज्ञात होता है कि गेंहू की कुल परिचालन लागत वर्ष 2004–05 में 8915 रू. प्रति हेक्टेयर भी जो 2006–07 में 10752 रू. प्रति हेक्टेयर व 2008–09 में 12083 रू. प्रति हेक्टेयर हो गया। वर्ष 2010–11 में कुल परिचालन व्यय 15099 रू. तथा 2012–13 में आश्चर्यजनक रूप से बढ़कर 22500 रू. प्रति हेक्टेयर हो गया। परिचालन व्यय में 2004–05 में लगातार वृद्धि की प्रवृत्ति दृष्टिगोचर होती है। इसका प्रमुख कारण मजदूरी में वृद्धि व उच्च तकनीक का उपयोग है। रबी की दूसरी फसल चना की कुल परिचालन लागत वर्ष 2004–05 में 6133 रू. प्रति हेक्टेयर भी जो 2006–07 में 8267 रू. प्रति हेक्टेयर हो गई। 2008–09 में कुल परिचालन व्यय 9422 रू. था जो 2010–11 में 11.38 रू. व 2012–13 में 23228 रू. हो गया वर्ष 2004–05 की तुलना में 2012–13 में गेंहू का परिचालन व्यय लगभग तीन गुणा बढ़ गया वहीं चना का परिचालन व्यय में लगभग चार गुणा वृद्धि देखने को मिलती है।

दूसरी ओर खरीफ की फसलों में धान का परिचालन व्यय वर्ष 2004–05 में 8315 रू. प्रति हेक्टेयर था जो 2006–07 में 8496 रू. प्रति हेक्टेयर हो गया। वर्ष 2008–09 में यह 11837 रू. प्रति हेक्टेयर व 2010–11 में 14950 रू. प्रति हेक्टेयर हो गया। वर्ष 2012–13 में परिचालन व्यय बढ़कर 18500 रू. प्रति हेक्टेयर हो गया। वर्ष 2004–05 की तुलना यह लगभग दोगुने से अधिक वृद्धि हो गई। वहीं सोयाबीन का परिचालन व्यय वर्ष 2004–05 में 7646 रू. प्रति हेक्टेयर था जो 2006–07 में 8108 रू. प्रति हेक्टेयर व 2008–09 में 11004 रू. प्रति हेक्टेयर हो गया। वर्ष 2010–11 में 13205 रू. परिचालन व्यय था जो 2012–13 में बढ़कर 18928 रू. प्रति हेक्टेयर हो गया। सोयाबीन का परिचालन व्यय 2004 की तुलना में 2012–13 तक लगभग दोगुना से अधिक वृद्धि हो गई। परिचालन लागत में वृद्धि का प्रमुख कारण श्रम की लागत व्यय में वृद्धि सिंचाई लागत व्यय में वृद्धि व बीज उर्वरक एवं कीटनाशक की लागत व्यय में वृद्धि साथ ही विपणन लागत व्यय में वृद्धि होना है।

प्रमुख फसलों की प्रति हेक्टेयर कृषि लागत

म.प्र. में प्रमुख फसलों गेहूँ, चना, सोयाबीन एवं चना की प्रति हेक्टेयर कृषि लागत आंकलित की गई। लागत के विभिनन प्रकारों में लागत A_1 में पारिश्रमिक व्यय, बीज, खाद, उर्वरक, सिंचाई, पौध संरक्षण, विपणन आदि का व्यय सम्मिलित है। लागत B_1 में लागत A_1 के साथ स्वामित्व वाली निर्धारित पूँजी परिसम्पत्तियों पर ब्याज का योग होता है। लागत B_2 में लागत B_1 एवं स्वामित्व वाली भूमि का किराया तथा पट्टे पर ली गई भूमि के लिए भुगतान किया गया किराया सम्मिलित होता है। लागत C_1 में लागत B_1 एवं पारिवारिक श्रम का आरोपित मूल्य एवं लागत C_2 में लागत C_2 एवं पारिवारिक श्रम को आरोपित मूल्य का योग होता है।

मध्यप्रदेश में पिछले दस वर्षों के दौरान विभिन्न प्रकार की लागतों में हुए परिवर्तन को दर्शाया गया है। प्रमुख फसलों गेहूँ, चना, धान एवं सोयावीन की लागतों में परिवर्तन निम्न तालिकानुसार प्रस्तुत किया गया है।

तालिका क्र. 4.8

मध्यप्रदेश में गेहूँ प्रति हेक्टेयर कृषि लागत (रूपये/हेक्टेयर)

वर्ष	लागत A_1	लागत B_1	लागत B_2	लागत C_1	लागत C_2
2004–05	7808	8998	13244	10450	14697
2005–06	8425	10012	15329	11662	17125
2006–07	9429	10945	17651	12668	19387
2007–08	10224	11648	19516	13582	21451
2008–09	10272	12354	20299	14546	22619
2009–10	10906	12619	21768	15070	24218
2010–11	12589	14185	24617	17101	27533
2011–12	14165	16872	29690	20580	33397
2012–13	33577	36278	46290	40291	46418

स्रोत – (1) संचालनालय आर्थिक एवं सांख्यिकी विभाग, सहकारिता एवं कृषि विभाग, कृषि मंत्रालय, भारत सरकार नई दिल्ली। (2) संचालनालय योजना आर्थिक एवं सांख्यिकी विभाग, म.प्र. शासन भोपाल।

तालिका के अवलोकन से ज्ञात होता है कि म.प्र. में गेंहू की लागत A_1 वर्ष 2004–05 में 7808 रू. प्रति हेक्टेयर थी जो 2006–07 में 9429 रू. हेक्टेयर व 2008–09 में 10272 रू. प्रति हेक्टेयर तथा 2010–11 में 12589 रू. प्रति हेक्टेयर हो गई। वर्ष 2012–13 में यह लागत A_1 आश्चर्यजनक रूप से बढ़कर 33572 रू. प्रति हेक्टेयर हो गई। लागत A_1 के बढ़ने का मुख्य कारण श्रम का मंहगा, व मशीनों के प्रयोग में वृद्धि होना है। वर्ष 2004–05 की तुलना में लागत A_1 2012–13 में लगभग पांच गुणा वृद्धि हो गई। दूसरी ओर गेंहू की लागत B_1 वर्ष 2004–05 में 10899 रू. प्रति. हेक्टेयर थी 2006–07 में 10945 रू. प्रति हेक्टेयर व 2008–09 में 12354 रू. प्रति हेक्टेयर तथा 2010–11 में 14185 रू. प्रति हेक्टेयर हो गई। वर्ष 2012–13 में लागत B_1 में वृद्धि हुई और यह 36278 रू. प्रति हेक्टेयर हो गई। यह वृद्धि कीमतों में वृद्धि के फलस्वरूप दृष्टिगत हुई। लागत B_1 में वृद्धि हुई और यह 36278 रू. प्रति हेक्टेयर हो गई। यह वृद्धि कीमतों में वृद्धि के फलस्वरूप दृष्टिगत हुई। लागत B_1 में लागत A_1 के साथ–साथ बट्टे पर ली

गई भूमि के लिए भुगतान दिया गया किराया सम्मिलित होता है। प्रदेश में ही लागत B_2 जहाँ 2004–05 में 13244 रू. प्रति हेक्टेयर थी वर्ष 2006–07 में 17651 रू. प्रति हेक्टेयर हो गई व 2008–09 में 20299 रू. प्रति हेक्टेयर तथा 2010–11 में 24617 रू. प्रति हेक्टेयर हो गई। वर्ष 2012–13 में लागत B_1 में आश्चर्यजनक रूप से वृद्धि हुई और यह 46290 रू. प्रति हेक्टेयर हो गई। वर्ष 2004–05 की तुलना में इसमें लगभग तीन गुणा से भी अधिक वृद्धि हुई। लागत B_2 में लागत B_1 के साथ–साथ स्वायित्व वाली भूमि के बारे में किराया मूल्य तथा पट्टे पर ली गई भूमि के लिए भुगतान किया गया किराया सम्मिलित होता है।

गेंहू की फसल की लागत C_1 वर्ष 2004–05 में 10450 रू प्रति हेक्टेयर थी जो 2006–07 में 12668 रू. प्रति हेक्टेयर व 2008–09 में 14546 रू. प्रति हेक्टेयर होगी। वर्ष 2010–11 में लागत C_1 17101 रू. प्रति हेक्टेयर से बढ़कर 2012–13 में 4641 रू. प्रति हेक्टेयर हो गई। कीमतों में अत्याधिक वृद्धि हो जाने के कारण लागत C_1 में अधिक वृद्धि देखने को मिलती है। वर्ष 2004–05 की तुलना में 2012–13 तक C_1 लागत में चार गुणा तक वृद्धि देखने को मिलती है। लागत C_1 में लागत B_1 के साथ–साथ पारिवारिक श्रम का आरोपित मूल्य भी सम्मिलित होता है। गेंहू का लागत C_2 जहाँ 2004–05 में 14697 रू. प्रति हेक्टेयर थी 2006–07 में बढ़कर 19387 रू. प्रति हेक्टेयर हो गई। वर्ष 2008–09 में गेंहू की लागत C_1 22619 रू. प्रति हेक्टेयर हो गई एवं 2010–11 में यह 27533 रू. प्रति हेक्टेयर हो गई। 2012–13 में यह लागत C_2 बढ़कर 46418 रू. प्रति हेक्टेयर हो गई। कीमतों में अत्याधिक वृद्धि मशीनों का अधिक उपयोग एवं नई तकनीकी आकर्षण के कारण गेंहूँ की लागतों में वृद्धि की प्रवृत्ति देखने को मिली है। वर्ष 2004–05 से 2012–13 तक लगभग चार गुणा तक सभी लागतों मं वृद्धि देखने को मिलती है।

तालिका क्र. 4.9

मध्यप्रदेश में सोयाबीन की प्रति हेक्टेयर कृषि लागत (रूपये / हेक्टेयर)

वर्ष	लागत A_1	लागत A_2	लागत B_1	लागत B_2	लागत C_1	लागत C_2
2004–05	6410	6410	7125	10517	8614	12025
2005–06	6490	6491	7192	10489	8694	11994
2006–07	6870	6870	7438	10997	8996	12584
2007–08	7983	7983	8607	13472	10277	15142
2008–09	9176	9176	10077	15135	12272	17340
2009–10	10729	10729	11533	18782	14237	21507
2010–11	11283	11283	11990	19901	14760	22670
2011–12	11704	11704	12869	19530	15901	22640
2012–13	18927	18927	20423	25689	19133	23145

स्रोत – (1) संचालनालय आर्थिक एवं सांख्यिकी विभाग, सहकारिता एवं कृषि विभाग, कृषि मंत्रालय, भारत सरकार नई दिल्ली। (2) संचालनालय योजना आर्थिक एवं सांख्यिकी विभाग, म.प्र. शासन भोपाल।

तालिका के अवलोकन से ज्ञात होता है कि म.प्र. में सोयाबीन की कुल लागत A_1 वर्ष 2004–05 में 6410 रू. प्रति हेक्टेयर थी जो 2006–07 में 6870 रू. प्रति हेक्टेयर व 2008–09 में 9170 रू. प्रति हेक्टेयर तथा 2010–11 में 12283 रू. प्रति हेक्टेयर हो गई। वर्ष 2012–13 में 18927 थी। लागत A_1 में लगातार वृद्धि की प्रवृत्ति देखने को मिलती है। वहीं लागत B_1 जहाँ 2004–05 में 7128 रू. प्रति हेक्टेयर थी बढ़कर 2006–07 में 7348 रू. प्रति हेक्टेयर व 2008–09 में 10074 रू. प्रति हेक्टेयर तथ 2010–11 में 11990 रू. प्रति हेक्टेयर हो गई। वर्ष 2012–13 में लागत B_1 20423 हो गई। लागत B_2 भी वर्ष 2004–05 में जहाँ 10517 रू. प्रति हेक्टेयर थी 2006–07 में 10997 रू. प्रति हेक्टेयर व 2008–09 में 15135 रू. प्रति हेक्टेयर तथा 2010–11 में 19901 रू. प्रति हेक्टेयर हो गई। वर्ष 2012–13 में यह बढ़कर 25689 रू. हो गई।

लागत C_1 वर्ष 2004–05 में 8614 रू. प्रति हेक्टेयर थी जो 2005–06 में 8694 रू. प्रति हेक्टेयर व 2007–08 में 10277 रू. प्रति हेक्टेयर तथा 2009–10 में 14237 रू. प्रति हेक्टेयर हो गई। वर्ष 2011–12 में 15901 रू. प्रति हेक्टेयर तथा 2012–13 19135 हो

कृषि लागतें एवं प्रतिफल 127

गई। सोयाबीन की लागत C_2 में भी लगातार वृद्धि की प्रवृत्ति देखने को मिलती है। वर्ष 2004–05 में जहाँ यह 12025 रू. प्रति हेक्टेयर थी 2006–07 में 12584 रू. प्रति हेक्टेयर व 2008–09 में 17340 रू. प्रति हेक्टेयर हो गई। लागत C_1 वर्ष 2010–11 में 22670 रू. व 2012–13 23145 हो गई। लागतों में वर्ष 2004–05 की तुलना में लगातार वृद्धि की प्रवृत्ति देखने को मिलती है। लागतों में वृद्धि का प्रमुख कारण कृषि साधनों की कीमतों मं परिवर्तन है। श्रम का मंहगा होना मशीनों का अधिक उपयोग आदि के कारण लागतों में अधिक वृद्धि होती है।

तालिका क्र. 4.10

मध्यप्रदेश में चना की प्रति हेक्टेयर कृषि लागत (रूपये/हेक्टेयर)

वर्ष/लागत	लागत A_1	लागत A_2	लागत B_1	लागत B_2	लागत C_1	लागत C_2
2004–05	5435	5435	6458	10072	7488	12025
2005–06	6815	6815	8231	12874	9335	14106
2006–07	7485	7485	8660	14174	9807	15322
2007–08	7393	7393	8470	14143	9835	15508
2008–09	8175	8175	9762	15243	11392	16925
2009–10	9099	9099	10716	16590	12595	18506
2010–11	9361	9361	10717	16572	12803	18725
2011–12	13580	13580	15738	27248	18438	29950
2012–13	23228	23228	25294	35384	29294	39384

स्रोत – (1) संचालनालय आर्थिक एवं सांख्यिकी विभाग, सहकारिता एवं कृषि विभाग, कृषि मंत्रालय, भारत सरकार नई दिल्ली। (2) संचालनालय योजना आर्थिक एवं सांख्यिकी विभाग, म.प्र. शासन भोपाल।

तालिका क्र. 10 के अवलोकन से ज्ञात होता है कि म.प्र. में चना की लागतों में भी लगातार वृद्धि की प्रवृत्ति देखने को मिलती है। वर्ष 2004–05 में यह 5435 रू. प्रति हेक्टेयर थी जो 2006–07 में बढ़कर 7485 रू. प्रति हेक्टेयर व 2008–09 में 8175

रू. प्रति हेक्टेयर तथा 2010–11 में 9361 रू. प्रति हेक्टेयर हो गई। वर्ष 2012–13 में यह बढ़कर 23228 हो गई। चना की लागत A_1 में लगातार वृद्धि हुई है। वहीं लागत B_1 जहाँ 2004–05 में 6450 रू. प्रति हेक्टेयर थी 2006–07 में 8660 रू. प्रति हेक्टेयर हो गई 2008–09 में यह बढ़कर 9762 रू. प्रति हेक्टेयर हो गई। वर्ष 2010–11 में लागत B_1 10717 रू. प्रति हेक्टेयर थी जो 2012–13 में बढ़कर 25294 हो गई। चने की लागत B_1 में भी लगातार वृद्धि की प्रवृत्ति देखने को मिलती है।

चना की लागत B_2 जहाँ 2004–05 में 10672 रू. प्रति हेक्टेयर थी 2006–07 में 14174 रू. प्रति हेक्टेयर व 2008–09 में 15243 रू. प्रति हेक्टेयर तथा 2010–11 में 16572 रू. प्रति हेक्टेयर हो गई। वर्ष 2012–13 में यह 35384 हो गई। लागत C_1 वर्ष 2004–05 में 74488 रू. प्रति हेक्टेयर थी जो 2006–07 में 9807 रू. प्रति हेक्टेयर हो गई 2008–09 में यह 11392 रू. प्रति हेक्टेयर तथा 2010–11 में 12803 रू. प्रति हेक्टेयर तथा 2010–11 में 12803 रू. प्रति हेक्टेयर थी। 2012–13 में यह बढ़कर 29294 प्रति हेक्टेयर हो गई। लागत C_1 में जहाँ 2004–05 में 11118 रू. प्रति हेक्टेयर थी वर्ष 2006–07 में 15322 रू. प्रति हेक्टेयर हो गई। वर्ष 2008–09 में यह 16925 रू. प्रति हेक्टेयर से 2010–11 में बढ़कर 18725 रू. प्रति हेक्टेयर हो गई। वर्ष 2012–13 में यह अत्याधिक तेज गति से बढ़कर 39384 हो गई।

चना की लागतों में पिछले 10 वर्षों में अत्याधिक परिवर्तन हुआ है। जिसका प्रमुख कारण मंहगा श्रम, मशीनों का उपयोग उच्च तकनीक का प्रयोग आदि है। कृषि आदानों के मंहगें होने व उनकी कीमतों में अत्याधिक वृद्धि होने के कारण चना की प्रति हेक्टेयर लागत में वृद्धि हुई है।

कृषि लागतें एवं प्रतिफल

तालिका क्र. 4.11

मध्यप्रदेश में धान की प्रति हेक्टेयर कृषि लागत (रूपये / हेक्टेयर)

वर्ष	लागत A_1	लागत A_2	लागत B_1	लागत B_2	लागत C_1	लागत C_2
2004—05	6535	6535	7187	9786	9377	12253
2005—06	5990	6815	8231	12874	9335	14106
2006—07	7485	7485	8660	14174	9807	15322
2007—08	7393	7393	8470	14143	9835	15508
2008—09	8175	8175	9762	15243	11392	16925
2009—10	9099	9099	10716	16590	12595	18506
2010—11	9361	9361	10717	16572	12803	18725
2011—12	13580	13580	15738	27248	18438	29950
2012—13	18500	18500	20057	35384	25057	33775

स्रोत – (1) संचालनालय आर्थिक एवं सांख्यिकी विभाग, सहकारिता एवं कृषि विभाग, कृषि मंत्रालय, भारत सरकार नई दिल्ली। (2) संचालनालय योजना आर्थिक एवं सांख्यिकी विभाग, म.प्र. शासन भोपाल।

तालिका के अवलोकन से ज्ञात होता है कि वर्ष 2004—05 में धान की प्रति हेक्टेयर लागत A_1 6535 रू. प्रति हेक्टेयर था जो 2006—07 में 6432 व 2008—09 में 8175 रू. प्रति हेक्टेयर हो गई। वर्ष 2010—11 में यह 9361 रू. प्रति हेक्टेयर हो गई व 2012—13 में बढ़कर 18500 हो गई। धान की प्रति हेक्टेयर A_1 लागत में लगातार वृद्धि की प्रवृत्ति देखने को मिलती है। धान की लागत B_1 2004—05 7187 रू. प्रति हेक्टेयर थी जो 2006—07 में 8660 रू. प्रति हेक्टेयर हो गई व 2008—09 में 9762 रू. प्रति हेक्टेयर हो गई। 2010—11 में यह बढ़कर 10717 रू. प्रति हेक्टेयर हो गई व 2012—13 में यह 20057 हो गई। लागत B_1 में लगातार वृद्धि की प्रवृत्ति देखने को मिलती है। धान की लागत B_2 वर्ष 2004—05 में 9786 रू. प्रति हेक्टेयर थी जो 2006—07 में 14174 रू. प्रति हेक्टेयर व 2008—09 में 15243 रू. प्रति हेक्टेयर हो गई। वर्ष 2010—11 में 16572 रू. प्रति हेक्टेयर व 2012—13 में 20057 प्रति हेक्टेयर हो गई। लागत C_1 2004—05 में यह 9377 रू. प्रति हेक्टेयर हो गई थी जो 2006—07 में 9867 रू. प्रति हेक्टेयर व 2008—09 में 11932 रू. प्रति हेक्टेयर तथा 2010—11 में 12308 रू. प्रति हेक्टेयर

हो गई। वर्ष 2012–13 में यह 25057 हो गई। लागत C_2 जहाँ 2004–05 में 12253 रू. प्रति हेक्टेयर थी 2006–07 में 15322 रू. प्रति हेक्टेयर व 2008–09 में 16995 रू. प्रति हेक्टेयर तथा 2010–11 में 18725 रू. प्रति हेक्टेयर हो गई। वर्ष 2012–13 में यह बढ़कर 33775 हो गई। धान की लागतों में लगातार वृद्धि की प्रवृत्ति दिखाई देती है जिसका प्रमुख कारण कृषि आदानों का मंहगा होना व किसानों द्वारा उच्च तकनीक का अपनाया जाना भी है।

उत्पादन लागत

लागतों में से उत्पादों की कीमतों को घटाकर कुल उत्पाद से भाग देने पर उत्पादन लागत प्राप्त हो जाती है। मध्यप्रदेश में प्रमुख फसलों की उत्पादन लागत तालिका में दर्शायी गई है।

तालिका क्र. 4.12

मध्यप्रदेश में गेहूँ की उत्पादन लागत दर (प्रति क्विंटल में)

वर्ष	लागत A_1	लागत B_1	लागत B_2	लागत C_1	लागत C_2	लागत C_3
2004–05	311	358	524	418	583	642
2005–06	362	430	654	495	720	800
2006–07	358	415	666	479	731	804
2007–08	371	422	709	493	780	861
2008–09	373	448	727	532	811	897
2009–10	368	426	727	507	809	890
2010–11	384	434	745	524	835	918
2011–12	365	433	758	528	852	938
2012–13	1275	1383	1783	1368	1788	1967

स्रोत – (1) संचालनालय आर्थिक एवं सांख्यिकी विभाग, सहकारिता एवं कृषि विभाग, कृषि मंत्रालय, भारत सरकार नई दिल्ली। (2) संचालनालय योजना आर्थिक एवं सांख्यिकी विभाग, म.प्र. शासन भोपाल।

तालिका के अवलोकन से ज्ञात होता है कि म.प्र. में गेंहू की प्रति क्विंटल उत्पादन लागत A_1 वर्ष 2004–05 में 311 रू. थी जो 2006–07 में बढ़कर 358 रू. प्रति क्विंअल हो गई। 2008–09 में यह और बढ़कर 373 रू. प्रति क्विंटल हो गई गेंहू की उत्पादन लागत A_1 2010–11 में 384 रू. प्रति क्विंटल से बढ़कर 2011–12 में 365 रू. प्रति क्विंटल हो गई। 2004–05 ये 2011–12 तक उत्पादन लागत में प्रति क्विंटल 50 रू. तक की वृद्धि हुई जो कि गंहू की प्रति क्विंटल कीमत की तुलना में अधिक तेज गति से बढ़ी। गेंहू की उत्पादन लागत B_1 वर्ष 2004–05 में 358 रू. प्रति क्विंटल थी जो 2006–07 में बढ़कर 415 रू. प्रति क्विंटल हो गई व 2008–09 में यह 448 रू. प्रति क्विंटल हो गई तथा 2010–11 में यह 434 रू. प्रति क्विंटल हो गई तथा 2010–11 में यह 434 रू. प्रति क्विंटल हो गई। गेंहू की प्रति क्विंटल उत्पादन लागत B_1 में भी लगातार वृद्धि की प्रवृत्ति देखने को मिलती है। उत्पादन लागत B_2 वर्ष 2004705 में 524 रू. प्रति क्विंटल हो गई। गेंहू की उत्पादन लागत B_1 वर्ष 2008–09 में 727 रू. प्रति क्विंटल थी जो 2010–11 में 745 रू. प्रति क्विंटल हो गई। वर्ष 2011–12 में यह 750 रू. प्रति क्विंटल हो गईं वहीं गेंहू की उत्पादन लागत C_1 वर्ष 2004–05 में 410 रू. प्रति क्विंटल थी जो 2006–07 में 479 रू. प्रति क्विंटल व 2008–09 में 532 रू. प्रति क्विंटल हो गई। व 2010–11 में यह 524 रू. प्रति क्विंटल व 2011–12 में 528 रू. प्रति क्विंटल हो गई। गेंहू की उत्पादन लागत C_1 वर्ष 2004–05 में 583 रू. प्रति क्विंटल हो गई जो 2006–07 में बढ़कर 731 रू. प्रति क्विंटल हो गई जो 2008–09 में 811 रू. प्रति क्विंटल हो गईं वर्ष 2011–12 में कुल उत्पादन लागत C_2 852 रू. प्रति क्विंटल हो गई। गेंहू की उत्पादन लागत C_3 वर्ष 2004–05 में 642 रू. प्रति क्विंटल थी जो 2006–07 में 804 रू. प्रति क्विंटल व 2008–09 में 897 रू. प्रति क्विंटल हो गई। वर्ष 2010–11 में उत्पादन लागत C_3 918 रू. प्रति क्विंटल थी जो वर्ष 2011–12 में 998 रू. प्रति क्विंटल हो गई। गेंहू की उत्पादन लागत में लगातार वृद्धि की प्रवृत्ति देखने को मिलती है। वर्ष 2004–05 की तुलना में वर्ष 2011–12 तक गेंहू की प्रति क्विंटल उत्पादन लागत में अत्याधिक वृद्धि देखने को मिलती है। और पूर्व वर्षों की तुलना में गेंहू की उत्पादन लागत में वृद्धि हुई है।

तालिका क्र. 4.13

मध्यप्रदेश में चना की उत्पादन लागत दर (प्रति क्विंटल में)

वर्ष	लागत A_1	लागत B_1	लागत B_2	लागत C_1	लागत C_2	लागत C_3
2004—05	490	584	909	679	1007	1108
2005—06	685	837	1289	951	1414	1556
2006—07	760	886	1435	1002	1551	1706
2007—08	771	883	1471	1026	1614	1776
2008—09	752	899	1396	1055	1557	1712
2009—10	754	887	1372	1045	1531	1684
2010—11	873	1000	1532	1197	1735	1909
2011—12	1105	1283	2206	1513	2680	2948
2012—13	1463	1622	2399	1930	2706	2976

स्रोत – (1) संचालनालय आर्थिक एवं सांख्यिकी विभाग, सहकारिता एवं कृषि विभाग, कृषि मंत्रालय, भारत सरकार नई दिल्ली। (2) संचालनालय योजना आर्थिक एवं सांख्यिकी विभाग, म.प्र. शासन भोपाल।

तालिका के अवलोकन से ज्ञात होता है कि म.प्र. में चना की उत्पादन लागत A_1 वर्ष 2004—05 में 490 रू. प्रति हेक्टेयर थी जो वर्ष 2006—07 में 685 रू. प्रति हेक्टेयर हो गई एवं 2008—09 में 752 रू. प्रति हेक्टेयर हो गई। वर्ष 2010—11 में कुल उत्पादन लागत A_1 873 रू. प्रति हेक्टेयर व 2011—12 में 1105 रू. प्रति हेक्टेयर हो गई। चने की लागत A_1 में लगातार वृद्धि देखी गई। वहीं लागत B_1 जो वर्ष 2004—05 में 584 रू. प्रति क्विंटल थी 2006—07 में 886 रू. प्रति क्विंटल हो गई व 2008—09 में 899 रू. प्रति क्विंटल हो गई। चना की उत्पादन लागत B_1 2010—11 में 1000 रू. प्रति क्विंटल थी जो 2011—12 में 1283 रू. प्रति क्विंटल हो गई लागतों में लगातार वृद्धि की प्रवृत्ति देखी गई। चना की उत्पादन लागत B_1 जो वर्ष 2004—05 में 909 रू. प्रति क्विंटल थी जो वर्ष 2006—07 में बढ़कर 1435 रू. प्रति क्विंटल हो गई एवं 2008—09 में 1396 रू. प्रति क्विंटल हो गई। वर्ष 2010—11 में उत्पादन लागत B_2 1532 रू. प्रति क्विंटल से आश्चर्यजनक रूप से बढ़कर 2011—12 में 2206 रू. प्रति क्विंटल हो गई। चना की उत्पादन लागत B_2 में 2010—11 से लगातार भारी वृद्धि देखने को मिलती है। चना की

कृषि लागतें एवं प्रतिफल

उत्पादन लागत C_1 जहाँ वर्ष 2004–05 में 6794 प्रति क्विंटल थी बढ़कर 2006–07 में 1002 रू. प्रति क्विंटल हो गई। वर्ष 2008–09 में उत्पादन लागत C_1 बढ़कर 1055 रू. हो गई व 2010–11 में यह 1197 रू. प्रति हेक्टेयर हो गई। वर्ष 2011–12 में यह 1513 रू. प्रति हेक्टेयर हो गई। चना की उत्पादन लागत C_2 वर्ष 2004–05 में 1007 रू. प्रति क्विंटल थी 2006–07 में 1551 रू. प्रति क्विंटल हो गई व 2008–09 में यह 1557 रू. प्रति क्विंटल हो गई तथा 2010–11 में यह बढ़कर 1735 रू. प्रति क्विंटल हो गई। वर्ष 2011–12 में चना की उत्पादन लागत C_2 2680 रू. प्रति क्विंटल हो गई। चना की उत्पादन लागत C_3 वर्ष 2004–05 में 1108 रू. प्रति क्विंटल थी जो 2006–07 में 1706 रू. प्रति क्विंटल व 2008–09 में 1713 रू. प्रति क्विंटल हो गई। वर्ष 2010–11 में चना की उत्पादन लागत C_3 1909 रू. प्रति क्विंटल थी जो 2012–13 में 2948 रू. प्रति क्विंटल हो गई। चना की उत्पादन लागत में लगातार वृद्धि की प्रवृत्ति देखने को मिलती है। पूर्व वर्षों की तुलना में चना की प्रति क्विंटल उत्पादन लागत म.प्र. में अधिक हुई है।

तालिका क्र. 4.14

मध्यप्रदेश में सोयाबीन उत्पादन लागत दर (प्रति क्विंटल में)

वर्ष	लागत A_1	लागत B_1	लागत B_2	लागत C_1	लागत C_2	लागत C_3
2004–05	578	641	940	778	1080	1188
2005–06	543	600	874	722	995	1095
2006–07	556	600	887	726	1012	1114
2007–08	613	658	1032	786	1160	1276
2008–09	713	782	1173	954	1345	1480
2009–10	721	775	1262	957	1446	1591
2010–11	701	745	1225	917	1397	1537
2011–12	896	988	1468	1208	1695	1865
2012–13	1310	1435	1456	1874	1327	1662

स्रोत – (1) संचालनालय आर्थिक एवं सांख्यिकी विभाग, सहकारिता एवं कृषि विभाग, कृषि मंत्रालय, भारत सरकार नई दिल्ली। (2) संचालनालय योजना आर्थिक एवं सांख्यिकी विभाग, म.प्र. शासन भोपाल।

तालिका के अवलोकन से ज्ञात होता है कि म.प्र. में खरीफ की एक प्रमुख फसल सोयाबीन की उत्पादन लागत A_1 वर्ष 2004–05 में 570 रू. प्रति क्विंटल व 2006–07 में 556 रू. प्रति क्विंटल तथा 2008–09 में 713 रू. प्रति क्विंटल हो गई। सोयाबीन की उत्पादन लागत A_1 वर्ष 2010–11 में 701 रू. प्रति क्विंटल से बढ़कर 2011–12 में 896 रू. प्रति क्विंटल हो गई। सोयाबीन की प्रति क्विंटल उत्पादन लागत में लगातार वृद्धि हुई है। सोयाबीन की उत्पादन लागत B_1 जहाँ 2004–05 में 641 रू. प्रति क्विंटल थी 2006–07 में 600 रू. प्रति क्विंटल व 2008–09 में 782 रू. प्रति क्विंटल हो गई। वर्ष 2010–11 में 745 रू. प्रति क्विंटल व 2011–12 में 988 रू. प्रति क्विंटल सोयाबीन की उत्पादन लागत B_1 हो गईं। वहीं B_2 उत्पादन लागत वर्ष 2004–05 में 940 रू. प्रति क्विंटल थी 2006707 में 887 रू. प्रति क्विंटल व 2008–09 में 1173 रू. प्रति क्विंटल हो गई। वर्ष 2010–11 में सोयाबीन की उत्पादन लागत B_2 1262 रू. प्रति क्विंटल हो गई। सोयाबीन की उत्पादन लागत B_2 में लगातार वृद्धि हुई है। सोयाबीन की उत्पादन लागत C_1 वर्ष 2004–05 में 778 रू. प्रति क्विंटल थी जो 2006–07 में 728 रू. प्रति क्विंटल व 2008–09 में 954 रू. प्रति क्विंटल हो गई। वर्ष 2010–11 में यह 917 रू. प्रति क्विंटल व 2011–12 में यह 917 रू. प्रति क्विंटल व 2011–12 में बढ़कर 1208 रू. प्रति क्विंटल हो गई। लागत C_2 वर्ष 2004–05 में 1080 रू. प्रति क्विंटल थी 2006–07 में 1012 रू. प्रति क्चिंटल व 2008–09 में 1345 रू. प्रति क्विंटल हो गई। वर्ष 2010–11 में लागत C_2 1397 रू. प्रति क्विंटल से बढ़कर 2011–12 में 1695 रू. प्रति क्विंटल हो गई। सोयाबीन की उत्पादन लागत C_3 वर्ष 2004–05 में 1188 रू. प्रति क्विंटल थी जो 2006–07 में 1114 रू. प्रति क्विंटल हो गई व 2008–09 में यह 1480 रू. प्रति क्विंटल हो गई। वर्ष 2010–11 में सोयाबीन की उत्पादन लागत C_3 1537 रू. प्रति क्विंटल से बढ़कर 2011–12 में 1865 रू. प्रति क्विंटल हो गई। सोयाबीन की उत्पादन लागत में लगातार परिवर्तन देखने को मिलता है। प्रदेश में प्रति क्विंटल उत्पादन लागत में वृद्धि हुई है।

तालिका क्र. 4.15

मध्यप्रदेश में धान उत्पादन लागत दर (प्रति क्विंटल में)

वर्ष	लागत A_1	लागत B_1	लागत B_2	लागत C_1	लागत C_2	लागत C_3
2004–05	467	518	659	644	802	882
2005–06	343	383	518	554	700	770
2006–07	371	408	566	536	695	766
2007–08	405	446	622	608	784	862
2008–09	340	378	646	478	746	820
2009–10	446	493	782	650	975	1073
2010–11	480	516	813	649	950	1045
2011–12	497	559	837	682	961	1057
2012–13	740	816	1456	1123	1299	1429

स्रोत – (1) संचालनालय आर्थिक एवं सांख्यिकी विभाग, सहकारिता एवं कृषि विभाग, कृषि मंत्रालय, भारत सरकार नई दिल्ली। (2) संचालनालय योजना आर्थिक एवं सांख्यिकी विभाग, म.प्र. शासन भोपाल।

तालिका के अवलोकन से ज्ञात होता है कि म.प्र. में धान की उत्पादन लागत प्रति क्विंटल A_1 वर्ष 2004–05 में 467 रू. प्रति क्विंटल थी जो 2006–07 में 371 रू. प्रति क्विंटल हो गई साथ ही वर्ष 2008–09 में यह 340 रू. प्रति क्विंटल हो गई। उक्त वर्षों में धान की प्रति क्विंटल उत्पादन लागत A_1 में कमी देखने को मिलती है। वर्ष 2010–11 में यह बढ़कर 480 रू. प्रति क्विंटल व 2011–12 में 497 रू. प्रति क्विंटल हो गई। आंकड़े बताते हैं कि धान की प्रति क्विंटल उत्पादन लागत A_1 में पूर्व वर्षों की तुलना स्थायित्व देखने को मिलता है। धान की लागत B_1 जहाँ 2004–05 में 518 रू. प्रति क्विंटल थी वर्ष 2006–07 में 408 रू. प्रति क्विंटल हो गई व 2008–09 में 378 रू. प्रति क्विंटल हो गई। वर्ष 2010–11 में धान की प्रति क्विंटल उत्पादन लागत B_1 516 रू. प्रति क्विंटल हो गई व 2011–12 में यह 559 रू. प्रति क्विंटल हो गई। धान की उत्पादन लागत B_1 में लगातार उच्चावचन देखने को मिलता है। धान की उत्पादन लागत B_2 वर्ष 2004–05 में 659 रू. प्रति क्विंटल थी जो 2006–07 में 566 रू. प्रति क्विंटल हो गई व 2008–09 में 646 रू. प्रति क्विंटल हो गई। वर्ष 2010–11 में लागत

B_2 813 रू. प्रति क्विंटल से बढ़कर 2011–12 में 832 रू. प्रति क्विंटल हो गई। धान की उत्पादन लागत C_1 जहाँ 2004–05 में 644 रू. प्रतिक्विंटल थी 2006–07 में 536 रू. प्रतिक्विंटल व 2008–09 में 478 रू. प्रति क्विंटल हो गई। वर्ष 2010–11 में धान की प्रति क्विंटल उत्पादन लागत C_1 बढ़कर 649 रू. प्रति क्विंटल व 2011–12 में 682 रू. प्रति क्विंटल हो गई। वर्ष 2004–05 में धान की उत्पादन लागत C_1 802 रू. प्रति क्विंटल थी 2006–07 में 695 रू. प्रति क्विंटल व 2008–09 में 746 रू. प्रतिक्विंटल हो गई। वर्ष 2010–11 में यह 950 रू. प्रति क्विंटल व 2011–12 में 961 रू. प्रति क्विंटल हो गई। धान की उत्पादन लागत C_3 वर्ष 2004–05 में 882 रू. प्रति क्विंटल थी 2006–07 में 766 रू. 2008–09 में 820 रू. व 2010–11 में 1073 रू. प्रति क्विंटल हो गई। वर्ष 2011–12 में यह 1057 रू. प्रति क्विंटल हो गई। धान की उत्पादन लागत में लगातार उच्चावचन देखने को मिला है। अंततः पूर्व वर्षों की तुलना में प्रति क्विंटल उत्पादन लागत में वृद्धि हुई है।

तालिका क्र. 4.16

मध्यप्रदेश में प्रमुख फसलों की उत्पादन लागत तुलनात्मक अंतर

वर्ष	गेंहूँ	चना	चावल	सोयाबीन
2004–05	692	1108	882	1188
2005–06	888	1556	770	1095
2006–07	804	1706	766	1114
2007–08	861	1776	862	1276
2008–09	897	1713	820	1480
2009–10	890	1684	1073	1591
2010–11	918	1909	1045	1537
2011–12	938	2948	1057	1865
2012–13	1809	3220	1430	2325

स्रोत – (1) संचालनालय आर्थिक एवं सांख्यिकी विभाग, सहकारिता एवं कृषि विभाग, कृषि मंत्रालय, भारत सरकार नई दिल्ली। (2) संचालनालय योजना आर्थिक एवं सांख्यिकी विभाग, म.प्र. शासन भोपाल।

तालिका के अवलोकन से ज्ञात होता है कि म.प्र. में प्रमुख फसलों की प्रति क्विंटल उत्पादन लागत में अंतर है। वर्ष 2004–05 में गेंहू की उत्पादन लागत में अंतर है। वर्ष 2004–05 में गेंहू की उत्पादन लागत 692 रू. प्रति क्विंटल थी व चना की उत्पादन लागत 1108 रू. प्रति क्विंटल थी। गेंहू की तुलना में चने की उत्पादन लागत 1713 रू. प्रति क्विंटल थी। वर्ष 2008–09 में गेंहू की उत्पादन लागत 897 रू. प्रति क्विंटल व चना की उत्पादन लागत 1713 रू. प्रति क्विंटल थी। वर्ष 2010–11 में गेंहू की उत्पादन लागत 918 रू. प्रति क्विंटल व 2012–13 में 1809 रू. प्रति क्विंटल थी वहीं चना की उत्पादन लागत 2010–11 में 1909 रू. प्रति क्विंटल व 2012–13 में 3220 रू. प्रति क्विंटल थी। गेंहू की तुलना में चने की उत्पादन लागत लगभग दोगुनी है। रबी की प्रमुख फसलों में दोनों फसलों की उत्पादन लागत पूर्व के वर्षों की तुलना में तेज गति से वृद्धि हुई है। गेंहू की तुलना में चना की प्रति क्विंटल उत्पादन लागत अधिक होने के कारण प्रति क्विंटल उपज का मूल्य भी अधिक है।

दूसरी ओर खरीफ की फसलों में प्रमुख फसलें धान एवं सोयाबीन में धान की उत्पादन लागत सोयाबीन की प्रति क्विंटल उत्पादन लागत से कम है। वर्ष 2004–05 में धान की उत्पादन लागत 882 रू. प्रति क्विंटल भी नहीं सोयाबीन की उत्पादन लागत 1188 रू. प्रति क्विंटल थी। वर्ष 2006–07 में यह 766 रू. प्रति क्विंटल व सोयाबीन की उत्पादन लागत 1114 रू. प्रति क्विंटल हो गई। वर्ष 2008–09 में धान की उत्पादन लागत 820 रू. प्रति क्विंटल थी व सोयाबीन की उत्पादन लागत 1480 रू. प्रति क्विंटल थी। वर्ष 2010–11 में धान की उत्पादन लागत 1045 रू. प्रति क्विंटल व 2012–13 में 1470 रू. प्रति क्विंटल हो गई वहीं सोयाबीन की उत्पादन लागत वर्ष 2010–11 में 1537 रू. प्रति क्विंटल से बढ़कर 2325 रू. प्रति क्विंटल हो गई। स्पष्ट है कि खरीफ की फसलों में प्रमुख फसल धान एवं सोयाबीन में से सोयाबीन की प्रति क्विंटल उत्पादन लागत धान की तुलना में अधिक है। परंतु सोयाबीन की प्रति क्विंटल उपज का मूल्य धान के प्रति क्विंटल उपज के मूल्य से अधिक है इसलिए लोग सोयाबीन का उत्पादन को अधिमान देते है।

शुद्ध लाभ

प्रति हेक्टेयर उपज और प्रति क्विंटल उपज की कीमत गुणा करने पर सकल उत्पादन का मूल्य ज्ञात हो जाता है। सकल उत्पाद के मूल्य में से प्रति हेक्टेयर कुल काश्त

लागत घटाने पर शुद्ध लाभ प्राप्त हो जाता है। निम्न तालिकाओं में पिछले दस वर्षों में मध्यप्रदेश की प्रमुख फसलों से प्राप्त शुद्ध आय की विवेचना की गई है।

तालिका क्र. 4.17

मध्यप्रदेश में गेहूँ का सकल उत्पाद मूल्य, कुल काश्त लागत एवं शुद्ध आय (गेंहू)

वर्ष	सकल उत्पादन मूल्य	प्रति हेक्टेयर कुल काश्त लागत	शुद्ध लाभ
2004–05	16900	13244	3656
2005–06	21272	15329	5943
2006–07	26822	17651	9171
2007–08	31473	19516	11957
2008–09	31777	20299	11478
2009–10	33595	21768	11827
2010–11	41728	24617	17111
2011–12	51265	29690	21575
2012–13	47775	40291	7484

स्रोत – (1) संचालनालय आर्थिक एवं सांख्यिकी विभाग, सहकारिता एवं कृषि विभाग, कृषि मंत्रालय, भारत सरकार नई दिल्ली। (2) संचालनालय योजना आर्थिक एवं सांख्यिकी विभाग, म.प्र. शासन भोपाल।

तालिका के अवलोकन से ज्ञात होता है कि म.प्र. में गेंहू की सकल उत्पाद मूल्य वर्ष 2004–05 में 16900 रू. प्रति हेक्टेयर था व प्रति हेक्टेयर कुल काश्त लागत 13244 रू. थी। किसानों को प्रति हेक्टेयर शुद्ध आय 3656 रू. हो रही थी। वर्ष 2006–07 में सकल उत्पाद का मूल्य बढ़कर 26822 रू. प्रति हेक्टेयर हो गया वहीं कुल काश्त लागत भी बढ़कर 17651 रू. हो गई व किसानों की शुद्ध आय 9171 रू. प्रति हेक्टेयर हो गई। वर्ष 2008–09 में सकल उत्पाद का मूल्य और बढ़कर 31777 रू. प्रति हेक्टेयर हो गया व कुल काश्त लागत 20299 रू. प्रति हेक्टेयर हो गई वहीं शुद्ध आय 11478 रू. प्रति हेक्टेयर हो गई। 2010–11

में 41728 रू. प्रति हेक्टेयर सकल उत्पाद का मूल्यथा कुल काश्त लागत 24617 रू. प्रति हेक्टेयर थी शुद्ध आय 17111 रू. प्रति हेक्टेयर हो गया। वर्ष 2012–13 में सकल उत्पाद के मूल्य 47775 रू. हो गया तथा कुल काश्त लागत 40291 रू. तथा शुद्ध आय 7484 रू. हो गई। वर्ष 2004–05 से 2012–13 तक किसानों की कुल काश्त लागत लगभग तीन गुणा बढ़ गई व कुल उत्पाद का मूल्य भी लगभग तीन गुणा बढ़ा है। इस दृष्टि से किसानों की शुद्ध आय में अधिक वृद्धि नहीं हुई है। इस गति से किसानों की काश्त लागत में वृद्धि हुई है उस गति से शुद्ध आय नहीं बढ़ी है। वर्ष 2009–10 के बाद किसानों की कुल काश्त लागत में अधिक वृद्धि देखी गई है व 2012–13 तक यह और अधिक तेज गति से बढ़ी है। इस कारण से किसानों की शुद्ध आय प्रभावित हुई है। इस तरह से गेंहू से प्राप्त शुद्ध आय संतोषजनक नहीं रही है जबकि कुल काश्त लागत में किसानों को परेशानियाँ पैदा की हैं।

तालिका क्र. 4.18

मध्यप्रदेश में चने का सकल उत्पाद मूल्य, कुल काश्त लागत एवं शुद्ध आय (चना)

वर्ष	सकल उत्पादन मूल्य	प्रति हेक्टेयर कुल काश्त लागत	शुद्ध लाभ
2004–05	14483	10072	4411
2005–06	18574	12874	5700
2006–07	22063	14174	7889
2007–08	22690	14143	8547
2008–09	21928	15243	6685
2009–10	23495	16590	7805
2010–11	23421	16512	6849
2011–12	46042	27248	18794
2012–13	36225	33384	2841

स्रोत – (1) संचालनालय आर्थिक एवं सांख्यिकी विभाग, सहकारिता एवं कृषि विभाग, कृषि मंत्रालय, भारत सरकार नई दिल्ली। (2) संचालनालय योजना आर्थिक एवं सांख्यिकी विभाग, म.प्र. शासन भोपाल।

तालिका के अवलोकन से ज्ञात होता है कि म.प्र. में रवी की एक अन्य फसल चना की कुल काश्त लागत वर्ष 2004-05 में 10072 रू. प्रति हेक्टेयर थी व सकल उत्पाद का मूल्य 14483 रू. प्रति हेक्टेयर था तथा चना से किसानों की शुद्ध आय 4411 रू. प्रति हेक्टेयर रही। वर्ष 2006-07 में सकल उत्पाद का मूल्य 22063 रू. प्रति हेक्टेयर हो गया व कुल काश्त लागत 14174 रू. प्रति हेक्टेयर हो गयी तथा किसानों की चने से प्रति हेक्टेयर शुद्ध आय 7889 रू. प्रति हेक्टेयर हो गयी। वर्ष 2008-09 में सकल उत्पाद का मूल्य 21928 रू. प्रति हेक्टेयर था तथा कुल काश्त लागत 15243 रू. प्रति हेक्टेयर थी एवं शुद्ध आय 6685 रू. प्रति हेक्टेयर थी। वर्ष 2010-11 में चना से प्राप्त सकल उत्पाद मूल्य 23421 रू. प्रति हेक्टेयर थी व कुल काश्त लागत 16572 रू. प्रति. हेक्टेयर थी किसानों की शुद्ध आय 6849 रू. प्रति हेक्टेयर थी। वर्ष 2012-13 में चना का सकल उत्पाद का मूल्य 36225 रू. थी तथा कुल काश्त लागत 33384 रू. थी चना से शुद्ध लाभ 2841 रू. मात्र था। वर्ष 2004-05 की तुलना में लगातार कृषि उत्पाद का मूल्य में वृद्धि हुई है परंतु काश्त लागत में भी अधिक वृद्धि होने से शुद्ध आय में उच्चावचन देखने को मिलता है। वर्ष 2012-13 में आश्चर्यजनक रूप से कृषि क्षेत्र में अत्याधिक लागत आने से किसानों की शुद्ध आय पूर्व के वर्षों की तुलना में बहुत ही कम हुई है। चना का सकल उत्पाद मूल्य में लगभग 2004-05 से 2012-13 तक तीन गुणा तक वृद्धि हुई है कुल काश्त लागत में भी तीन गुणा तक वृद्धि हुई है व शुद्ध आय में अधिक परिवर्तन देखने को भी मिला है। वर्ष 2011-12 में 2004-05 की तुलना में लगभग चार गुणा तक वृद्धि हुई है परंतु 2012-13 में यह आश्चर्यजनक रूप से कम होकर आधी रह गई। चने की प्रति हेक्टेयर शुद्ध आय में उच्चावचन देखने को मिला है।

तालिका क्र. 4.19

मध्यप्रदेश में धान का सकल उत्पाद मूल्य, कुल काश्त लागत एवं शुद्ध आय (धान)

वर्ष	सकल उत्पादन मूल्य	प्रति हेक्टेयर कुल काश्त लागत	शुद्ध लाभ
2004—05	10399	9786	613
2005—06	11734	9792	1942
2006—07	11970	10146	1824
2007—08	12145	10824	1321
2008—09	33448	19084	14364
2009—10	26652	18495	8157
2010—11	30195	20516	9679
2011—12	36146	24845	11301
2012—13	42690	26775	15915

स्रोत — (1) संचालनालय आर्थिक एवं सांख्यिकी विभाग, सहकारिता एवं कृषि विभाग, कृषि मंत्रालय, भारत सरकार नई दिल्ली। (2) संचालनालय योजना आर्थिक एवं सांख्यिकी विभाग, म.प्र. शासन भोपाल।

तालिका के अवलोकन से ज्ञात होता है कि म.प्र. में धान का सकल उत्पाद मूल्य वर्ष 2004—05 में 10399 रू. प्रति हेक्टेयर था व कुल काश्त लागत 9786 रू. प्रति हेक्टेयर थी तथा धान से प्राप्त शुद्ध आय 613 रू. प्रति हेक्टेयर थी। वर्ष 2006—07 में सकल उत्पाद का मूल्य बढ़कर 11970 रू. हो गया व कुल काश्त लागत 10146 रू. हो गयी व किसानों को प्राप्त शुद्ध आय 1824 रू. प्रति हेक्टेयर हो गयी। वर्ष 2008—09 में धान का सकल उत्पाद मूल्य 33448 रू. प्रति हेक्टेयर हो गया व कुल काश्त लागत 19084 रू. प्रति हेक्टेयर हो गयी वहीं किसानों को प्राप्त शुद्ध आय 14364 रू. प्रति हेक्टेयर हो गयी। वर्ष 2010—11 में कुल सकल उत्पाद का मूल्य 30195 रू. था और कुल काश्त लागत 20516 रू. हो गया व किसानों को प्राप्त शुद्ध आय पूर्व वर्षों के तुलना में कम होकर 9679 रू. प्रति हेक्टेयर हो गया।

वर्ष 2012–13 में सकल उत्पाद का मूल्य 42690 रू. प्रति हेक्टेयर था तथा कुल काश्त लागत 26775 रू. प्रति हेक्टेयर थी व किसानों को प्राप्त शुद्ध आय लगभग 15915 रू. प्रति हेक्टेयर थी। इस तरह से धान का सकल उत्पाद मूल्य में वर्ष 2004–05 से 2012–13 तक लगभग चार गुणा की वृद्धि हुई है वहीं कुल काश्त लागत में भी लगभग तीन गुणा की वृद्धि हुई है। शुद्ध आय में अधिक वृद्धि नहीं हुई इसमें प्रत्येक वर्ष उच्चावचन देखने को मिला है। सकल उत्पाद का मूल्य व कुल काश्त लागत की तुलना में आय में कम वृद्धि दृष्टिगोचर होती है।

तालिका क्र. 4.20

मध्यप्रदेश में सोयाबीन का सकल उत्पाद मूल्य, कुल काश्त लागत एवं शुद्ध आय (सोयाबीन)

वर्ष	सकल उत्पादन मूल्य	प्रति हेक्टेयर कुल काश्त लागत	शुद्ध लाभ
2004–05	13568	10517	3051
2005–06	13687	10489	3198
2006–07	14935	10997	3938
2007–08	19460	13472	5988
2008–09	20230	15135	5095
2009–10	28998	18782	10216
2010–11	31638	19901	11737
2011–12	26642	19530	7112
2012–13	27255	24515	2740

स्रोत – (1) संचालनालय आर्थिक एवं सांख्यिकी विभाग, सहकारिता एवं कृषि विभाग, कृषि मंत्रालय, भारत सरकार नई दिल्ली। (2) संचालनालय योजना आर्थिक एवं सांख्यिकी विभाग, म.प्र. शासन भोपाल।

तालिका के अवलोकन से ज्ञात होता है कि वर्ष 2004–05 में सकल उत्पाद मूल्य 15568 रू. प्रति क्विंटल व सोयाबीन की कुल काश्त लागत 10517 रू. प्रति क्विंटल थी

किसानों को सोयाबीन से प्राप्त शुद्ध आय 3051 रू. प्रति हेक्टेयर थी। वर्ष 2006–07 में सोयाबीन का सकल उत्पाद मूल्य 14935 रू. प्रति हेक्टेयर हो गया व कुल काश्त लागत 10997 रू. प्रति हेक्टेयर हो गई तथा किसानों को प्राप्त शुद्ध आय 3938 रू. प्रति हेक्टेयर हो गई। वर्ष 2008–09 में सोयाबीन का सकल उत्पाद मूल्य 20230 रू. प्रति हेक्टेयर था तथा कुल काश्त लागत 15135 रू. प्रति हेक्टेयर हो गई एवं किसानों को प्राप्त शुद्ध आय 5095 रू. प्रति हेक्टेयर हो गई। 2010–11 में सोयाबीन का सकल उत्पाद मूल्य 31638 रू. प्रति हेक्टेयर था कुल काश्त लागत 19901 रू. प्रति हेक्टेयर थी व किसानों को प्राप्त शुद्ध आय 11737 रू. प्रति हेक्टेयर हो गई जो पूर्व के वर्णों की तुलना में सर्वाधिक रही। परंतु वर्ष 2012–13 में सकल उत्पाद का मूल्य कम होकर 27255 रू. हो गया व कुल काश्त लागत बढ़कर 24515 रू. हो गयी व किसानों को प्राप्त शुद्ध आय कम होकर 2740 रू. प्रति हेक्टेयर रह गयी। इस तरह से हम कह सकते है कि सोयाबीन का सकल उत्पाद मूल्य में भी वृद्धि हुई व कुल काश्त लागत भी लगभग ढाई गुणा तक बढ़ गई परंतु किसानों को प्राप्त शुद्ध आय में अधिक वृद्धि नहीं हुई इसमें नाममात्र की ही वृद्धि देखने को मिलती है। सोयाबीन का उत्पादन तो बढ़ा है परंतु लागतों में वृद्धि के कारण शुद्ध आय में अधिक परिवर्तन नहीं हुआ।

तालिका क्र. 4.21

मध्यप्रदेश प्रमुख फसलों से प्राप्त शुद्ध जोत आय एवं जोत व्यवसाय आय

वर्ष	शुद्ध जोत आय	जोत व्यवसाय आय
गेंहू	3435	12198
चना	796	12997
धान	19321	24190
सोयाबीन	515	7154

स्रोत – सूत्र द्वारा आंकलित।

तालिका के अवलोकन से ज्ञात होता है कि म.प्र. में वर्ष 2012–13 में प्रमुख फसलों से प्राप्त आय में भिन्नता देखी गई है। गेंहू से प्राप्त शृद्ध जोत आय 3435 रू. प्रति हेक्टेयर

थी शुद्ध जोत आय सकल उत्पाद के मूल्य में से शुद्ध काश्त लागत C_2 के घटाने से प्राप्त होती है वहीं जोत व्यावसाय आय 12198 रू. प्रति हेक्टेयर थी जोत व्यावसाय आय सकल उत्पाद के मूल्य में से लागत A_2 घटाने से प्राप्त होती हैं गेंहू की शुद्ध जोत आय जोत व्यावसाय आय से तीन गुणा तक कम देखी गई वहीं चना की शुद्ध जोत आय गेंहू की तुलना में कम है यह 796 रू. प्रति हेक्टेयर व जोत व्यावसाय आय लगभग 12997 रू. प्रति हेक्टेयर गेंहू की जोत व्यावसाय आय से अधिक देखी गई। खरीफ की फसलों में प्रमुख फसल धान की शुद्ध जोत आय 19321 रू. प्रति हेक्टेयर थी जबकि सोयाबीन की शुद्ध जोत आय 515 रू. प्रति हेक्टेयर थी। वहीं दूसरी ओर जोत व्यावसाय आय 24190 धान की फसल की थी व सोयाबीन की जोत व्यावसाय आय 7154 रू. प्रति हेक्टेयर थी। सोयाबीन की तुलना में धान की आय अधिक देखी गई। यह लगभग तीन गुणा तक अधिक थी।

तालिका क्र. 4.22

प्रमुख फसलों का आगत – निर्गत अनुपात

वर्ष	गेंहूँ	चना	सोयाबीन	धान
2004–05	1.27	1.44	1.29	1.06
2005–06	1.38	1.44	1.30	1.19
2006–07	1.51	1.55	1.35	1.17
2007–08	1.61	1.60	1.44	1.12
2008–09	1.56	1.43	1.33	1.75
2009–10	1.54	1.41	1.54	1.44
2010–11	1.69	1.41	1.58	1.45
2011–12	1.72	1.68	1.36	1.45
2012–13	1.18	1.08	1.11	1.59

स्रोत – सूत्र द्वारा आंकलित।

तालिका के अवलोकन से ज्ञात होता है कि म.प्र. में गेंहू की फसल का आगत–निर्गत अनुपात जो वर्ष 2004–05 में 1.27 था वर्ष 2006–07 में 1.51, 2008–09 में 1.56 तथा 2010–11 में 1.69 था। वर्ष 2012–13 में यह 1.18 था। पूर्व वर्षों की तुलना में इसमें उच्चावचन देखने को मिला है। चना का आगत निर्गत अनुपात 1.44 वर्ष 2004–05 में था वर्ष 2006–07 में यह 1.55, वर्ष 2008–09 में 1.43 तथा 2010–11 में 1.41 था। वर्ष 2012–13 में 1.08 था। चना का आगत–निर्गत अनुपात पूर्व वर्षों की तुलना में कम हुआ है। दूसरी ओर खरीफ की फसलों में सोयाबीन का आगत–निर्गत अनुपात वर्ष 2004–05 में 1.29 था 2006–07 में 1.35, 2008–09 में 1.54 तथा 2010–11 में 1.58 था। वर्ष 2012–13 में यह 1.11 था। वहीं धान का आगत निर्गत अनुपात 2004–05 में 1.06 व 2006707 में 1.17, 2008–09 में 1.75 व 2010–11 में यह 1.45 या 2012–13 में धान का आगत निर्गत अनुपात 1.59 था। धान के आगत–निर्गत अनुपात में बढ़ने की प्रवृत्ति पाई गयी है।

सर्वेक्षित जिलें में कृषि लागतें एवं प्रतिफल

लागत व आय के अनुमान हेतु जिले की प्रत्येक तहसील से दो गांव प्रतिनिधि गांव के रूप में अध्ययन हेतु चयन किया गया। चयनित प्रत्येक गांवों से पांच किसानों का अध्ययन किया। अध्ययन में सर्वेक्षित ग्रामों में सकल उत्पादन के मूल्य में अंतर देखने को मिला। प्रति हेक्टेयर कुल काश्त लागत व शुद्ध आय में भी अंतर दृष्टिगत होता है। जिले की प्रत्येक तहसील में लगभग 43650 सकल उत्पाद मूल्य देखा गया।

तालिका क्र. 4.23

औसत सकल उत्पाद मूल्य, लागत A_2 और प्रति हेक्टेयर शुद्ध आय

(इकाई रूपये में)

क्र.	सर्वेक्षित तहसील	सकल उत्पाद मूल्य / हेक्ट.	लागत A_2 (प्रति हेक्टेयर कुल काश्त लागत)	शुद्ध आय
1	हटा	43650	42248	1402
2	दमोह	43650	42262	1388
3	पथरिया	43650	42267	1383
4	तेन्दुखेड़ा	43650	42283	1367
5	पटेरा	43650	42257	1393
6	बटियागढ़	43650	42275	1375
7	जबेरा	43650	42240	1410

स्रोत – स्वयं के सर्वेक्षण पर आधारित।

नोट – 5 प्रतिशत सार्थकतास्तर पर T (Calculated value) 2.40 < T (Tabulated value) 2.44 है, अतः शून्य परिकल्पना स्वीकार्य है।

तालिका के अवलोकन से ज्ञात है कि सिचिंत क्षेत्र में सकल उत्पाद मूल्य 43650 रूपये प्रति हेक्टेयर है। सिचिंत क्षेत्र की लागत असिचिंत क्षेत्र की तुलना में लगभग 12500 रूपये कम आती है। जिले में सिचिंत क्षेत्र में सर्वाधिक लागत तेन्दुखेड़ा में आंकलित की गई। लागत में अन्य तहसीलों की तुलना में ज्यादा अंतर देखने को नहीं मिलता है। लागत में अंतर का प्रमुख कारण गॉव की तहसील मुख्यालय से दूरी है। जवेरा में सिचिंत क्षेत्र में शुद्ध आय लगभग 1410 रूपये आकलित की जिले में सर्वाधिक है।

तालिका क्र. 4.24

संचालित जोतों की औसत सकल उत्पाद मूल्य, लागत A_2 (प्रति हेक्टेयर कुल काश्त लागत) और शुद्ध आय प्रति हेक्टेयर (सिचिंत भूमि)

(इकाई रूपये में)

क्र.	वर्ग	सकल मूल्य उत्पाद	लागत A_2 (प्रति हेक्टेयर कुल काश्त लागत)	शुद्ध आय
1	वृहत	43650	38781	4869
2	मध्यम	43650	40181	3469
3	लघु	43650	41748	1902
4	सीमांत	43650	42598	1052

स्रोत – स्वयं के सर्वेक्षण पर आधारित।

नोट – 5 प्रतिशत सार्थकतास्तर पर T (Calculated value) 1.67 < T (Tabulated value) 3.18 है, अतः शून्य परिकल्पना स्वीकार्य है।

तालिका के अवलोकन से ज्ञात होता है कि विभिन्न कृषक वर्गो में लागत व आय का औसत मूल्य सर्वेक्षित ग्रामों के आधार पर निकाला गया। कृषक वर्गों में औसत सकल उत्पाद मूल्य लगभग 43650 रूपये प्रति हेक्टेयर पाया गया। इन कृषक वर्गो में लागत में विभिन्नता देखी गई। बड़े किसानों की लागत छोटे किसानों की तुलना में कम है। जहां बड़े किसान की औसत लागत का मूल्य 38781 रूपये प्रति हेक्टेयर है वहीं सीमांत किसान 42598 रूपये प्रति हेक्टेयर लागत मूल्य अदा करता है। अर्द्धमध्यम किसान की लागत 40181 रूपये है, लघु किसान 41748 रूपये प्रति हेक्टेयर लागत मूल्य चुकाता है। कृषि में सर्वाधिक लाभ बड़े किसान को देखा गया, इनकी शुद्ध आय 4869 रूपये प्रति हेक्टेयर देखी गई वहीं सीमांत किसान की शुद्ध आय 1052 रूपये प्रति हेक्टेयर है।

तालिका क्र. 4.25

प्रमुख फसलों से वर्गवार शुद्ध आय प्रति हेक्टेयर

(इकाई रूपये में)

क्र.	वर्ग	गेंहू	चना	सोयाबीन
1	वृहत	5311	3444	1895
2	मध्यम	4111	2444	1695
3	लघु	2461	1844	1495
4	सीमांत	461	1444	495

स्रोत – स्वयं के सर्वेक्षण पर आधारित।

नोट – 5 प्रतिशत सार्थकतास्त्तर पर T (Calculated value) 1.64 < T (Tabulated value) 3.18 है, अतः शून्य परिकल्पना स्वीकार्य है।

तालिका के अवलोकन से ज्ञात होता है कि सर्वेक्षित ग्रामों में प्रमुख फसलों में गेंहू चना और सोयाबीन का ही प्रमुखतः उत्पादन होता है। फसलवार शुद्ध आय में भी विभिन्न वर्गों में विभिन्नता देखने को मिलती है। बड़े किसान प्रत्येक फसल में अधिक लाभ कमाता है, जहां गेंहू में 5311 रूपये प्रति हेक्टेयर चना में 3444 रूपये प्रति हेक्टेयर तथा सोयाबीन में 1895 रूपये प्रति हेक्टेयर तक शुद्ध आय मिलती है। वहीं सीमांत किसान सोयाबीन में 461 रूपये प्रति हेक्टेयर, बड़े किसान से तुलनात्मक रूप से लगभग 13 गुना कम है। चने में सीमांत किसानों की शुद्ध आय 1144 रूपये प्रति हेक्टेयर देखने को मिलती है। प्रत्येक कृषक वर्ग सिंचित भूमि में अधिक लाभ कमाता है असिंचित में कम आय होती है।

तालिका क्र. 4.26

प्रमुख फसलों में प्रति हेक्टेयर कुल काश्त लागत (लागत A_2) में अंतर

(इकाई रूपये में)

क्र.	सर्वेक्षित तहसील	गेंहू	चना	सोयाबीन
1	हटा	44758	39765	37253
2	पथरिया	44745	39761	37232
3	दमोह	44739	39756	37225
4	तेन्दुखेड़ा	44758	39776	37271
5	पटेरा	44749	39766	37264
6	बटियागढ़	44756	39783	37217
7	जबेरा	44730	39780	37245

स्रोत – स्वयं के सर्वेक्षण पर आधारित।

तालिका के अवलोकन से ज्ञात होता है कि सर्वेक्षित गांवों में प्रमुख फसलों की लागतों में विभिन्नता देखने को मिलती है। सिंचित व असिंचित क्षेत्र की लागत में अंतर है। सिंचित क्षेत्र में गेंहू की लागत अधिक है। सर्वाधिक हटा एवं तेन्दुखेडा तहसील में 44758 रूपये प्रति हेक्टेयर और सबसे कम जवेरा तहसील में 44730 रूपये प्रति हेक्टेयर है। असिंचित में भी 29973 रूपये प्रति हेक्टेयर दमोह तहसील में है। वहीं चना की लागत सिंचित क्षेत्र में सर्वाधिक बटियागढ़ तहसील में है जो 39783 रूपये प्रति हेक्टेयर व असिचिंत क्षेत्र में 39468 रूपये प्रति हेक्टेयर पटेरा में है। पथरिया तहसील में चने की लागत तुलनात्मक रूप से कम है यह क्रमशः 39761 व 29439 रूपये प्रति हेक्टेयर है।

तालिका क्र. 4.27

प्रमुख फसलों से प्रति हेक्टेयर शुद्ध लाभ

(इकाई रूपये में)

क्र.	सर्वेक्षित तहसील	गेंहू	चना	सोयाबीन
1	हटा	1342	1544	1467
2	पथरिया	1355	1514	1498
3	दमोह	1361	1544	1495
4	तेन्दुखेड़ा	1342	1524	1449
5	पटेरा	1351	1534	1456
6	बटियागढ़	1344	1517	1473
7	जबेरा	1370	1520	1475

स्रोत – स्वयं के सर्वेक्षण पर आधारित।

नोट – 5 प्रतिशत सार्थकतास्तर पर T (Calculated value) 1.6 < T (Tabulated value) 2.44 है, अतः शून्य परिकल्पना स्वीकार्य है।

तालिका के अवलोकन से ज्ञात होता है कि सर्वेक्षित ग्रामों में शुद्ध आय में विभिन्नता दृष्टिगत होती है। गेंहू में सिंचित क्षेत्र में हटा तहसील में लगभग 1242 रूपये प्रति हेक्टेयर है। पथरिया में भी यह 1395 है। जबकि दमोह में 1361 रूपये प्रति हेक्टेयर शुद्ध आय है। चना में असिंचित भूमि पर कम मात्रा में शुद्ध आय प्राप्त हो रही है। तेन्दुखेड़ा, बटियागढ़ व जबेरा में सिंचित भूमि पर भी लगभग 1534, 1517, 1520 रूपये आय प्राप्त हो रही है। चना में सर्वाधिक शुद्ध आय हटा एवं दमोह तहसील में 1544 रूपये प्रति हेक्टेयर देखने को मिली। सिचिंत क्षेत्र की आय असिंचित क्षेत्र की तुलना में अधिक है। गेहूँ में सिंचित क्षेत्र से प्राप्त आय असिंचित क्षेत्र की तुलना में लगभग 3 गुना अधिक है।

तालिका क्र. 4.28

कुल उत्पादन लागत प्रति क्विंटल

(इकाई रूपये में)

क्र.	सर्वेक्षित तहसील	गेंहू	चना
1	हटा	1597	2959
2	पथरिया	1597	2959
3	दमोह	1597	2959
4	तेन्दुखेड़ा	1597	2960
5	पटेरा	1597	2959
6	बटियागढ़	1597	2961
7	जबेरा	1596	2961

स्रोत – स्वयं के सर्वेक्षण पर आधारित।

तालिका के अवलोकन से ज्ञात है कि सर्वेक्षित ग्रामों में प्रति क्विंटल उत्पादन लागत प्रमुख फसलों में अलग–अलग है। ग्रामों के अंतर्गत लागत में विशेष अंतर देखने को नहीं मिलता व फसलों के अंतर्गत लागत में विभिन्नता दृष्टिगत हो रही है। हटा में सिंचित गेंहू की कुल उत्पादन लागत 1597 रूपये प्रति क्विंटल है। यह पटेरा में है। सिंचित क्षेत्र में दमोह व तेन्दुखेड़ा में यह 1597 रूपये प्रति क्विंटल है चना की उत्पादन लागत 2959 रूपये प्रति क्विंटल दमोह तहसील में है। असिंचित भूमि पर यह 3073 रूपये प्रति क्विंटल है। कुल उत्पादन लागत सिंचित क्षेत्र में असिचिंत क्षेत्र की तुलना में कम है। गेहूँ में सिचिंत क्षेत्र की कुल उत्पादन लागत असिचिंत क्षेत्र की तुलना में कम है। चना में सिचिंत क्षेत्र की कुल उत्पादन लागत असिचिंत क्षेत्र की प्रति क्विंटल कुल उत्पादन लागत से कम है।

तालिका क्र. 4.29

तुलनात्मक अंतर प्रति हेक्टेयर

(इकाई रूपये में)

क्षेत्र	सकल मूल्य उत्पाद (GVO)	लागत A_2 प्रति हेक्टेयर कुल काश्त लागत	शुद्ध आय	आगत–निर्गत अनुपात
दमोह*	43650	42248	1402	1.03
मध्यप्रदेश#	42000	40900	1100	1.02

स्रोत – *स्वयं के सर्वेक्षण पर आधारित। #सीएसीपी रिपोर्ट (म.प्र.)

तालिका के अवलोकन से ज्ञात होता है कि दमोह जिले में औसत सकल उत्पाद मूल्य 43650 रूपये प्रति हेक्टेयर है जो म.प्र. के 42000 रूपये प्रति हेक्टेयर से अधिक है। प्रति हेक्टेयर कुल काश्त लागत (A_2) जिले में 42248 रूपये प्रति हेक्टेयर है वहीं म.प्र. में यह 40900 रूपये प्रति हेक्टेयर है। कुल उत्पाद मूल्य अधिक है परन्तु लागत भी अधिक है। प्रति हेक्टेयर शुद्ध आय जिले में 1402 रूपये प्रति हेक्टेयर है जो म.प्र. के 1100 रूपये प्रति हेक्टेयर से अधिक है।

तालिका क्र. 4.30

गेंहू का उत्पादन (क्विंटल प्रति हेक्टेयर)

वर्ग	हटा	दमोह	पथरिया	पटेरा	बटियागढ़	जबेरा	तेन्दूखेडा	समानांतर माध्य
सीमांत	16	17	14	15	13	16	14	15
लघु	25	25	24	23	21	27	28	24.71
मध्यम	26	26	28	27	22	24	25	25.42
वृहत	27	28	23	25	26	24	25	25.72

नोट – प्रसरण अनुपात का तालिका मूल्य (F_0.5 for $V_1 = 3, V_2 = 24$) = 3.01 है। F का परिकलित मूल्य 41.65 है जो तालिका मूल्य से अधिक है। अतः अंतर सार्थक है।

तालिका के अवलोकन से ज्ञात होता है कि वृहत व मध्यम वर्गीय किसान एक एकड़ भूमि पर अधिक उत्पादन प्राप्त करते हैं जबकि सीमांत व लघु किसान कम उत्पादन प्राप्त कर पाते हैं जिसका प्रमुख कारण भूमि, बीज व कृषि आदानों के उपयोग में भिन्नता है। सीमांत किसानों की उत्पादकता वृहत किसानों की तुलना में कम है सीमांत कृषक जहां एक हेक्टेयर भूमि पर 15 क्विंटल गेंहू का उत्पादन करता है वही वृहत किसान 25.72 क्विंटल और मध्यम वर्गीय किसान 25.42 क्विंटर उत्पादन करता है। लघु कृषक भी लगभग 24.71 क्विंटल प्रति हेक्टेयर उत्पादन करता हैं। उत्पादन में विभिन्नता भूमि की प्रकृति, बीज की किस्म और आधुनिक कृषि तकनीक की निरंतरता पर निर्भर करती है।

स्पष्ट है कि किसानों को सकारात्मक शुद्ध आय केवल एक हेक्टेयर से अधिक की भू जोतों से ही प्राप्त होती है। इस आय के आधार पर सभी संसाधनों और व्यय के बीच विभिन्नता को दर्शाया गया है। इससे पता चलता है कि सीमांत जोतें इतनी छोटी हैं कि उनके द्वारा कृषकों को पर्याप्त आय नहीं हो रही है।

भूमि सुधार के बेहतर कदम उठाये जाने के साथ ही काश्तकारी कानूनों में सुधार किया जा सकता है। भारत के अधिकांश राज्यों में काश्तकारी की कानूनी तौर पर अनुमति नहीं हैं काश्तकारी को कानूनी दर्जा दिये जाने से कृषि के प्रभावी समेकन से मदद मिलेगी। इसके द्वारा लोगों को मालिकाना हक भी मिलेगा। भू-अभिलेखों को अद्यतन व अंकीकृत किया जाए। कृषि लागत एवं मूल्य आयोग ने भूमि बैंक संबंधी मुद्दे का भी सुझाव दिया है जिसमें कृषक छोटे-छोटे टुकड़ों को पट्टे पर देने के लिए जमा कर सकते हैं। इससे ऐसी आशा की जा सकती है कि प्रचालन भू-जोतों का समेकन होगा जिसके द्वारा देश की विखण्डित कृषि भू-जोतों के गिरते हुए आकार का समाधान होगा।

अध्याय—5

कृषि कीमत प्रवृत्ति एवं न्यूनतम समर्थन मूल्य

कृषि वस्तुओं की कीमतों में तेज वृद्धि एवं अधिक उच्चावचन से कृषकों व उपभोक्ताओं को संकट का सामना करना पड़ता है। किसी भी फसल की कीमत में अत्यधिक कमी से उसके उत्पादक हतोत्साहित होते हैं। उनकी आय में तेजी से कमी होती है और अगले वर्ष वे उस फसल का उत्पादन नहीं करते हैं। इस कारण से पूर्ति मांग की अपेक्षा कम हो जाती है। यदि कृषि वस्तु के उपयुक्त भंडार नहीं हैं तब इस अंतराल को पूरा करने के लिए सरकार को आयात करने पडेगें। इसके विपरीत यदि किसी फसल की कीमत किसी वर्ष बहुत बढ़ जाती है तो उपभोक्ताओं पर बुरा प्रभाव पड़ता है। यदि यह वस्तु उपभोग की आवश्यक वस्तु है तो उपभोक्ता उसे खरीदने के लिए अन्य वस्तुओं के खर्च कम करना पड़ेगा। इसका अर्थव्यवस्था के अन्य क्षेत्रों के विकास पर बुरा प्रभाव पड़ेगा। न्यूनतम समर्थन कीमतों तथा वसूली कीमतों का निर्धारण करते समय सरकार को इस बात का ध्यान रखना चाहिए कि उत्पादकों को उत्पादन करने की प्रेरणा बनी रहे, अर्थात कीमत ऐसे स्तर पर निर्धारित की जाए जो किसानों को और ज्यादा उत्पादन करने के लिए प्रेरित कर सकें। कृषि क्षेत्र में केवल आय व कीमत स्थिरीकरण उद्देश्य नहीं है अपितु इसका प्रयोग संवृद्धि के एक अस्त्र के रूप में करना है।

योजनाकाल में भारत में कृषि मूल्यों में परिवर्तनों के अध्ययन से ज्ञात होता है कि कृषि मूल्यों में स्थिरता नहीं रही हैं। प्रथम योजना में जहां कृषि मूल्य 23 प्रतिशत गिरे वहीं इसके बाद के वर्षों में खाद्यान्न के मूल्यों में 6–10 प्रतिशत वार्षिक की वृद्धि हुई। कृषि मूल्यों में परिवर्तन की इस प्रवृत्ति से संपूर्ण देश की अर्थव्यवस्था प्रभावित हुई। सरकार कृषि मूल्यों को स्थायित्व प्रदान करने तथा मूल्यों में होने वाले परिवर्तनों के प्रभावों को कम करने के उद्देश्य से प्रतिवर्ष न्यूनतम समर्थन मूल्य एवं निकासी मूल्य घोषित करती है। यहां यह उल्लेखनीय है कि कृषि उत्पादनों के मूल्यों में परिवर्तन अनेक कारणों से होते हैं जैसे कृषि उत्पादन में परिवर्तन, उपभोग में कमी या वृद्धि सट्टेबाजी की प्रवृत्ति, व्यापार चक्र, आयात–निर्यात आदि। कृषि मूल्य नीति के अंतर्गत

इन्हीं करणों का अध्ययन किया जाता है तथा उन उपायों को अपनाया जाता है जिससे मूल्यों को स्थिरता प्रदान की जा सके। कृषि वस्तुओं के मूल्य में स्थिरता रहने से जहां एक ओर कृषकों को उन्नत खेती के लिए प्रोत्साहन मिलता है वहीं दूसरी और आर्थिक विकास को गति मिलती है। इससे बचत, विनियोग व पूंजी निर्माण को पर्याप्त सहयोग मिलता है। कृषि मूल्यों में स्थिरता के प्रमुख उद्देश्य निम्न हैं–

1. कृषिगत वस्तुओं की मांग और पूर्ति में संतुलन बनाये रखना।
2. कृषि द्वारा उत्पादित वस्तुओं और कृषि के लिए उत्पादित वस्तुओं के मूल्यों में उचित संबंध स्थापित करना।
3. औद्योगिक क्षेत्र में कच्चे माल के रूप में प्रयोग किये जाने वाले कृषि उत्पादन में वृद्धि करना।
4. खाद्यान्नों और व्यापारिक फसलों के उत्पादन में उचित संतुलन बनाये रखना।
5. कृषकों को अपनी वस्तुओं का लाभदायक मूल्य उपलब्ध कराना।
6. उपभोक्ताओं को उचित कीमत पर खाद्यान्न उपलब्ध कराना।

न्यूनतम समर्थन मूल्य – कृषकों द्वारा बेची जाने वाली समस्त कृषिगत उत्पादन को खरीदने के लिए सरकार तैयार रहती है उस मूल्य को न्यूनतम समर्थन मूल्य या वसूली मूल्य कहते हैं।

सरकार समर्थन मूल्य पर कृषकों को कृषिगत उत्पादन बेचने के लिए बाध्य नहीं करती। सरकार द्वारा न्यूनतम समर्थन मूल्य घोषित करने के बाद भी किसान अपनी उपज बाजार में बेचने के लिए स्वतंत्र रहता है। न्यूनतम समर्थन मूल्य के प्रमुख लाभ निम्न हैं–

1. **कृषकों को लाभ** : जब बाजार भाव न्यूनतम समर्थन मूल्य से नीचे गिरते हैं तो सरकार कृषकों के संपूर्ण उत्पादन को न्यूनतम समर्थन मूल्य पर क्रय कर लेती है इससे वे हानि से बच जाते हैं। इससे उत्पादकों के हितों की रक्षा होती है।
2. **अनिश्चितता रोकना** : सरकार द्वारा न्यूनतम समर्थन मूल्य घोषित करने से बाजारगत अनिशिचितता दूर हो जाती है।
3. **उत्पादन का निर्णय** : इस नीति से कृषक विभिन्न वस्तुओं के उत्पादन का निर्णय लेने की स्थिति में होता है। वह ऊँचे समर्थन मूल्य वाली वस्तु का अधिक मात्रा में उत्पादन कर सकता है।
4. **विशाल भण्डार** : अधिक उत्पादन होने की दशा में न्यूनतम समर्थन मूल्य पर क्रय करके सरकार विशाल अनाज भंडारों का निर्माण कर सकती है।

5. **बाजार मूल्यों पर नियंत्रण** : सरकार न्यूनतम समर्थन मूल्यों पर कृषिगत वस्तुएं क्रय करके उनके मूल्य एक स्तर से नीचे गिरने से रोकती है। इसी प्रकार एक स्तर से अधिक मूल्य बढ़ने पर अपने सुरक्षित भंडारों से माल बेचकर उन्हें बढ़ने से भी रोकती है। इस प्रकार सरकार बाजार मूल्यों पर आसानी से नियंत्रण रख सकती है।

निकासी मूल्य – जिस मूल्य पर सरकार केन्द्रीय भंडारों से सार्वजनिक वितरण प्रणाली अथवा रोलर आटा मिलों के लिए अनाज प्रदान करती है उसे निकासी मूल्य कहते हैं। ये मूल्य सामान्यतः बाजार मूल्य से नीचे होते हैं।

निकासी मूल्य का प्रभाव –

1. **निकासी मूल्य और राशन की दुकानों का मूल्य** – राशन की दुकानों के खुदरा मूल्य निकासी मूल्यों से ऊँचे होते हैं। अतः निकासी मूल्य बढ़ने पर राशन की दुकानों के खुदरा मूल्य भी बढ़ जाते हैं।
2. **निकासी मूल्य एवं न्यूनतम समर्थन मूल्य** – यदि सरकार द्वारा निकासी मूल्य स्थिर रखकर न्यूनतम समर्थन मूल्य बढ़ाये जाते हैं तो इससे आर्थिक सहायता राशि बढ़ानी पड़ती हैं।

न्यूनतम समर्थन मूल्य की घोषणा सरकार द्वारा प्रत्येक मौसम में की जाती है। प्रमुख कृषि पदार्थो की कीमतें एक विशेष स्तर से नीचे न गिरें तथा छोटे व सीमांत कृषकों को ध्यान में रखकर सरकार न्यूनतम समर्थन मूल्य निर्धारित करती हैं। जहाँ कहीं भी आवश्यक होता है तो सरकारी, नामित एजेंसियों, सार्वजनिक समितियों के माध्यम से खरीद भी करती है। कृषि लागत एवं मूल्य आयोग विभिन्न कृषि पदार्थों की समर्थन मूल्य पर फैसला करती है। समर्थन मूल्य के निर्धारण में कृषि लागत एवं मूल्य आयोग राज्य सरकारों, केन्द्रीय मंत्रालयों के साथ अन्य प्रासांगिक कारकों पर विचारोपरांत मूल्य निर्धारित करती है। समर्थन मूल्य की घोषणा फसलीय मौसम के पहले कर दी जाती है जिससे किसान फसलों का चयन कर आगे की बुआई कर सकें। न्यूनतम समर्थन मूल्य और अन्य गैर कीमत उपायों के स्तर के संबंध में सिफारशें तैयार करने में आयोग एक वस्तु या वस्तुओं के समूह के संबंध में अर्थव्यवस्था की संरचना का निम्न बातों को ध्यान में रखकर दृष्टिकोण अपनाता है–

1. उत्पादन की लागत
2. आदान कीमतों में परिवर्तन
3. आगत–निर्गत मूल्य समता
4. बाजार कीमतों की प्रवृत्ति
5. मांग एवं पूर्ति
6. अंतरफसलीय कीमत समता
7. औद्योगिक लागत ढांचे पर प्रभाव
8. जीवनयापन की लागत पर प्रभाव
9. अंतर्राष्ट्रीय कीमत स्थिति
10. भुगतान कीमतों और किसानों द्वारा प्राप्त कीमतों के मध्य समानता
11. मुद्दा कीमतों और आर्थिक सहायता के क्रियान्वयन पर प्रभाव

कृषि लागत न्यूनतम समर्थन मूल्य के निर्धारण में महत्वपूर्ण भूमिका अदा करती है। कृषि लागत कृषि एवं सहकारिता मंत्रालय भारत सरकार के आर्थिक एवं सांख्यिकीय संचालनालय द्वारा की गई गणना पर आधारित होती है। यह गणना उत्पादन के वास्तविक साधनों के साथ सभी वास्तविक व्यय जो एक किसान द्वारा उत्पादन हेतु किये जाते है शामिल होते हैं।

तालिका क्र. 5.1

मध्यप्रदेश में प्रमुख फसलों का न्यूनतम समर्थन मूल्य (रु. प्रति क्वि.)

फसलों के नाम	2008–09	2009–10	2010–11	2011–12	2012–13	2013–14
धान	880	1080	1080	1110	1280	1345
मक्का	840	840	880	980	1175	1310
गेंहू	1000	1130	1200	1220	1285	1350
चना	1600	1760	2100	2800	3000	3100
सोयाबीन	1390	1390	1440	1690	2240	2560

स्रोत – खाद्य एवं नागरिक आपूर्ति विभाग और कृषि संचालनालय म.प्र.।

तालिका के अवलोकन से ज्ञात होता है कि धान का न्यूनतम समर्थन मूल्य 2008–09 में 880 रूपये प्रति क्विंटल था जो 2009–10 में बढ़कर 1080 रूपये प्रति क्विंटल हो गया तथा 2013–14 में बढ़कर 1345 रूपये प्रति क्विंटल हो गया। मक्का का समर्थन मूल्य 2008–09 में 840 रूपये प्रति क्विंटल से बढ़कर 2013–14 में 1310 रूपये प्रति क्विंटल हो गया। गेंहू का समर्थन 2008–09 में 1000 रूपये प्रति क्विंटल था जो 2013–14 में बढ़कर 1350 रूपये प्रति क्विंटल हो गया। वर्ष 2008–09 में चने का समर्थन मूल्य 1600 रूपये प्रति क्विंटल था जो 2013–14 में लगभग दोगुना हो गया यह 3100 रूपये प्रति क्विंटल हो गया। सोयाबीन 2008–09 में 1390 रूपये प्रति क्विंटल से बढ़कर 2013–14 में 2560 रूपये प्रति क्विंटल हो गया। विभिन्न फसलों के समर्थन मूल्य में वृद्धि देखी गई जो यह स्पष्ट करता है कि सरकार ने मूल्यों में व लागत में हो रही वृद्धि के साथ–साथ मंहगें कृषि निवेश को भी ध्यान में रखा है।

तालिका क्र. 5.2

मध्यप्रदेश में चावल और गेंहू के न्यूनतम समर्थन मूल्य की प्रवृत्ति

वर्ष	चावल का उपनति मूल्य	गेंहू का उपनति मूल्य
2007–08	918	1037.85
2008–09	1002.60	1101.75
2009–10	1087	1165.55
2010–11	1171.40	1229.45
2011–12	1255.79	1293.25
2012–13	1340.21	1357.15
N = 6	Yc = 6775	Yc = 7185

स्रोत – तालिका क्र. 5.1 के आधार पर ज्ञात किया गया है।

तालिका के अवलोकन से स्पष्ट है कि चावल और गेंहू के न्यूनतम समर्थन मूल्यों में बढ़ने की प्रवृत्ति देखी गई है। चावल का उपनति मूल्य 2007–08 में जहां 918 रूपये प्रति क्विंटल था यह 2012–13 में 1340.21 रूपये प्रति क्विंटल देखा गया दीर्घकाल में

इसकी बढ़ने की प्रवृत्ति है। दूसरी ओर गेंहू की मूल्य में भी वृद्धि की प्रवृत्ति परिलक्षित होती है यह 2007–08 में 1037.85 रूपये प्रति क्विंटल से बढ़कर 2012–13 में 1357.12 रूपये प्रति क्विंटल देखी गई। चावल और गेंहू की प्रवृत्ति बढ़ती हुई है परन्तु गेंहू की तुलना में चावल के मूल्यों में अधिक वृद्धि की प्रवृत्ति है।

तालिका क्र. 5.3

मध्यप्रदेश में प्रमुख फसलों का कटाई मूल्य (रु. प्रति क्वि.)

फसल	2008–09	2009–10	2010–11	2011–12	2012–13
चावल	1583	1602	1606	1710	1730
मक्का	762	851	918	990	1000
तुअर	2724	3546	3514	3580	3588
गेंहू	1149	1236	1166	1206	1240
चना	2151	2005	2281	2310	2370

स्रोत – खाद्य एवं नागरिक आपूर्ति विभाग और कृषि संचालनालय म.प्र.।

तालिका के अवलोकन से ज्ञात होता है कि विभिन्न फसलों की कटाई मूल्य (FHP) में वृद्धि दृष्टिगोचर होती है। वर्ष 2008–09 में चावल का कटाई मूल्य 1583 रूपये प्रति क्विंटल था जो 2012–13 में बढ़कर 1730 रूपये प्रति क्विंटल हो गया। वर्ष 2009–10 की तुलना में 2010–11 में कटाई मूल्य में नाममात्र की वृद्धि देखी गई। मक्का जहां 2008–09 में 762 रूपये प्रति क्विंटल था वहीं 2012–13 में बढ़कर 1000 रूपये प्रति क्विंटल हो गया। तुअर 2724 रूपये प्रति क्विंटल थी जो बढ़कर 2012–13 में 3588 रूपये प्रति क्विंटल हो गई। वर्ष 2008–09 में गेंहू का मूल्य 1149 रूपये प्रति क्विंटल व चने का मूल्य 2151 रूपये प्रति क्विंटल था जो 2012–13 में बढ़कर क्रमशः 1240 व 2370 रूपये प्रति क्विंटल हो गया। फसल कटाई मूल्य इन पांच वर्षों में प्रत्येक फसल में बढ़ता हुआ प्रतीत हुआ है। चावल, मक्का और तुअर का फसल कटाई मूल्य 2005–06 से 2012–13 तक लगभग दोगुना हो गया।

तालिका क्र. 5.4

मध्यप्रदेश में प्रमुख फसलों की थोक बिक्री कीमत गेंहू व चावल (रु. प्रति क्वि.)

फसल	2008—09	2009—10	2010—11	2011—12	2012—13
गेंहू	1128	1248	1257	1352	1620
चावल	1196	1200	1064	1106	2070

स्रोत — खाद्य एवं नागरिक आपूर्ति विभाग और कृषि संचालनालय म.प्र.।

तालिका के अवलोकन से ज्ञात होता है कि वर्ष 2008—09 में गेंहू की थोक बिक्री कीमत 1128 रूपये प्रति क्विंटल थी जो 2010—11 में बढ़कर 1257 हो गई एवं 2012—13 में 1620 रूपये प्रति क्विंटल हो गई। वहीं चावल का थोक बिक्री मूल्य 2008—09 में 1196 रूपये प्रति क्विंटल था जो 2010—11 में कम होकर 1064 रूपये प्रति क्विंटल हो गया तथा 2011—12 में पुनः 1156 रूपये प्रति क्विंटल हो गया। 2012—13 में थोक बिक्री मूल्य में भारी वृद्धि देखने को मिलती है। यह एक ही वर्ष में लगभग दोगुना होकर 2070 रूपये प्रति क्विंटल हो गया।

तालिका क्र. 5.5

मध्यप्रदेश में चावल का न्यूनतम समर्थन मूल्य, फसल कटाई मूल्य एवं थोक मूल्य (वृद्धि दर)

वर्ष	न्यूनतम समर्थन मूल्य	फसल कटाई मूल्य	थोक मूल्य
2008–09	18.12	0.19	0.50
2009–10	22.72	1.20	0.33
2010–11	0	0.24	−11.33
2011–12	2.77	6.47	3.85
2012–13	15.31	1.16	87

स्रोत – न्यूनतम समर्थन मूल्य, फसल कटाई मूल्य एवं थोक मूल्यों पर आधारित।

तालिका के अवलोकन से ज्ञात होता है कि चावल के न्यूनतम समर्थन मूल्य की वृद्धि दर वर्ष 2008–09 में लगभग 18.12 प्रतिशत थी जो फसल कटाई वृद्धि दर 0.19 एवं थोक मूल्य की वृद्धि दर 0.50 से बहुत अधिक थी। वर्ष 2010–11 में न्यूनतम समर्थन मूल्य की वृद्धि दर शून्य थी जबकि फसल कटाई वृद्धि दर इसी वर्ष 0.24 प्रतिशत थी व थोक मूल्य की वृद्धि दर ऋणात्मक थी। वर्ष 2012–13 में चावल के न्यूनतम समर्थन मूल्य की वृद्धि दर लगभग 15.31 प्रतिशत थी जबकि फसल कटाई मूल्य में वृद्धि दर 1.16 प्रतिशत थी व थोक मूल्य की वृद्धि दर में आश्चर्यजनक रूप से तेजी आई और यह लगभग 87 प्रतिशत बढ़ गई। फसल कटाई और थोक मूल्य की तुलना में न्यूनतम समर्थन मूल्य में वृद्धि की दर तुलनात्मक रूप से अधिक है।

तालिका क्र. 5.6

मध्यप्रदेश में गेंहू का न्यूनतम समर्थन मूल्य, फसल कटाई मूल्य एवं थोक मूल्य (वृद्धि दर)

वर्ष	न्यूनतम समर्थन मूल्य	फसल कटाई मूल्य	थोक मूल्य
2008—09	29.41	2.11	1.86
2009—10	2.72	7.57	10.63
2010—11	6.19	−5.66	0.72
2011—12	1.66	3.43	7.55
2012—13	5.32	2.81	19.82

स्रोत — न्यूनतम समर्थन मूल्य, फसल कटाई मूल्य एवं थोक मूल्यों पर आधारित।

तालिका के अवलोकन से ज्ञात होता है कि गेंहू का न्यूनतम समर्थन मूल्य 2008—09 में पूर्व वर्ष की तुलना में 29.41 प्रतिशत की वृद्धि देखी गई जबकि फसल कटाई वृद्धि दर में 2.11 प्रतिशत व थोक मूल्य में 1.86 प्रतिशत वृद्धि देखी गई। वर्ष 2011—12 में न्यूनतम समर्थन मूल्य में 1.66 प्रतिशत की वृद्धि दर हुई जबकि फसल कटाई वृद्धि दर 3.43 प्रतिशत की वृद्धि पूर्व वर्ष की तुलना में हुई वहीं थोक मूल्य में 7.55 प्रतिशत वृद्धि हुई। फसल कटाई वृद्धि दर व थोक मूल्य की तुलना में इस वर्ष न्यूनतम समर्थन मूल्य की दर कम रहीं। वर्ष 2012—13 में न्यूनतम समर्थन की वृद्धि दर 5.32 प्रतिशत थी जो फसल कटाई के 2.81 प्रतिशत की तुलना में अधिक थी परन्तु थोक मूल्य में 19.82 प्रतिशत की आश्चर्यजनक वृद्धि की तुलना में कम थी। गेंहू के न्यूनतम समर्थन मूल्य, फसल कटाई व थोक मूल्य में वर्ष 2008—09 से अब तक भारी उच्चावचन देखने को मिलता है।

थोक मूल्य सूचकांक पर न्यूनतम समर्थन मूल्य में वृद्धि का प्रभाव

न्यूनतम समर्थन मूल्य प्रतिवर्ष फसलीय मौसम के प्रारंभ में कृषि लागत एवं मूल्य आयोग द्वारा कृषि लागत के अनुमान के बाद घोषित किया जाता है। प्रत्येक वर्ष न्यूनतम समर्थन मूल्य में पूर्व वर्ष की तुलना में वृद्धि ही होती है परन्तु वृद्धि की प्रवृत्ति भिन्न हो सकती है।

तालिका क्र. 5.7

गेंहू के न्यूनतम समर्थन मूल्य एवं थोक मूल्य सूचकांक

वर्ष	न्यूनतम समर्थन मूल्य	वार्षिक प्रतिशत परिवर्तन न्यूनतम समर्थन मूल्य में	प्रतिशत परिवर्तन आधार, वर्ष 2005—06 के आधार पर	थोक मूल्य सूचकांक	थोक मूल्य सूचकांक में वार्षिक परिवर्तन	थोक मूल्य सूचकांक में परिवर्तन आधार पर 2005—06 के आधार पर
2005—06	650	—	—	105	—	—
2006—07	750	15.38	15.38	125	19.05	19.05
2007—08	1000	33.33	53.85	134	7.2	27.62
2008—09	1080	8	66.15	148	10.45	40.95
2009—10	1100	1.85	69.23	166	12.11	58.10
2010—11	1170	6.36	80	171	3.01	62.86
2011—12	1285	9.83	97.69	168	−1.75	60

स्रोत – www-rbi.org.in, Economic survey 2012–13, annexure A 67–68.

तालिका के अवलोकन से ज्ञात होता है कि गेंहू के न्यूनतम समर्थन मूल्य में वर्ष 2006—07 में 15.38 प्रतिशत की तुलना में 2007—08 में 33 प्रतिशत की पर्याप्त वृद्धि हुई। गेंहू का थोक मूल्य सूचकांक वर्ष 2006—07 में 19.05 प्रतिशत व 2007—08 में 7.2 प्रतिशत की वृद्धि देखी गई। गेंहू का न्यूनतम समर्थन मूल्य लगभग 97 प्रतिशत बढ़ गया। 2005—06 से 2011—12 की अवधि में जबकि थोक मूल्य सूचकांक में इसी अवधि में 60 प्रतिशत की वृद्धि दृष्टिगोचर होती है।

तालिका क्र. 5.8

चावल के न्यूनतम समर्थन मूल्य एवं थोक मूल्य सूचकांक

वर्ष	न्यूनतम समर्थन मूल्य	वार्षिक प्रतिशत परिवर्तन न्यूनतम समर्थन मूल्य में	प्रतिशत परिवर्तन आधार, वर्ष 2005-06 के आधार पर	थोक मूल्य सूचकांक	थोक मूल्य सूचकांक में वार्षिक परिवर्तन	थोक मूल्य सूचकांक में परिवर्तन आधार पर 2005-06 के आधार पर
2005-06	570	—	—	105	—	—
2006-07	580	1.75	1.75	110	4.76	4.76
2007-08	645	11.21	13.16	122	10.91	16.19
2008-09	850	31.78	49.12	141	15.57	34.29
2009-10	950	11.76	66.67	158	12.06	50.48
2010-11	1000	5.26	75.44	167	5.70	59.05
2011-12	1080	8	89.47	172	2.99	63.81

स्रोत - www-rbi.org.in

तालिका के अवलोकन से स्पष्ट है कि वर्ष 2005-06 से 2011-12 की अवधि में चावल के समर्थन मूल्य में 89.47 प्रतिशत की वृद्धि देखी गई वहीं थोक मूल्य सूचकांक में 63.81 प्रतिशत की वृद्धि हुई जो न्यूनतम समर्थन मूल्य की वृद्धि की तुलना में कम है। न्यूनतम समर्थन मूल्य में वृद्धि को आमतौर पर उनके संबंधित थोक मूल्य सूचकांक में वृद्धि के साथ समान रूप से देखा जाता है। परन्तु इसके विपरीत गेंहू का थोक मूल्य सूचकांक वर्ष 2011-12 के मध्य 1.75 प्रतिशत कम हुआ है जबकि न्यूनतम समर्थन मूल्य में 9.83 प्रतिशत वृद्धि देखी गई है।

तालिका क्र. 5.9

न्यूनतम समर्थन मूल्य एवं थोक मूल्य सूचकांक में औसत वार्षिक प्रतिशत वृद्धि दर (2006–12)

फसल	न्यूनतम समर्थन मूल्य	थोक मूल्य सूचकांक
चावल	12.53	8.35
गेंहू	11.62	8.66

स्रोत – www-rbi.org.in

न्यूनतम समर्थन मूल्य और खाद्य वस्तुओं की मुद्रा स्फीति के बीच सहसंबंध पर विद्वानों के अलग-अलग मत हैं। मौद्रिक नीति 2012-13 के अनुसार न्यूनतम समर्थन मूल्य में वृद्धि स्फीति के लिए एक बड़ा खतरा बनी हुई है। न्यूनतम समर्थन मूल्य ज्यादातर वस्तुओं के बाजार मूल्य में वृद्धि का कारण बन रही है। ICRIER के एक अनुसंधान के अनुसार न्यूनतम समर्थन मूल्य का प्रत्यक्ष प्रभाव थोक मूल्य सूचकांक में वृद्धि करता है वहीं यह अप्रत्यक्ष प्रभाव भी है। न्यूनतम समर्थन मूल्य में वृद्धि थोक मूल्य मुद्रा स्फीति के लिए एक मंजिल के रूप में कार्य करता है और सभी की उम्मीदों के अनुरूप यह खाद्य कीमतों में वृद्धि करता है।

तालिका क्र. 5.10

न्यूनतम समर्थन मूल्य एवं फसल कटाई मूल्य में सहसंबंध

क्र.	फसल	न्यूनतम समर्थन मूल्य / फसल कटाई मूल्य सहसंबंध
1	गेंहू	0.86
2	चावल	0.60
3	मक्का	0.50
4	चना	0.31

नोट – सहसंबंध गुणांक प्रमाम विभ्रम की सीमा के मध्य है।

फसल कटाई मूल्य व न्यूनतम समर्थन मूल्य में सहसंबंध, न्यूनतम समर्थन मूल्य का बाजार कीमत के प्रभाव की ओर संकेत करता है। यह संकेत करता है कि न्यूनतम समर्थन मूल्य बाजार कीमत प्रवृत्ति में प्रमुख भूमिका अदा करता है। हमने यह पाया कि न्यूनतम समर्थन मूल्य व फसल कटाई मूल्य में गेंहू में सहसंबंध सर्वाधिक पाया गया है और अन्य फसलों में सहसंबंध न्यूनतम पाया गया है। जहाँ न्यूनतम समर्थन मूल्य और फसल कटाई मूल्य के संबंधों में न्यूनता है वहां न्यूनतम समर्थन मूल्य के प्रभावी भूमिका पर प्रश्न खड़ा होता है।

शरबती गेहूँ और बासमती चावल का उत्पादत राज्य में बढ़ा है लेकिन इनके लिए न्यूनतम समर्थन मूल्य में अलग से कोई प्रावधान नहीं है। भारत सरकार को अलग से न्यूनतम समर्थन मूल्य देने का फैसला करना होगा ताकि किसानों को उचित मेहनताना मिल सके।

राज्य के आदिवासी जिलों में छोटे बाजरा जैसे– कोदो, कुटकी और रागी भी 2.51 लाख हेक्टेयर क्षेत्रफल में उगाई जाती है। उच्च स्तरीय पोषक होने के साथ–साथ इन फसलों का औषधीय महत्व भी है लेकिन इनके लिए कोई न्यूनतम समर्थन मूल्य घोषित नहीं किया गया है।

प्रारंभ में कृषि मूल्य नीति का प्रमुख उद्देश्य उपभोक्ताओं को उचित मूल्य प्रदान करना है। बाद में कृषि उत्पादन को अधिक बनाने की अपेक्षा सामान्य आर्थिक विकास आवश्यकताओं में सहायक उत्पादन पद्धति को तैयार करने में ध्यान दिया गया साथ ही कृषि क्षेत्र को अधिक जीवंत उत्पादक मूल्य, मंडी हस्तक्षेप, बंफर स्टॉक कार्य, सार्वजनिक वितरण प्रणालियों के माध्यम से खाद्यान्न वितरण, उत्पादक सहकारी समितियों को प्रोत्साहन, कृषि व्यापार का विनियमन तथा कृषि विपणन अवसंरचना का सृजन कृषि मूल्य नीति के वर्तमान उद्देश्य हैं।

भारत में कृषि विपणन की कई समस्याएँ हैं इनमें कृषि उपज समितियों अधिनियम में सुधार की आवश्यकता निजी क्षेत्र में प्रतियोगिता का अभाव, कार्य स्तर पर उचित ग्रेडिंग तथा पैकेजिंग का अभाव, बिक्री रसीद जारी न करना, फसलोपरांत हानियां आदि शामिल हैं। इस परिदृश्य में सरकार ने बहुत से सुधार किये हैं जैसे राष्ट्रीय कृषि बाजार में ई–ट्रेडिंग, समय–समय पर व्यापार नीतियों में संशोधन आदि। परन्तु सरकार द्वारा किये गये सभी प्रयासों का लाभ वृहत व मध्यम किसानों को ही मिल पाता है। लघु एवं सीमांत कृषक अपनी कृषि वस्तुओं को वृहत व मध्यम किसान को बेचने के लिए

मजबूर होते हैं। कारण कि, इनको उपयोग हेतु त्वरित धन की आवश्यकता होती है, जमींदारों, रिश्तेदारों एवं वृहत किसानों द्वारा फसलोपरांत ऋण वापसी का दबाव बढ़ जाता है। परिणामस्वरूप किसान तत्कालीन कीमत पर फसल बेचने पर मजबूर होता है। यहां तक कि अधिकांश किसान तो न्यूनतम समर्थन मूल्य का भी लाभ नहीं ले पाते हैं।

न्यूनतम समर्थन मूल्य और फसल कटाई मूल्य में सकारात्मक संबंध पाया गया। हमने चार प्रमुख फसलों गेंहू, मक्का, धान एवं चना के न्यूनतम समर्थन मूल्य एवं फसल कटाई मूल्य का सहसंबंध ज्ञात किया। गेंहू का सहसंबंध 0.86 पाया गया वहीं चावल, मक्का, चना का सहसंबंध क्रमशः 0.60, 0.50 एवं 0.31 पाया गया। सहसंबंध का प्रमाप विभ्रम निकालने पर गेंहू की उच्चतम सीमा 0.91 एवं निम्नतम सीमा 0.80 है। गेंहू सहसंबंध 0.86 है जो प्रमाप विभ्रम की सीमा के मध्य है। चावल की प्रमाप विभ्रम की उच्चतम सीमा 0.729 एवं निम्नतम सीमा 0.47 है। चावल का सहसंबंध भी 0.60 प्रमाप विभ्रम की सीमा के मध्य है। मक्का के प्रमाप विभ्रम की उच्चतम सीमा 0.59 एवं निम्नतम सीमा 0.401 है जबकि मक्का का सहसंबंध 0.50 है जो प्रमाप विभ्रम की सीमा के मध्य पाया गया है। चना की प्रमाप विभ्रम की उच्चतम सीमा 0.43 है व निम्नतम सीमा 0.162 है जबकि चना के मूल्यों का सहसंबंध 0.31 है जो प्रमाप विभ्रम की सीमा के मध्य पाया गया है। इस तरह से हम कह सकते हैं कि परीक्षण उपरांत उपरोक्त चारों फसलों के न्यूनतम समर्थन मूल्य एवं फसल कटाई मूल्य के मूल्यों में सहसंबंध सार्थक है।

न्यूनतम समर्थन मूल्य से जिले में फसलीय क्षेत्र का संबंध

मद	फसलीय क्षेत्र में वृद्धि हुयी	फसलीय क्षेत्र में वृद्धि नहीं हुयी	कुल
न्यूनतम समर्थन मूल्य की जानकारी है	74	06	80
न्यूनतम समर्थन मूल्य की जानकारी नहीं है	12	08	20
कुल	86	14	100

स्रोत – स्वयं के सर्वेक्षण पर आधारित।

इस संबंध में शोधार्थी ने यह ज्ञात करने का प्रयास किया कि जिन किसानों को न्यूनतम समर्थन मूल्य की जानकारी है उन्होंने फसलीय क्षेत्र में वृद्धि का निर्णय लिया है या नहीं जिन किसानों को न्यूनतम समर्थन मूल्य की जानकारी नहीं है उन्होंने अपने फसलीय

क्षेत्र में वृद्धि का निर्णय किस आधार पर लिया है। सर्वेक्षण के दौरान यह ज्ञात हुआ कि 74 प्रतिशत किसान ऐसे थे जिन्होंने न्यूनतम समर्थन मूल्य के कारण फसलीय क्षेत्र में वृद्धि की है। 06 प्रतिशत किसान ऐसे भी पाये गये जिन्हें न्यूनतम समर्थन मूल्य की जानकारी तो है परन्तु उन्होंने अपने फसलीय क्षेत्र में इस कारण से कोई वृद्धि नहीं की है। 12 प्रतिशत किसान ऐसे थे जिन्होंने अपने फसलीय क्षेत्र में वृद्धि तो की परन्तु उसका कारण न्यूनतम समर्थन मूल्य नहीं थी। इस परिकल्पना के संबंध में हमने 5 प्रतिशत सार्थकता स्तर पर एक स्वतंत्र संख्या के लिए x^2 की सारणी मूल्य $x^2+=3.841$ है तथा x^2 का परिगणित मूल्य $x^2c = 14.02$ प्राप्त होता है।

अर्थात 14.02>3.841 या $x^2+<x^2c$ इसलिए हमारी शून्य परिकल्पना अस्वीकृत की जाती है। दोनों गुण स्वतंत्र नहीं है। दोनों गुणों में संबंध पाया गया है उपर्युक्त परीक्षण से स्पष्ट होता है कि जिले के किसान न्यूनतम समर्थन मूल्य में वृद्धि के कारण फसलीय क्षेत्र में वृद्धि का निर्णय लेते हैं।

न्यूनतम समर्थन मूल्य से जिले में कृषि संबंधी निर्णयों के बीच संबंध

मद	निर्णय क्षमता में वृद्धि हुई	निर्णय क्षमता में वृद्धि नहीं हुई	कुल
न्यूनतम समर्थन मूल्य की जानकारी है	50	30	80
न्यूनतम समर्थन मूल्य की जानकारी नहीं है	06	14	20
कुल	56	44	100

स्रोत – स्वयं के सर्वेक्षण पर आधारित।

इस संबंध में शोधार्थी ने यह ज्ञात करने का प्रयास किया कि न्यूनतम समर्थन मूल्य के प्रति जागरूक किसानों की निर्णय क्षमता में वृद्धि हुई है या नहीं लगभग 50 प्रतिशत किसान ऐसे हैं जिन्हे न्यूनतम समर्थन मूल्य के प्रति जागरूक हैं व उनकी निर्णय क्षमता में भी वृद्धि हुई है। 30 प्रतिशत किसान ऐसे पाये गये जो न्यूनतम समर्थन मूल्य के प्रति जागरूक तो हैं परन्तु उनकी निर्णय क्षमता में वृद्धि न्यूनतम समर्थन मूल्य के अलावा किन्हीं अन्य कारणों से हुई है। सर्वेक्षण के दौरान यह पाया गया कि जिन किसानों को न्यूनतम समर्थन मूल्य की जानकारी है वे निर्णय क्षमता अच्छी है। इस परिकल्पना

के संबंध में हमने 5 प्रतिशत सार्थकता स्तर पर एक स्वातंत्रय संख्या के लिए x^2 की सारणी मूल्य x^2+=3.841 है तथा x^2 का परिगणित मूल्य x^2c = 6-84 प्राप्त होता है।

अर्थात 6-84>3.841 या $x^2+<x^2c$ इसलिए हमारी शून्य परिकल्पना अस्वीकृत की जाती है। दोनों गुण स्वतंत्र नहीं है। दोनों गुणों में संबंध पाया गया है उपर्युकत परीक्षण से स्पष्ट होता है कि जिले के किसान न्यूनतम समर्थन मूल्य में वृद्धि के कारण फसलीय क्षेत्र में वृद्धि का निर्णय क्षमता में भी वृद्धि होती हैं।

न्यूनतम समर्थन मूल्य में बढ़ने की प्रवृत्ति

इस संबंध में हमने पिछले पांच वर्षों के दौरान न्यूनतम समर्थन मूल्य की प्रवृत्ति का पता लगाने के लिए काल श्रेणी के सहयोग से उपनति का मूल्य प्राप्त किया। उपनति मूल्य न्यूनतम वर्ग रीति द्वारा प्राप्त किया जहां y=a+bx। वर्ष 2007–08 से 2012–13 के दौरान चावल एवं गेंहू का उपनति का मूल्यों में बढ़ने की प्रवृत्ति देखी गई। वर्ष 2007–08 में चावल का उपनति मूल्य 918 रूपये व गेंहू का 1037.85 रूपये था जो 2009–10 में क्रमशः 1087 रूपये व 1165.55 रूपये तथा 2012–13 में क्रमशः 1340.21 रूपये व 1357.15 रूपये प्राप्त हुआ। चावल के मूल्य अधिक तेज गति से बढ़ते हुए देखे गये जबकि गेंहू के मूल्यों में स्थिरता के साथ वृद्धि देखने को मिली। अंततः मूल्यो में बढने की प्रवृत्ति देखी गई।

न्यूनतम समर्थन मूल्य का कृषि उत्पादन में संबंध

इस संबंध में न्यूनतम समर्थन मूल्य का कृषि उत्पादन पर सकारात्मक प्रभाव पड़ता है। यह जानने के लिए हमने गेंहू की न्यूनतम समर्थन मूल्य और गेंहू के पिछले पांच वर्षों के मूल्यों में सहसंबंध ज्ञात किया। दोनों में सहसंबंध 0.72 पाया गया। सहसंबंध गुणांक की सार्थकता का परीक्षण करने के लिए t परीक्षण का प्रयोग किया गया। उपुर्यक्त परिकल्पना के आध ाार पर 5 प्रतिशत सार्थकता स्तर पर t का सारणी मूल्य 2.44 है तथा t का परिगणित मूल्य 2.54 प्राप्त हआ है। अर्थात $t \geq t$ (2-54≥ 2.44) इसलिए शून्य परिकल्पना अस्वीकार की जाती है। स्पष्ट है कि न्यूनतम समर्थन मूल्य एवं उत्पादन का गुणांक सार्थक है। जो यह बताता है कि न्यूनतम समर्थन मूल्य के बढ़ने पर कृषि उत्पादन में भी वृद्धि होती है।

अध्याय—6

कृषि लागत का कृषकों पर प्रभाव

पिछले दशक में कृषि लागत में निरंतर वृद्धि हुई है। उन्नत कृषि तकनीक के प्रयोग से कृषि लागत में वृद्धि हुई है। श्रम के मूल्य एवं मशीन के कार्य घंटे के मूल्य में वृद्धि से पारिश्रमिक मूल्य में वृद्धि हुई है। बीज, सिंचाई, विपणन आदि की लागत में लगातार वृद्धि हो रही है। कृषि लागत के प्रत्येक प्रकार में वृद्धि हुई है परन्तु जिस गति से लागत बढ़ी है उस गति से आय में वृद्धि नहीं हुई है। कृषि लागत में वृद्धि होने व उस गति से कृषि आय प्राप्त न होने की दशा में लघु व सीमांत कृषकों को अनेक समस्याओं का सामना करना पड़ रहा है।

कृषकों की कृषि आय कम है साथ ही प्राकृतिक आपदा या अन्य किसी कारण से यदि कृषि उत्पादन कम होता है तब कृषक ऋणग्रस्तता का शिकार हो जाते हैं। यदि वह समस्या दो-तीन कृषि फसलीय मौसमों तक रहती है तब कृषक इतने अधिक ऋणग्रस्त हो जाते हैं कि वो आत्महत्या व पलायन जैसे कदम उठा लेते हैं। ऋणग्रस्तता एक समस्या नहीं है जबकि वह कई समस्याओं का समुच्चय है। आत्महत्या, पलायन, गरीबी, अशिक्षा, असमानता, अस्वस्थता, कुपोषण, अकुशलता, बंधुआ मजदूरी, बड़े किसानों पर निर्भरता, आपराधिक प्रवृत्ति का उदय आदि समस्त समस्याओं का मूल ऋण ग्रस्तता ही है।

भारतीय कृषि मानसून पर निर्भर है, करीब 60 प्रतिशत कृषि वर्षा की मात्रा पर निर्भर है और मानसून की अनिश्चितता को लेकर हमेशा आशंका बनी रहती है। कृषि क्षेत्र में लगभग 80 प्रतिशत निवेश निजी क्षेत्र से होता है। हाल के वर्षों में कृषि गैर लाभकारी व्यवसाय हो गया है यही कारण है कि लोग कृषि कार्य छोड़ने पर मजबूर है। वर्ष 2001 में 12.7 करोड़ लगभग 54.4 प्रतिशत किसान थे जबकि 2011 में इनकी संख्या 11.9 करोड़ यानि की 45 प्रतिशत रह गई। इस दौरान लगभग 9 प्रतिशत किसानों ने कृषि कार्य छोड़ दिया। दूसरी तरफ हमने खाद्यान्न उत्पादन बढ़ाकर 2014-15 में कुल 257

मीट्रिक टन कर लिया परन्तु इसी अवधि में किसानों द्वारा आत्महत्या की। वर्ष 2014 में 12360 किसानों ने आत्महत्या जैसा कदम उठाया। किसानों की आत्महत्या के मामले वर्ष 2010–11 से 2013 के बीच घटे परन्तु 2016 में यह फिर बढ़ गया।

फसलों के खराब होने और खराब उत्पादन के कम आय, निवेश का न होना, कृषि क्षेत्र के लिए अनुचित व्यापार शर्तें, कम कुशल लोगों के लिए संगठित क्षेत्र में रोजगार के कम अवसर होने के कारण कृषि कार्य छोड़ने वाली आबादी का स्पष्ट रूप से नजर न आना, कृषि और उद्योग के बीच आय में बढ़ता अंतर, अग्रणी राज्यों में मुख्य फसलों के उत्पादन में स्थिरता और लागतों में भारी वृद्धि कुछ अहम चुनौतियाँ है। बढ़ती ग्रामीण अर्थव्यवस्था के लिए यह बढ़ी समस्या है और इसमें देश में कृषि संकट की आशंका है। एक ओर कृषकों को उनके उत्पादन की कम कीमत मिल रही है वहीं दूसरी ओर अनाज व अन्य चीजों सहित कृषि उत्पादों के बढ़ते मूल्यों ने खाद्य सुरक्षा और पोषण पर नकारात्मक असर डाला है।

जहां तक मध्यप्रदेश में कृषि कार्य के लिए जमीन के मालिकाना हक का सवाल है तो सबसे ज्यादा अनुपात में जमीन (44 प्रतिशत) सीमांत किसानों (एक हेक्टेयर से कम) के पास है। इनके बाद छोटे किसान (1–2 हेक्टेयर) आते हैं, जो 27 प्रतिशत हैं, लेकिन वे कुल कृषि रकबे के केवल 34 प्रतिशत का ही खेती के लिए उपयोग करते हैं। कृषि कार्य के लिहाज से इतनी जमीन का होना आर्थिक रूपसे लाभप्रद नहीं है। यह भी गौरतलब है कि इन छोटे और सीमांत किसानों के पास खेती में ज्यादा निवेश और भूमि के विकास की आर्थिक क्षमता नहीं होती, जिससे उनका उत्पादन गिरता है और खेती की लागत ज्यादा आती है। राज्य सरकार को इस विशेष क्षेत्र में रणनीतिक हस्तक्षेप करना चाहिए। इसके तहत राज्य के दो–तिहाई किसानों, यानी छोटे और सीमांत भू–स्वामियों को एक साथ लाकर आजीविका के उनके विकल्पों को बढ़ाना होगा।

आत्महत्या एवं ऋणग्रस्तता – पिछले कुछ वर्षों से किसानों द्वारा की गई आत्महत्या एक गंभीर मुद्दे के रूप में उभरकर सामने आयी है। यह कई प्रकार की समस्याओं का प्रतिफल है जैसे पर्यावरणीय, आर्थिक एवं सामाजिक आदि। मानसून की विफलता, सूखा, कीमतों में वृद्धि, ऋण का आत्याधिक बोझ आदि परिस्थितियां, समस्याओं के एक चक्र की शुरूआत करती है। बैंकों, महाजनों, बिचौलियों आदि के चक्र में फंसकर किसान आत्महत्या कर लेते हैं। कृषि संकट के कारण महाराष्ट्र, केरल, कर्नाटक, आंध्रप्रदेश,

पंजाब मध्यप्रदेश एवं छत्तीसगढ़ में भी किसानों ने आत्महत्या की है। भारत में राष्ट्रीय अपराध लेखा कार्यालय के अनुसार 17368 किसानों की आत्महत्या की अधिकारिक पुष्टि की है। सबसे ज्यादा आत्महत्याएं महाराष्ट्र, कर्नाटक, आंध्रप्रदेश, मध्यप्रदेश एवं छत्तीसगढ़ में हुई हैं। राष्ट्रीय अपराध लेखा कार्यालय द्वारा प्रस्तुत किये गये आंकड़ों के अनुसार 1995 से 2011 तक 7 लाख 50 हजार 680 किसानों ने आत्महत्या की है। भारत में धनी व विकसित कहे जाने वाले महाराष्ट्र में अब तक आत्महत्याओं का आंकड़ा 50680 तक पहुँच चुका है। आंकड़े बताते हैं कि 2004 के बाद से स्थिति और खराब हुई है।

1991 और 2001 की जनगणना के आंकड़ों को देखा जाये तो स्पष्ट हो जाता है कि किसानों की संख्या कम हो रही है। 2001 की जनगणना के आंकड़े बताते है कि पिछले 10 वर्षों में 70 लाख किसानों ने खेती करना बंद कर दिया। पांच राज्यों क्रमशः महाराष्ट्र, कर्नाटक, आंध्रप्रदेश, मध्यप्रदेश और छत्तीसगढ़ में आत्महत्या की प्रवृत्ति बढ़ी है। सरकार की तमाम कोशिशों के बावजूद कर्ज के बोझ तले दबे किसानों की आत्महत्या का सिलसिला रूका नहीं है। किसानों को आत्महत्या की दशा तक पहुँचा देने में मुख्य कारणों में खेती का हानिप्रद होना या किसानों का भरण–पोषण में असमर्थ होना है। वर्ष 2013 में ''द हिन्दू'' दैनिक अखबार ने खबर दी थी की भारतीय किसानों में आत्महत्या की दर आबादी के अन्य हिस्सों की तुलना में भयावह रूप से 47 फीसदी अधिक थी और 2011 में देशभर में किसानों की आत्महत्या की दर प्रति एक लाख किसानों पर 16.3 थी। वर्ष 1995 से 2000 के बीच छः वर्षो में 14462 की वार्षिक औसत से किसानों ने आत्महत्या की है।

म.प्र. में विगत छः वर्षो में किसानों की आत्महत्याओं में लगातार वृद्धि हुई है। प्रदेश में विगत 8 वर्षों में 10,000 से भी ज्यादा किसानों ने आत्महत्या की है। मध्यप्रदेश ने 2003–04 में भी सूखे की मार झेली थी तब आत्महत्या का ग्राफ बढ़ा था तथा विगत दो तीन वर्षों में भी सूखे का प्रकोप बढ़ा है इसलिए किसानों की आत्महत्या का ग्राफ बढ़ा है। म.प्र. के किसानों की आर्थिक स्थिति के बारे में चौकाने वाले आंकड़े सामने आये हैं। प्रदेश के हर किसान के ऊपर औसतन 14218 रू. का कर्ज है। बिजली खेती किसानी के लिए प्रमुख समस्या है। किसान को फसलों का सही दाम न मिलना, बिजली न मिलने से फसल खराब हो जाती है, बैंकों द्वारा कर्ज वसूलने में गैर मानवीय व्यवहार किया जाना आदि कृषकों की आत्महत्या के कारण है। कृषि गैरलाभदायी व्यवसाय हो गया है, बिजली, पानी का समय पर उपलब्ध न होना, बढ़ता कर्ज और लागत तथा

न्यूनतम समर्थन मूल्य की प्रक्रिया में भ्रष्टाचार आदि किसानों के लिए बढ़ी समस्या है। समय रहते खेती और किसान दोनों पर ध्यान देने की पहली आवश्यकता है नहीं तो आने वाले समय में किसानों की आत्महत्या की घटनाएं और बढेंगी।

कृषकों को बीज, उर्वरक, और चारा आदि खरीदने के लिए ऋण की आवश्यकता होती है। जिस वर्ष फसल अच्छी न हो उस वर्ष अपने परिवार का निर्वाह करने के लिए उसे धन की आवश्यकता होती है। कृषक को भूमि सुधार, पशु खरीदने कृषि उपकरण खरीदने, अतिरिक्त भूमि खरीदने, भूमि में स्थायी सुधार करने, मंहगे कृषि यंत्र खरीदने आदि के लिए धन की आवश्यकता होती है जिससे वह ऋण लने को बाध्य हो जाता है। राष्ट्रीय सेम्पल सर्वेक्षण की 70वें दौर की रिपोर्ट मं यह स्पष्ट है कि ग्रामीण भारत में अनुमानित कुल 90.2 प्रतिशत किसाल ऋणग्रस्त थे। इसके बाद तेलंगाना में 89.1 प्रतिशत, तमिलनाडू में 82.5 प्रतिशत ऋणग्रस्त किसान थे। ग्रामीण भारत में कृषक परिवारों का लगभग 60 प्रतिशत बकाया ऋण संस्थागत था। इसमें सरकार का 2.1 प्रतिशत, सहकारी समिति का 14.8 प्रतिशत, बैंकों के 42.9 प्रतिशत बकाया ऋण थे। कृषक परिवारों में जमीन बढ़ने के साथ–साथ उनकी औसत मासिक आय में गैर कृषि व्यवसाय से आय का हिस्सा घटा है।

नेशनल सेम्पल सर्वे आर्गेनाइजेशन द्वारा किसानों की ऋणग्रस्तता का यह अध्ययन बताता है कि मध्यप्रदेश के कुल 64 लाख किसानों में से 32 लाख किसान कर्जे के बोझ तले दबे हुए हैं। हर किसान पर औसतन 14128 रू. का कर्ज है। बैंक की प्रक्रिया और अमानवीय वसूली प्रक्रिया के कारण उनका सरकारी वित्तीय संस्थाओं में विश्वास कम हुआ है। अब भी 40 प्रतिशत कर्ज गैर–सरकारी स्त्रोतों से किसानों को प्रदेश में मिलता है। 32,11,000 परिवार ऋणग्रस्तता का शिकार हैं। म.प्र. के ऋणग्रस्त किसानों में 23 प्रतिशत किसान ऐसे है जिनके पास 2 से 4 हेक्टेयर भूमि है साथ ही 4 हेक्टेयर भूमि वाले कृषकों पर 23,456 रूपये कर्ज चढ़ा हुआ है। कृषि मामलों के जानकारों का कहना है कि प्रदेश के 50 प्रतिशत से अधिक किसानों पर संस्थागत कर्ज चढ़ा हुआ है। किसानों के कर्ज का यह प्रतिशत सरकारी आंकड़ों के अनुसार है जबकि किसान नाते/रिश्तेदार/संबंधी, व्यावसायिक साहूकारों, महाजनों, व्यापारियों और नौकरी पेशा से भी कर्ज लेते हैं।

उदारीकरण की नीतियों के कारण नई तकनीकी के प्रयोग किसान को कर्ज लेने पर मजबूर कर देता है। नई कृषि तकनीक के उपकरण जैसे बीज, सिंचाई के

साधन, कृषि आदान अत्याधिक मंहगें होने के कारण किसान ऋण लेने को मजबूर हो जाता है। कृषि की बढ़ती लागतें व कम प्रतिफल किसानों को ऋणग्रस्त बना देता है। ऋणग्रस्तता के फलस्वरूप किसान का शोषण होता है उसे बहुत अधिक ब्याज देना पड़ता है। एक बार ऋण लेने के पश्चात् वह महाजनों के चंगुल में फंस जाता है। उसकी आर्थिक स्थिति सदैव खराब बनी रहती है वह ऋणग्रस्तता से दुखी होकर आत्महत्या तक कर लेता है। किसान की आर्थिक स्थिति खराब हो जाती हे। वह कृषि के विकास पर अधिक धन नहीं लगा पाता है उसकी आय का अधिकतर हिस्सा ऋण की वापसी में ही चला जाता है। इससे कृषि उत्पादकता नहीं बढ़ पाती है और किसान और अधिक निर्धन हो जाता है। किसानों को ऋण के बढने में अपनी फसल भी सस्ती कीमत पर बेचनी पड़ती है इससे किसानों को भारी हानि होती है। ऊंची कृषि लागतें और सस्ती कीमतों पर फसलों की बिक्री किसान की हालत को दयनीय बना देता है। और उनका जीवन निर्वाह कठिन हो जाता है फलस्वरूप वे उपभोग हेतु भी ऋण लेने को बाध्य हो जाते है। ऋण न चुका पाने की स्थिति में महाजन उनकी भूमि पर कब्जा कर लेते हैं जिससे किसान भूमिहीन हो जाता है। जबकि सरकारी रिकार्ड में वह जमीन का मालिक होता है। स्पष्ट है कि कृषि की नई तकनीक व मंहगें निवेश के कारण लागतों में भारी वृद्धि हुई है जो ऋणगस्तता को बढ़ावा दे रही है।

किसान ऋणग्रस्तता का शिकार होकर अपनी जमीन को पहले बेचने पर मजबूर हुए, फिर परिवार का भरण–पोषण करने हेतु जमीन किराये पर लेकर कृषि कार्य करने लगे, परंतु अत्याधिक लागत ने उन्हें ऋण लेने पर पुनः मजबूर कर दिया। लागत के अनुरूप उत्पादन न होने मौसमी कारण व अन्य कारणों से उत्पादन प्रभावित होने पर किसान और अधिक ऋणग्रस्त हो जाता है उसे जीवन यापन का कोई साधन नजर नहीं आता ऐसे में किसान या तो आत्महत्या कर लेता है या पलायन कर जाता है। म.प्र. में अधिकतर किसानों ने आत्महत्या इसलिए कि क्योंकि वो ऋणग्रस्तता का शिकार हो गये थे।

पलायन – कृषि की लागतों में भारी वृद्धि होने के कारण किसानों में ऋणग्रस्तता की दर में वृद्धि हुई है। दूसरी ओर कृषि से आय में कमी से कृषकों में ऋणग्रस्तता जैसी समस्याएं में तेज गति से वृद्धि हो रही है। बढ़े साहूकार एवं बड़े किसान लघु एवं सीमांत किसानों को मंहगे कृषि आदान किराये पर उपलब्ध कराते हैं परंतु उचित फसल प्रतिफल न मिल पाने के कारण ये किसान ऋणग्रस्तता का शिकार हो जाते हैं।

ऋणग्रस्तता के चंगुल से छुटकारा पाने के लिए किसान या तो अपनी जमीन बेंच देते हैं या बड़े किसानों के यहाँ गिरवी रखकर नगरों में रोजगार की तलाश में निकल जाते हैं। ये ऐसे किसान होते हैं जो या तो ऋणग्रस्त होने के कारण कृषि कार्य छोड़कर नगरों में जाते हैं या ऐसे किसान जो ऋण अदायगी के कारण भूमिहीन हो चुके होते हैं वो भी नगरों की ओर पलायन कर जाते हैं। सीमांत किसान एवं कुछ लघु किसान मंहगी कृषि लागतों के कारण कृषि कार्य नहीं करना चाहते हैं कुछ किसान कृषि में उचित प्रतिफल न मिलने के कारण भी कृषि कार्य नहीं करना चाहते हैं ऐसे किसान अपनी जमीन को किराये पर या बटाई पर देकर नगरों की ओर पलायन कर जाते हैं कुल मिलाकर पलायन की प्रवृत्ति में वृद्धि होने में बढ़ती कृषि लागतें एक कारण के रूप में निकलकर आई हैं। गांवों में मजदूरी की दर बहुत कम होती है। इसके अतिरिक्त गांवों में जो मजदूरी दी जाती है वह अनाज के रूप में होती है। अनेक व्यक्ति इस आशा से भी पलायन करते है कि शहरों में उन्हें अधिक व नकद मजदूरी मिलेगी।

पलायन व्यक्ति को दोहरी स्वतंत्रता प्रदान करता है एक तो भूमिहीन होने से गांव में मजदूरी की समस्या और दूसरी बंधुआ मजदूरी की समस्या से। सस्ता श्रम भी पलायन को बढ़ावा देता है कई गांव में तो ऐसी तक समस्या आ गई कि जीवन जीना है तो संघर्ष करिये अन्यथा आत्महत्या करना पड़ेगी। ऐसी स्थिति में पलायन के अलावा कोई विकल्प नहीं बचता है। विकास की दौड़ में मजदूरों के साथ लघु व सीमांत कृषकों के सामने गंभीर चुनौतियां खड़ी कर दी है। हर गांव में अधिकांश किसान परिवार पलायन पर निकल पड़ते हैं। रोटी, इलाज, और ऋण के ब्याज के भुगतान की व्यवस्था करने नगरों की ओर निकल पड़ते हैं। कृषि की बढ़ती लागतें व कम प्रतिफल ने किसानों को भूमिहीन कर दिया अब ये नगरों की ओर पलायन को मजबूर हैं।

वर्तमान जनगणना के आंकड़ों में देश की जनसंख्या की शहरी और ग्रामीण जनसंख्या के रूप में चिंताजनक तस्वीर उजागर हुई है। इन आंकड़ों के अनुसार 2001 से 2011 के दौरान देश में ग्रामीण जनसंख्या की वृद्धि दर लगभग 12 प्रतिशत रही है जो कि 1991–2001 के दौरान 18 प्रतिशत थी जबकि शहरी जनसंख्या की वृद्धि रि 1991–2001 में 31.5 प्रतिशत थी जो मामूली तोर पर बढ़कर 2001 से 2011 के दौरान 31.8 प्रतिशत हो गई। परिणाम स्वरूप देश की कुल जनसंख्या में ग्रामीण जनसंख्या का अनुपात, जो 2001 में 72 प्रतिशत था कम होकर 2011 में लगभग 69 प्रतिशत रह गया। दूसरी तरफ नगरीय जनसंख्या का अनुपात 28 प्रतिशत से बढ़कर वर्तमान जनगणना में 31 प्रतिशत से अधिक दर्ज किया गया है। वर्ष 2001–2011 के

दौरान ग्रामीण जनसंख्या 90 मिलियन बढ़ी है अर्थात् आजादी के पश्चात् पहली बार ग्रामीण जनसंख्या की अपेक्षा शहरी जनसंख्या निरपेक्ष तौर पर अधिक तेजी से बढ़ी है। प्रत्याकर्षक तत्वों, तथा जीवनयापन साधनों की कमी एवं अपर्याप्त मजदूरी, बेरोजगारी, मशीनीकरण, निम्न जीवनस्तर, उन्नति के अवसरों की कमी आदि के कारण भी ग्रामीण लोग गांव छोड़कर नगरों की तरफ पलायन कर रहे हैं। गौरतलब है कि गांव में रोजगार के अवसरों की अपर्याप्तता कृषि की निराशाजनक व बोझिल स्थिति के कारण गांवों से नगरों में आजीविका निर्वाह हेतु पलायन करना मजबूरी बन जाती है। इसे विवश प्रवास की संज्ञा दी गई है। भारत में विवश प्रवास की प्रवृत्ति अधिक है। एक ग्रामीण के मासिक खर्च में गत पांच वर्ष की तुलना में जहाँ 492 रूपये की वृद्धि हुई है वहीं नगर के मासिक खर्च में 832 रू. की वृद्धि हुई है। यही नहीं, ग्रामीण क्षेत्र के सबसे निचले पायदान पर अवाचित दस प्रतिशत लोगों के मासिक खर्च में पांच वर्ष पहले के मुकाबले केवल 200 रू. की वृद्धि हुई है अर्थात् ग्रामीण भारत में हुई औसत वृद्धि के आधे से भी कम वृद्धि हुई है। स्पष्ट है देश के ग्रामीण क्षेत्रों के विशेष रूप से निर्धन लोगों की स्थिति कमजोर होने के कारण उनके कदम अनवरत रूप से रोजगार की तलाश में बड़े नगरों व महानगरों की तरफ बढ़ रहे है। विडम्बना है कि हमारे देश में पलायन की प्रक्रिया विकास आधारित न होकर गरीबी पर निर्भर है।

बड़े किसानों पर निर्भरता – कृषि क्षेत्र में तीव्र गति से बढ़ती कृषि लागतों और उचित प्रतिफल न मिल पाने के कारण किसानों की बड़े किसानों पर निर्भरता बड़ी है। कृषि आदान जैसे ट्रेक्टर, हारवेस्टर, थ्रेशर आदि अत्याधिक मंहगे हैं ये कृषि आदान कुछ बड़े किसानों के पास ही उपलब्ध हैं। ये बड़े किसान कृषि में समय के महत्व को भलीभांति समझते हैं और इसी का लाभ उठाकर कृषि आदानों को अत्याधिक मंहगी कीमत पर छोटे व लघु किसानों को किराये पर उपलब्ध कराते हैं। इन बड़े किसानों का उद्देश्य ही लघु व सीमांत किसानों को ऋणग्रस्त करने का होता है ये बड़ी चालाकी से इन किसानों को उधार कृषि आदान उपलब्ध कराते हैं। चूंकि उधार की सुविधा के कारण ये किसान किसी एक किसान पर निर्भर हो जाते हैं क्योंकि किसानों के पास समय पर मंहगें कृषि आदान किराये पर लेने हेतु पैसा नहीं होता है। दूसरी ओर ये किसान एक प्रकार का कार्टेल बना लेते हैं। छोटे व सीमांत किसान या तो अपनी जमीन किराये पर देने के लिए मजबूर हो जाते हैं या मंहगी खेती का जोखिम उठाते हैं। जिससे वो कर्ज में डूब जाते हैं। छोटे व सीमांत किसान किसी न किसी दृष्टि से इनके चंगुल में फसा होता है तथा मेहनत करने के बावजूद निम्न स्तर का जीवन यापन करने पर मजबूर होता है।

आधुनिक कृषि तकनीक परंपरागत कृषि के स्थान पर हस्तांतरित हो रही है। लघु व सीमांत किसान इतने ज्यादा जागरूक व शिक्षित नहीं है कि वैज्ञानिक खेती कर सके उन्हें तो यह भी पता नहीं होता है कि कौन सा रासायनिक खाद्य किस फसल में डाला जाना है, कौन सा कीटनाशक किस फसल का है। फसल के प्रकृति के अनुसार उनके कीट व कीटनाशक भिन्न–भिन्न होते है कृषक को इसकी पर्याप्त जानकारी नहीं होती है इसकी जानकारी बड़े कृषकों को अच्छी तरह से होती है क्योंकि वे जागरूक है और खेती को एक व्यावसाय के रूप में करते हैं। इस जानकारी के लिए छोटे वे सीमांत किसान बड़े व जागरूक किसानों पर निर्भर होते हैं। उन्नत किश्म के बीज, की प्रजातियां, उनके प्रकार व गुणवत्ता एक ही फसल में कई प्रकार के होते हैं मिट्टी की गुणवत्ता और उस मिट्टी के लायक बीज की किस्म का कृषक को ज्ञान नहीं होता है इस हेतु ये किसान बड़े किसानों पर निर्भर हो जाते है। परंपरागत बीज अब नहीं रखे जाते हैं और जो किसान परंपरागत बीज का उपयोग करते हैं उन्हें ये बड़े किसान उन्नत किस्म के बीजों के बारे में जागरूक करते हैं अधिक उत्पादन का लालच देते हैं और बीज की बिक्री हेतु अपना बाजार तैयार करते हैं। लघु व सीमांत किसान उन्नत बीजों को बड़े किसानों से उधार खरीदते हैं बाद में बड़े किसान बड़ी चालाकी से इसकी कीमत अधिक कर देते हैं व अत्याधिक ब्याज वसूल करते हैं। उन्नत बीज का उपयोग करने पर सिंचाई व उर्वरक का भी उपयोग अनिवार्य हो जाता है। बिजली ग्रामीण क्षेत्रों में एक बड़ी बाधा है। समय पर बिजली उपलब्ध न होने की दशा में फसल को सूखने लगती है। इस कारण फसल को सूखने से बचाने के लिए बड़े किसानों से सिंचाई भी किराये पर करानी पड़ती है। समय की नजाकत को पहचानते हुए ये किसान अत्याधिक मंहगी कीमतों पर सिंचाई उपलब्ध कराते है। इनके पास वैकल्पिक व्यवस्था के रूप में जनरेटर आदि उपलब्ध होते हैं। इस तरह से सिंचाई हेतु वह बड़े किसान पर निर्भर होता है।

लघु व सीमांत कृषक जो बड़े कृषकों के चंगुल में फंस जाते हैं वो इनके ऊपर इतने ज्यादा निर्भर हो जाते हैं कि कृषि संबंधी व परिवार संबंधी निर्णय भी उनके पूछे बगैर नहीं ले सकते चाहे सरकारी योजनाओं के लाभ की बात हो या फसल बोने या काटने का निर्णय लेना हो या घर में किसी उपभोग वस्तु का क्रय करना हो हर तरह से बड़े किसानों पर निर्भर होते हैं। यहाँ तक कि कुछ किसान तो मजदूरी करने भी दूसरे के यहाँ चाह कर भी नहीं जा सकते हैं। वो किसी बड़े कृषक जिस पर निर्भर होते हैं वहीं सस्ती कीमतों पर श्रम उपलब्ध कराते है। निर्भरता को बढ़ावा देना बड़े किसानों

की एक नीति होती है जिससे उन्हें समय पर सस्ता श्रम उपलब्ध हो सके इसलिए वो किसानों को सहयोग प्रदान करते रहते हैं। और किसान इनके एहसानों तले दब जाता है व उनके यहां सस्ती कीमत पर श्रम कार्य करने पर मजबूर होता है। यह एक प्रकार की अघोषित गुलामी कही जा सकती है।

फसल आने पर फसलों की कटाई में भी फसलों की बिक्री में भी बड़े किसान छोटे किसानों को तथा सोची समझी रणनीति के तहत फसल को गाँवों में ही बेचने को मजबूर करते हैं। न्यूनतम समर्थन मूल्य की जानकारी किसानों को नहीं होती है जिससे बड़े किसानों को सस्ती कीमत पर बेचने को मजबूर होते है। कुल मिलाकर फसल बुवाई से लेकर फसलों की बिक्री तक किसी न किसी स्तर पर छोटे व सीमांत किसान बड़े किसानों पर निर्भर हो जाते है या तो सोची समझी रणनीति के तहत या फिर परिस्थितियों वश ये किसान इन पर निर्भर हो जाते हैं। जैसे–जैसे आधुनिक कृषि तकनीक का प्रसार होता जा रहा है कृषकों की निर्भरता बड़े किसानों पर बढ़ती जा रही है।

कृषि जोतों में परिवर्तन – कृषि की बढ़ती लागतें और कृषि क्षेत्र में कम आय प्राप्त होने से किसानों की कृषि जोतों पर विपरीत प्रभाव पड़ रहा है। कृषि जोतें छोटी होती जा रही हैं। कृषि क्षेत्र में मंहगे कृषि आदानों के कारण कुछ लघु व सीमांत किसान अपनी कृषि भूमि के पूरे भाग पर कृषि कार्य नहीं कर पाते हैं इस कारण से कृषि जोत कम हो रही हैं। ये किसान अपनी कृषि भूमि या तो किराये पर दे देते हैं या किसानों को बेच देते है। दूसरा लघु व सीमांत किसानों में परिवार के सदस्यों की संख्या अधिक होती है लघु व सीमांत किसान बढ़ती लागतों व कृषि से उचित प्रतिफल न मिल पाने के कारण ऋणग्रस्तता का शिकार हो जाते हैं। ऋणग्रस्तता ऐसी भयावह स्थिति होती है जिसमें किसान या तो मजबूरी वश पलायन कर जाता है या आत्महत्या कर लेता है ऐसी स्थिति में कृषक की भूमि उसके परिवार के सदस्यों में बंट जाती है। परिवार के मुखिया के न होने की स्थिति भूमि बांट दी जाती है जिससे कृषि जोतें छोटी हो जाती है।

कृषि संरचना में पिछले कुछ दशकों के दौरान बड़े परिवर्तन आये हैं। प्रदेश में जोत छोटी हो रही है। और धीरे–धीरे जमीन औसत दर्जे की और छोटे किसानों में बंट रही है। इस तरह से जोतों की संख्या बढ़ रही है। और इन किसानों द्वारा जोती जाने वाली जमीन का रकवा बढ़ रहा है। कुल मिलाकर देशभर में छोटे किसानों का प्रतिशत 83.5 है। इनमें से अधिकांश उत्तरप्रदेश, बिहार और आंध्रप्रदेश है। इन राज्यों

में ऐसे किसानों द्वारा जोती जाने वाली जमीन खेती की कुल जमीन के एक-तिहाई या इससे ज्यादा के बराबर है। इस मामले में अपवादस्वरूप महाराष्ट्र (31.7), पंजाब (24.4) और राजस्थान (22.60) है।

अधिकांश छोटे किसान गरीबी रेखा से नीचे आते हैं और सामाजिक रूप से वंचित समूहों के होते है। अर्थव्यवस्था के उदारीकरण और मध्यम वर्ग के बढ़ने के साथ उन्हें अधिक अवसर मिले हैं और इन छोटे किसानों की संसाधनों तक पहुँच बन गई है। भारत में कृषि जोतों की समस्या दोहरी है। जोतें न केवल छोटी होती जा रहीं है अपितु विखण्डित भी हैं। वे एक स्थान पर बंधी न होकर, सारे गांवों में छोटे-छोटे टुकड़ों में बिखरी हुई हैं। जोतों के आकार के छोटे होते जाने का प्रमुख कारण भूमि का विभाजन व उपविभाजन है। और भूमि के विखण्डन का कारण सम्पत्ति के संयुक्त स्वामियों के बीच सम्पत्ति का विभाजन रहा है।

गांवों में देशी साहूकार वर्ग अत्यंत निर्दयी होता है उसका किसान को ऋण देने का एकमात्र उद्देश्य उसकी भूमि को हथियाना होता है। ये साहूकार किसान को उधार लेने के लिए प्रोत्साहित करते हैं और अनेक अनुचित उपयों द्वारा उससे भारी ब्याज वसूल करते हैं। चूंकि अपना खेत साहूकार के हाथ सौपें बिना किसान और किसी उपाय से लिया हुआ ऋण चुका नहीं पाता है। अंत में साहूकार ही जमीन का मालिक बन जाता है। देश में ऋणग्रस्तता बढ़ती हुई आबादी, संयुक्त परिवार प्रणाली का पतन, व कृषि क्षेत्र में असंतोष छोटी जोतों के प्रमुख कारण है।

कृषि लागत में परिवर्तन के कारक – कृषि उत्पादन प्रमुखतः प्रकृति तथा स्थानीय मौसम की आसामान्यता पर निर्भर है। शीत, तापमान में आकस्मिक वृद्धि, भारी वर्षा, ओला वृष्टि, आँधी, बाढ़, आदि तत्व फसलों की प्रकृति व उत्पादन तय करने में महत्वपूर्ण भूमिका अदा करते है। यह तत्व अनेक कृषि संबंधी कारकों तथा उत्पादन को प्रभावित करते हैं जिस कारण से विभिन्न लागत घटकों में परिवर्तन होता है तथा लागत में वृद्धि या कमी हो सकती है। घटक जैसे भूमिगत जल में संकुचन, ईंधन मूल्यों में परिवर्तन डीजल पम्प सेटों की उपलब्धता व कीम में परिवर्तन, नहर जल का फसल क्षेत्रों में उपयोग, वर्षा संबंधी घटनाएं आदि घटक सिंचाई व्यय में परिवर्तन के लिए उत्तरदायी होते हैं। मौसम अनुकूल होने पर सिंचाई व्यय कम हो जाता है व प्रतिकूल मौसम सिंचाई व्यय में वृद्धि का प्रमुख कारक होता है। विद्युत पॉवर का कृषि हेतु अनुपलब्धता भी सिंचाई व्यय में वृद्धि कर देती है। कृषि कार्य में समय का बड़ा महत्व होता है और

समय पर बिजली न रहने से फसल प्रभावित होती है। विद्युत की अनुपलब्धता, अपर्याप्त उर्जा पूर्ति वस्तु के उत्पादन व वस्तु के भार को प्रभावित करती हैं। विद्युत आपूर्ति न होने पर कृषकों को मजबूरी में डीजर पंप सेट का उपयोग करना पड़ता है। डीजल अत्याधिक मंहगा होने के कारण सिंचाई व्यय तुलनात्मक रूप से अधिक आता है।

खाद का उपयोग नियमित आधार पर नहीं किया जाता है तथा अधिकांश इसका उपयोग हर तीसरे वर्ष किया जाता है। गाय के गोबर का वैकल्पिक उपयोग भी होता है जिससे खाद हेतु गोबर की उपलब्धता कम होती है जो लागत में वृद्धि का कारण बन जाती है। उर्वरक एवं रासायनिक व कीटनाशकों का उपयोग उनकी कीमतों पर निर्भर करता है। बड़े किसान उर्वरक व कीटनाशकों को खरीद कर रख लेते हैं व छोटे एवं सीमांत किसानों को मनमानी कीमत पर बेच देते हैं। छोटे व सीमांत किसानों को उर्वरकों एवं कीटनाशकों के उपयोग एवं कीमतों की उचित जानकारी नहीं होती है इस कारण से इन्हें ऊंची कीमतों पर खरीदना पड़ता है। उर्वरक व कीटनाशकों का उपयोग भी किसानों द्वारा नियमित नहीं किया जाता है। इनका उपयोग इनकी कीमतों व किसानों के पास उपलब्ध संसाधनों पर निर्भर होता है।

विभिन्न वर्षों में स्थानीय तथा संकर बीजों का अनुपात परिवर्तित हो जाता है जिससे किसान बीज के मूल्य में भिन्नता के कारण अधिक लागत व्यय करता है। विभिन्न फसलों जैसे धान, गन्ना के मामले में रोपण किये गये फसल का सम्मिश्रण तथा प्राकृतिक तत्वों द्वारा हानि पहुँचाये जाने के कारण कई बार पुनः बुआई करना पड़ जाती है जिससे किसान की लागत अधिक आती है। कभी–कभी गैर अंकुरण के कारण भी पुनः बुआई करना पड़ती है। कई बार बुआई का प्रसारण तथा प्रतिरोपण प्रणाली के संयोजन से अक्सर उपयोग में लाये गये बीजों की मात्रा व बीज की दर तथा बीज के मूल्य में भिन्नता आ जाती है जिससे किसानों की लागत परिवर्तित हो जाती है।

निवेश कारगर ढंग से उपयोग, उचित स्थानीय मौसम दशा, कीटनाशक तथा जन्तु की कम घटनाएं तथा अन्य ऐसे ही प्राकृकि तत्वों के स्थिर व अुनूकूल रहने से प्रायः निवेश के उपयोग में बिना अनुरूप वृद्धि से उत्पादन में वृद्धि होती है। चारे की उपलब्धता, विशेषकर सूखा वर्षो। के दौरान इसकी कमी, चारा आदि के मूल्यों में परिवर्तन के कारण रख–रखाव लागत, आदि में परिवर्तन होने से पशु श्रम में भी परिवर्तन हो जाता है। उपरोक्त तथ्यों के अलावा कुछ मामलों में पशु श्रम के कम उपयोग अथवा उपयोग नहीं करने से पशुओं के पूर्णकालिक रखरखाव लागत में पशुश्रम

के घंटेवार दर में एकाएक वृद्धि हो जाती है जो कृषि लागत में वृद्धि कर देती है। इसके अतिरिक्त विभिन्न कृषि जोतों के आकार में परिवर्तन, किसी विशेष फसल के लिए किसी विशेष वर्ष में कम या अधिक महत्व व जोतों के किराये में वृद्धि से भी लागत प्रभावित होती है। किसी विशेष फसल को महत्व देने से प्रायः निवेश की मात्रा, उपयोग, उनकी लागत, तथा उत्पादकता के परिवर्तन में वृद्धि होती है। कृषि में उन्नत तकनीक का उपयोग किसानों की कृषि लागत में वृद्धि का बड़ा कारण है। उन्नत बीज, उन्नत खाद, उन्नत सिंचाई सुविधाएं व उन्नत कृषि आदानों का प्रयोग कृषि निवेश के मंहगे होने का प्रमुख कारण है। कृषि कार्य में लगने वाले मुख्य आदान बीज पौधपोषण के लिए उर्वरक व पौध संरक्षण रसायन सिंचाई आदि दिनोदिन मंहगे होते जा रहे हैं। खेत की तैयारी, फसल काल निंदाई–गुड़ाई, सिंचाई व फसल की कटाई–दहाई–उड़ावनी आदि कृषि कार्यों में लगने वाली उर्जा की इकाईयों की कीमतों में निरंतर वृद्धि कृषि लागत में वृद्धि कर देती है। सही समय पर व सही तरीके के इस उर्जा का इस्तेमाल नहीं होता है बड़ी मात्रा में इनका अपव्यय होता है जो कृषि लागत को बढ़ा देता है।

कृषि आदानों में मशीनों की कीमतों में अत्याधिक हैं किसान इन मशीनों को खरीद नहीं सकता है बड़े किसान ऊंची कीमत पर किराये से देते है जिससे लागत बढ़ जाती है। पशुधन कम होता जा रहा है व मशीनों का उपयोग लागतों में वृद्धि के रूप में सामने आ रहा है। उर्वराशक्ति में विभिन्नता होने के कारण उत्पादकता प्रभावित होती है उर्वरकों का उपयोग लागत को प्रभावित करता है।

कीटनाशकों का लापरवाही से उपयोग न केवल फसलों को बर्बाद करता है वरन कृषि लागत में भी वृद्धि कर देता है। ऐसा चैम ने कहा है कि देश में 20 प्रतिशत कृषि भूमि ऐसी है जहाँ किसान कीटनाशकों का ठीक ढंग से इस्तेमाल भी नहीं कर पाते हैं। इससे फसली नुकसान तो होता ही है साथ ही भूमि की उर्वरा शक्ति भी कम होती है। इससे उपज घटती है व समूचे कृषि क्षेत्र पर प्रतिकूल असर पड़ता है जिससे लागतें बढ़ जाती हैं। कृषि उपकरण, ट्रेक्टर, सिंचाई के इंजन, पंप, विद्युत मोटर, रासायनिक उर्वरक, सूक्ष्म पोषक तत्व, पौधे के लिए प्रयुक्त वृद्धि नियामक, कीटनाशी, फफूद एवं खरपतवारनाशी दवाएं, चूहामार दवाएं, जिप्सम, सिंचाई के पाइप, डीजल, पेट्रोल सभी पर सरकारी कर में वृद्धि हुई है स्वाभाविक है कि ये सभी आदान मंहगें हो जायेंगे जिससे कृषि लागत बढ़ जायेगी।

बढ़ते हुए आय स्तरों के साथ अधिक मूल्य वाली वस्तुओं के लिए परिवारों की मांग में हो रहे परिवर्तन के कारण प्रति व्यक्ति उपलब्धता में वृद्धि के बाद भी मूल्यों में वृद्धि

हुई है। मण्डी की अपूर्णता मूल्य संचार को सीमित कर इन प्रवृत्तियों में वृद्धि कर देती है। इनमें कुशल परिवहन सुविधाएँ, भण्डारण, प्रसंस्करण, विपणन और ऋण सुविधाएं शामिल है। जब कम आय स्तरों में वृद्धि होती है तब खाद्य वस्तुओं की मांग बढेगी। इस तरह से खाद्यान्नों की कम प्रति व्यक्ति उपलब्धता और बढ़ती मांग के साथ तिलहनों व दलहनों जैसी प्रमुख कृषि जिन्सों की ढांचागत कमी से खाद्य मूल्य स्फीति अधिक होती है। इस प्रक्रिया में अंतर्राष्ट्रीय संचरण के माध्यम से वैश्विक खाद्य मूल्यों में तेजी से और अधिक तेजी आई है। तेल के मूल्यों के बढ़ते हुए अंतर्राष्ट्रीय मूल्यों ने उर्वरक, परिवहन की आदान लागतों और सभी अन्य आदानों और सेवाओं की लागत में सामान्य वृद्धि के माध्यम से कृषि उत्पादन लागत को प्रभावित किया है।

कृषकों की आर्थिक स्थिति

❖ सर्वेक्षित परिवारों में लगभग आधे से अधिक किसान परिवार कच्चे मकान में निवास करते हैं। 30 प्रतिशत किसान परिवार कच्चे एवं पक्के मिश्रित प्रकार के मकानों में रहते हैं व 7 प्रतिशत किसान परिवार पक्के मकान में निवास करते हैं।

❖ सर्वेक्षित परिवारों में 35 प्रतिशत किसान पूर्णतया अशिक्षित व लगभग 6 प्रतिशत किसान उच्च शिक्षित पाये गये। लगभग 20 प्रतिशत किसान ऐसे थे जिन्होंने मैट्रिक पास की है।

❖ सर्वेक्षित परिवारों में लगभग 95 प्रतिशत किसानों का प्रमुख व्यवसाय कृषि कार्य करना है।

❖ लगभग 30 प्रतिशत किसान कृषि के अलावा अन्य कार्य भी अतिरिक्त आमदनी के उद्देश्य से करते हैं।

❖ लगभग 70 प्रतिशत किसान परिवारों में कृषि के कार्य में उनके परिवार के सदस्य हाथ बंटाते हैं।

❖ लगभग 95 प्रतिशत किसानों का कहना है कि वे पिछले 10 वर्षों से लगातार कृषि कार्य कर रहे हैं।

❖ सर्वेक्षित ग्रामों में लगभग 18 प्रतिशत परिवार भूमिहीन व लगभग 62 प्रतिशत किसान परिवार सीमांत किसान की श्रेणी (1–3 एकड़) में व 17 प्रतिशत किसान मध्यम श्रेणी (3–10 एकड़) तथा 3 प्रतिशत बड़े किसान की श्रेणी में पाये गये।

तालिका क्र. 6.1

कृषकों की आय का प्रमुख साधन

क्र.	आय का प्रमुख साधन	उत्तरदाताओं का प्रतिशत
1	कृषि	88
2	व्यवसाय	07
3	सर्विस	03
4	अन्य	02

स्रोत – स्वयं के सर्वेक्षण पर आधारित एवं सभी प्रतिशत में N=70.

सर्वेक्षण में यह ज्ञात हुआ कि सर्वेक्षित परिवारों में आय का प्रमुख साधन कृषि है। लगभग 88 प्रतिशत उत्तरदाताओं का मानना है कि कृषि कार्य उनकी आय का प्रमुख साधन है। 07 प्रतिशत किसानों का यह मानना है कि उन्हें कृषि के अलावा व्यवसाय से भी आय होती है। साथ ही दो प्रतिशत किसान ऐसे भी पाये गये जो कृषि कार्य के साथ-साथ सर्विस भी करते हैं व उच्च शिक्षित हैं। 02 प्रतिशत किसान अन्य कार्य भी करते हैं। सर्वेक्षण से यह भी ज्ञात हुआ कि लगभग 98 प्रतिशत किसान कृषि कार्य इसलिए करते हैं क्योंकि यह उनका पैतृक व्यवसाय है।

तालिका क्र. 6.2

सिंचाई के साधन

क्र.	सिंचाई के साधन	उत्तरदाताओं के प्रतिशत
1	पंप/टयूब बैल	53
2	नहर	06
3	कुंआ	42
4	तालाब	37
5	नदी	23
6	सरकारी ट्यूब बैल	10
7	अन्य	10

स्रोत – स्वयं के सर्वेक्षण पर आधारित।

तालिका के अवलोकन से ज्ञात होता है कि सिंचाई के साधनों में पंपसेट व ट्यूब बैल लगभग 53 प्रतिशत किसानों द्वारा उपयोग किया जाता है। लगभग 6 प्रतिशत किसान नहरों से सिंचाई करते हैं। सर्वेक्षित ग्रामों में 42 प्रतिशत किसान कुंओं को सिंचाई के साधन के रूप में इस्तेमाल करते हैं। लगभग 37 प्रतिशत किसान परिवार तालाब को सिंचाई हेतु उपयोग करते हैं। लगभग 23 प्रतिशत किसान नदी से सिंचाई करते हैं, 10 प्रतिशत किसान सरकारी ट्यूब बैल व 10 प्रतिशत किसान अन्य साधनों से कृषि भूमि की सिंचाई करते हैं। सिंचाई के साधन प्रमुखतः वृहत व मध्यम किसानों के पास उपलब्ध हैं जिससे सीमांत व लघु कृषकों की वृहत किसानों पर निर्भरता बढ़ती है। साथ ही सभी सिंचाई के साधनों का उपयोग बिजली की उपलब्धता पर निर्भर करती है।

सर्वेक्षित परिवारों में यह जानने का हमने प्रयास किया कि किसानों की प्रमुख चुनौतियाँ एवं समस्याऐं क्या है? किसानों की फसलें क्यों बर्बाद होती हैं व किसानों द्वारा आत्महत्या किये जाने का क्या कारण है? किसान परिवारों की प्रमुख चिंता जैसे स्वास्थ्य, शिक्षा, शादी, ऋण चुकाना आदि को भी जानने का प्रयास किया जिससे उनकी प्रमुख समस्या तक पहुँचा जा सके। लगभग 70 प्रतिशत किसानों का यह मानना है कि स्थिति अच्छी नहीं है। लगभग 03 प्रतिशत का ही यह मानना है कि किसानों की हालात ठीक है।

तालिका क्र. 6.3

कृषकों की समस्याऐं

क्र.	किसानों की संख्या	उत्तरदाताओं का प्रतिशत			
		सीमांत	लघु	मध्यम	वृहत
1	कम उत्पादकता	30	25	21	23
2	सिंचाई	43	27	09	05
3	कम आय	52	42	37	31
4	कम जोत कीमत	35	37	10	10
5	श्रम	33	63	55	60
6	मंहगाई	75	68	18	23
7	अधिक कृषि लागतें	92	85	78	70
8	बाढ़ / मानसून / मौसम	87	80	72	73
9	अन्य	60	20	03	02

स्रोत – स्वयं के सर्वेक्षण पर आधारित।

तालिका के अवलोकन से ज्ञात होता है कि किसानों की प्रमुख समस्याओं में सीमांत में लघु किसानों को समस्याऐं अधिक हैं, कम उत्पादकता लगभग 25 प्रतिशत किसानों की प्रमुख समस्या है। जिसमें सीमांत किसानों में 30 प्रतिशत किसानों का मानना है कि कम उत्पादकता उनकी प्रमुख समस्या है जबकि लघु कृषकों में 25 प्रतिशत व मध्यम वर्गीय कृषकों में 21 प्रतिशत व वृहत किसानों में 23 प्रतिशत का यह मानना है कि कम उत्पादकता उनकी प्रमुख समस्या है। सिंचाई की समस्या सर्वाधिक सीमांत किसानों को है लगभग 43 प्रतिशत किसानों का यह मानना है कि सिंचाई उनकी प्रमुख समस्याओं में से एक है, वहीं लघु किसानों में लगभग 27 प्रतिशत किसानों का यह मानना है कि सिंचाई उनकी समस्या है। कुल किसानों में 56 प्रतिशत किसान मानते हैं कि कृषि से उन्हें कम आय प्राप्त होती है वहीं सीमांत व लघु किसानों की कम आय एक बड़ी समस्या है लगभग 52 प्रतिशत सीमांत किसान व 42 प्रतिशत लघु किसान यह मानते हैं कि कृषि से कम आय उनकी बड़ी समस्या है। दूसरी ओर मध्यम वर्गीय व वृहत किसानों 37 प्रतिशत व 31 प्रतिशत किसानों का मानना है कि

कृषि से उन्हें कम आय प्राप्त होती है जो उनके लिए एक बड़ी समस्या है। कम जोत कीमत की समस्या भी सीमांत व लघु किसान वर्गों में अधिक है लगभग 35 प्रतिशत सीमांत किसान व 37 प्रतिशत लघु कृषक यह मानते हैं कि कम जोत कीमत उनकी प्रमुख समस्या है।

कृषि समस्याओं में लगभग 10 प्रतिशत किसानों का मानना है कि मंहगाई एक बहुत बड़ी समस्या है। सीमांत किसानों में यह एक गंभीर समस्या है लगभग 75 प्रतिशत किसान मानते हैं कि मंहगाई बड़ी समस्या है, लगभग 63 प्रतिशत लघु कृषक भी यह मानते हैं कि वह एक बड़ी समस्या है। मध्यम व वृहत किसानों में क्रमशः 18 प्रतिशत व 23 प्रतिशत किसान यह मानते हैं कि मंहगाई एक बड़ी समस्या है। अधिक कृषि लागतें प्रमुख समस्या के रूप में उभरकर सामने आयी है। सीमांत किसानों में 92 प्रतिशत किसानों का मानना है कि कृषि में अधिक लागत आती है जबकि 85 प्रतिशत लघु कृषकों का मानना है कि कृषि में लागत अधिक आती है तथा 70 प्रतिशत मध्यम वर्गीय किसानों का मानना है कि कृषि में अधिक लागत आती है। 70 प्रतिशत वृहत किसानों का भी यह मानना है कि कृषि में अधिक लागत आती है। बाढ़, मानसून, वेमौसम बरसात भी एक प्रमुख बड़ी समस्या के रूप में सामने आयी है।

सर्वेक्षित ग्रामों में यह जानने का प्रयास किया कि किसानों की फसलें खराब होती है तो क्या कारण है। अधिकतर किसानों का यह मानना है कि पिछले तीन वर्षों से लगातार उनकी फसल खराब हो रही है। फसल खराब होने के कारणों की खोज की तब ज्ञात हुआ कि फसल खराब होने का कारण सूखा, बाढ़, कीटों का हमला, कम वर्षा, पशु-पक्षी के कारण, सिंचाई की अनुपलब्धतता, बेमौसम बरसात व अन्य कारण भी सामने आये हैं।

फसल खराब होने के प्रमुख कारणों में बेमौसम बरसात, सूखा, बाढ़, सिंचाई की अनुपलब्धता व कीटों का हमला प्रमुख है।

तालिका क्र. 6.4

फसल खराब होने का कारण

क्र.	फसल खराब होने का कारण	उत्तरदाताओं का प्रतिशत
1	सूखा	16
2	बाढ़	10
3	कीटों का हमला	08
4	पशु पक्षी के कारण	06
5	सिंचाई की अनुपलब्धता	10
6	ओलावृष्टि	40
7	बेमौसम बरसात	96
8	अन्य	04

स्रोत – स्वयं के सर्वेक्षण पर आधारित।

तालिका के अवलोकन से ज्ञात होता है कि लगभग 16 प्रतिशत किसानों का मानना है कि सूखा पड़ने से उनकी फसल खराब हुई तथा 10 प्रतिशत किसानों का मानना है कि बाढ़ के कारण उनकी फसल खराब हुई है। लगभग 8 प्रतिशत किसानों की फसलें कीटों के हमले के कारण खराब हुई हैं तथा 06 प्रतिशत किसानों का मानना है कि उनकी फसलें पशु-पक्षियों के कारण खराब हुई है। लगभग 10 प्रतिशत किसान मानते हैं कि सिंचाई की अनुपलब्धता उनकी फसल खराब होने का प्रमुख कारण रही है। लगभग 40 प्रतिशत किसानों का मानना है कि ओलावृष्टि के कारण उनकी फसल खराब हुई है। फसलों के खराब होने का यह एक प्रमुख कारण निकलकर सामने आया है। फसल खराब होने का सबसे बड़ा कारण बेमौसम बरसात रहा है। लगभग 96 प्रतिशत किसानों का मानना है कि बेमौसम बरसात उनकी फसल के खराब होने का प्रमुख कारण रही है।

आत्महत्या एवं पलायन

सर्वेक्षित ग्रामों के कृषकों से यह जानने का प्रयास किया कि क्या उनके क्षेत्र में या गांव में किसी किसान ने फसल खराब होने या ऋण ग्रस्तता में फंसने के कारण आत्महत्या

की है। लगभग 10 में 7 किसानों ने यह माना है कि उन्होंने किसानों द्वारा की गई आत्महत्या के बारे में सुना हैं उनका मानना है कि किसान आत्महत्या करते हैं और यह दर अधिक है।

लगभग 60 प्रतिशत किसानों ने उनके गांव या क्षेत्र में किसान द्वारा की गई आत्महत्या के बारे में सुना है तथा 40 प्रतिशत किसान मानते हैं कि उन्होंने ऐसा कोई प्रकरण नहीं सुना है।

अध्ययन में यह जानने का प्रयास किया कि आपके गांव से क्या कृषक भूमिहीन होकर गांव से नगरों की ओर पलायन किया है तब हमें 88 प्रतिशत किसानों ने यह माना है कि कृषक भूमिहीन होकर नगर की ओर पलायन कर जाते हैं क्योंकि यहां पर उन्हें कोई काम नहीं मिलता है। कृषि का मशीनीकरण होने से कृषि क्षेत्र में काम कम मिलता है साथ ही अदृश्य व मौसमी बेरोजगारी के कारण व्यक्ति अधिकांश समय बेरोजगार रहता है इससे वह नगर की ओर पलायन कर जाते है। दूसरी ओर बड़े किसान अच्छी शिक्षा, स्वास्थ्य व रहन–सहन के कारण गांवों से शहरों की ओर पलायन कर जाते हैं।

अध्ययन से ज्ञात होता है कि लगभग 73 प्रतिशत किसान खाद, बीज, रसायन आदि खरीदने हेतु ऋण लेते हैं वहीं लगभग 21 प्रतिशत किसान कृषि आदान खरीदने हेतु ऋण लेते हैं। 06 प्रतिशत किसान अन्य, किसी कार्य हेतु ऋण लेते हैं। अधिकतर किसान कृषि कार्य हेतु ऋण लते हैं। वहीं लघु एवं सीमांत किसान अन्य किसान वर्ग की तुलना में अधिक ऋण लेते हैं वह ऋणग्रस्तता का शिकार भी यही किसान वर्ग होता है।

सर्वेक्षण में किसानों से सरकारी योजनाओं के प्रति जागरूकता व रूचि जानने का प्रयास किया। शोधार्थी ने सरकारी योजनाओं के बारे में जानकारी व उनसे मिलने वाले लाभ की चर्चा की। किसानों के मतानुसार सारे लाभ केवल बड़े किसानों को प्राप्त होते हैं।

किसानों के मतानुसार 66 प्रतिशत किसान यह मानते हैं कि सरकारी योजनाओं का लाभ केवल बड़े किसानों को मिलता है। 18 प्रतिशत किसानों का मानना है कि गरीब व सीमांत किसानों को भी सरकारी योजनाओं का लाभ मिलता है। 12 प्रतिशत किसान यह मानते हैं कि सरकारी योजनाओं का लाभ दोनों प्रकार के किसानों को मिलता है तथा 04 प्रतिशत किसानों का मानना है कि सरकारी योजनाओं का लाभ किसी को भी नहीं मिलता है।

सर्वेक्षित ग्रामों में सरकारी कृषि योजनाओं में जागरूकता की कमी है। लोगों ने सरकारी योजनाओं का नाम तो सुना है परन्तु उनका लाभ नहीं लिया है। लगभग 70 प्रतिशत किसान, किसान क्रेडिट कार्ड के बारे में जानते हैं परन्तु इसका लाभ मात्र 27 प्रतिशत किसानों ने ही लिया है। राष्ट्रीय कृषि बीमा योजना का नाम लगभग 35 प्रतिशत किसानों ने सुना है परन्तु केवल 07 प्रतिशत किसानों ने ही इसका लाभ लिया हैं ग्रामीण बीज योजना का लाभ लगभग 12 प्रतिशत किसानों ने लिया है जबकि 30 प्रतिशत किसान इसके बारे में जानकारी रखते हैं। राष्ट्रीय खाद्य सुरखा मिशन के बारे में 27 प्रतिशत लोगों को जानकारी है और 9 प्रतिशत किसानों ने इसका लाभ उठाया है। कृषि विज्ञान केन्द्र के बारे में 21 प्रतिशत किसान जानकारी रखते हैं जबकि 08 प्रतिशत किसानों ने इसका लाभ लिया है। ग्रामीण भंडारण योजना के बारे में लगभग 27 प्रतिशत किसानों को जानकारी है जबकि 06 प्रतिशत किसानों ने ही इसका लाभ लिया है। कृषि तकनीक प्रबंधन की जानकारी 11 प्रतिशत किसानों को है व 04 प्रतिशत किसानों ने इसका लाभ लिया है। न्यूनतम समर्थन मूल्य की जानकारी 33 प्रतिशत किसान रखते हैं जबकि केवल 12 प्रतिशत किसानों ने इसका लाभ लिया है। स्पष्ट है कि किसान सरकारी योजनाओं के बारे में जागरूक नहीं हैं व न ही सरकारी योजनाओं का उचित लाभ ले पा रहे हैं।

तालिका क्र. 6.5

सर्वेक्षित परिवारों में फसल पद्धति

फसल	दमोह (उत्तरदाताओं का प्रतिशत)	
	पांच वर्ष पूर्व	वर्तमान में
सोयाबीन	30	22
गेंहू	20	32
धान	18	20
चना	32	26
कुल	100	100

स्रोत – स्वयं के सर्वेक्षण पर आधारित।

तालिका के अवलोकन से ज्ञात होता है कि दमोह जिले में भी सोयाबीन का क्षेत्र पांच वर्ष पूर्व 30 प्रतिशत की तुलना में कम होकर 22 प्रतिशत रह गया। जबकि गेंहू का क्षेत्र 20 प्रतिशत से बढ़कर 32 प्रतिशत हो गया। धान का क्षेत्र 18 प्रतिशत से बढ़कर 20 प्रतिशत हो गया। दमोह जिले में चना का क्षेत्र 32 प्रतिशत से कम होकर 26 प्रतिशत रह गया है।

तालिका क्र. 6.6

उन्नत तकनीक का उपयोग, दमोह जिले में (गेंहू)

(उत्तरदाताओं का प्रतिशत)

कृषि	वर्तमान में	पांच वर्ष पहले
1. बीज का प्रकार		
उच्च	05	00
मध्यम	83	85
निम्न	05	10
2. जुताई की विधि		
ट्रैक्टर	50	40
हल + बैल	15	20
हल + बैल + ट्रैक्टर	30	35
3. उर्वरक उपयोग	80	70
4. रासायनिक / कीटनाशक उपयोग	82	70
5. थ्रेसिंग की विधि		
थ्रेशर	90	85
परंपरागत	04	10
6. परिवहन		
ट्रैक्टर	92	88
बैलगाड़ी	02	10

स्रोत – स्वयं के सर्वेक्षण पर आधारित।

तालिका के अवलोकन से ज्ञात होता है कि सर्वेक्षण के दौरान उत्तरदाताओं का प्रतिशत यह प्रदर्शित करता है कि पांच वर्ष पूर्व की तुलना में वर्तमान में जिले की कृषि में उन्नत तकनीक का उपयोग में वृद्धि हुई है। पांच वर्ष पूर्व जहां उच्च किस्म के बीजों का उपयोग बिल्कुल भी नहीं होता था वहीं यह वर्तमान में 5 प्रतिशत उत्तरदाताओं में उच्च किस्म के बीजों के प्रयोग का प्रचलन बढ़ा है। पांच वर्ष पहले 10 प्रतिशत किसान परंपरागत बीजों का उपयोग करते थे। वर्तमान में केवल 5 प्रतिशत किसान ही परम्परागत बीजों का उपयोग करते हैं। जुताई की विधि में भी परिवर्तन हुआ है पांच वर्ष पूर्व जहां 40 प्रतिशत किसान ट्रेक्टर का उपयोग करते थे वर्तमान में 50 प्रतिशत किसान ट्रेक्टर का उपयोग करते है। हल-बैल का उपयोग करने वाले किसान कम हुए हैं। पांच वर्ष पूर्व 20 प्रतिशत किसान हल-बैल का उपयोग करते थे जो कम होकर 15 प्रतिशत ही बचे हैं। उर्वरक उपयोग भी पांच वर्ष पूर्व की तुलना में 70 प्रतिशत से बढ़कर 80 प्रतिशत हो गया है। इसी तरह रासायनिक एवं कीटनाशकों का उपयोग भी पूर्व की तुलना में बढ़ा है। थ्रेसिंग की विधि में 90 प्रतिशत किसान थ्रेशर का उपयोग करते है जबकि पांच वर्ष पूर्व 85 प्रतिशत किसान ही थ्रेशर का उपयोग करते थे। पांच वर्ष पूर्व परम्परागत तरीके से थ्रेसिंग करने वाले किसानों की संख्या 10 प्रतिशत थी वर्तमान में 4 प्रतिशत किसान ही परंपरागत तरीके से थ्रेसिंग करते है। परिवहन में जिले में ट्रेक्टर के उपयोग में वृद्धि हुई है। लगभग 92 प्रतिशत किसान ट्रेक्टर का उपयोग करते हैं जो पूर्व की तुलना में अधिक है। हम कह सकते हैं कि मूल्यों में वृद्धि से किसानों की खेती करने की तकनीक में समय के साथ परिवर्तन आया हैं किसान नई तकनीक का उपयोग कर रहे हैं। मशीनीकरण का प्रयोग बढ़ रहा है।

तालिका क्र. 6.7

लागत, उत्पादकता एवं न्यूनतम समर्थन मूल्य (दमोह)

(उत्तरदाताओं का प्रतिशत)

	उत्पादकता / हेक्ट.	न्यूनतम समर्थन मूल्य धक्विंटल*	लागत प्रति हेक्टे.
गेंहू	24.87	1450	40291
चना	9.54	3000	33695
चावल	11.44	1345	36901

स्रोत – स्वयं के सर्वेक्षण पर आधारित। *कृषि सांख्यिकी म.प्र. कृषि संचालनालय, भोपाल, पृ.137

तालिका के अवलोकन से ज्ञात होता है कि दमोह जिले में गेंहू की उत्पादकता 24. 87 क्विंटल प्रति हेक्टेयर है। जबकि लागत 40251 रूपये प्रति हेक्टेयर है। वहीं प्रति क्विंटल न्यूनतम समर्थन मूल्य 1450 रूपये है। चना की उत्पादकता 9.54 क्विंटल प्रति हेक्टेयर है जबकि लागत 36659 रूपये प्रति हेक्टेयर है व समर्थन मूल्य 3000 रूपये प्रति क्विंटल है। चावल की उत्पादकता जिले में 11.44 क्विंटल प्रति हेक्टेयर है जबकि कुल लागत 36901 रूपये प्रति हेक्टेयर है और चावल का न्यूनतम समर्थन मूल्य 1345 रूपये प्रति क्विंटल है। तालिका के अवलोकन करने से यह ज्ञात होता है कि गेंहू की लागत सर्वाधिक है जबकि गेंहू की उत्पादकता भी अधिक है परन्तु समर्थन मूल्य कम होने के कारण किसानों को पर्याप्त लाभ नहीं मिल पाता है। वहीं चना की लागत गेंहू की तुलना में 33659 रूपये प्रति हेक्टेयर है जबकि समर्थन मूल्य गेंहू की तुलना में लगभग दो गुना है और गेंहू की तुलना में चना की उत्पादकता भी कम है। न्यूनतम समर्थन मूल्य में यदि और वृद्धि होती है तथा निश्चित रूप से गेंहू का उत्पादन और अधिक बढ़ेगा।

तालिका क्र. 6.8

भूमि आवंटन एवं फसलीय क्षेत्र में वृद्धि का निर्णय दमोह

(उत्तरदाताओं का प्रतिशत)

मद	फसलीय क्षेत्र में वृद्धि के कारण	
	गेंहू	धान
पिछले वर्ष की कीमत	70	50
पिछले 3 वर्षो की औसत कीमत	70	50
कीमत उच्चावचन	10	15
अन्य प्रतियोगी फसलों की कीमतें	60	65
घर में उपयोग हेतु	15	20
बाजार तंत्र की अनुपलब्धता के कारण	20	25
एम.एस.पी. के कारण	80	70
आदानों की उपलब्धता के कारण	75	78

स्रोत – स्वयं के सर्वेक्षण पर आधारित।

तालिका के अवलोकन से ज्ञात होता है कि भूमि आवंटन एवं फसलीय क्षेत्र में वृद्धि का निर्णय में न्यूनतम समर्थन मूल्य महत्वपूर्ण भूमिका अदा करता है। लगभग 80 प्रतिशत किसानों में न्यूनतम समर्थन मूल्य के कारण फसलीय क्षेत्र में वृद्धि की है वहीं 70 प्रतिशत किसानों ने धान के फसलीय क्षेत्र में वृद्धि की है। लगभग 70 प्रतिशत किसानों ने गेंहू के क्षेत्र में वृद्धि पिछले वर्ष की कीमतों को ध्यान में रखकर की है। धान में लगभग 50 प्रतिशत किसानों ने पिछले वर्ष की कीमत को ध्यान में रखकर फसलीय क्षेत्र में वृद्धि की है। फसलीय क्षेत्र में वृद्धि के प्रमुख कारणों में से एक अन्य प्रतियोगी फसलों की कीमतें भी रही है। आदानों की उपलब्धता के कारण भी फसलीय क्षेत्र में वृद्धि हुई है। हम कह सकते हैं कि फसलीय क्षेत्र में वृद्धि करने के निर्णय में न्यूनतम समर्थन मूल्य ने महत्वपूर्ण भूमिका अदा की है।

तालिका क्र. 6.9

निर्णय क्षमता दमोह

(उत्तरदाताओं का प्रतिशत)

निर्णय	सीमांत	लघु	मध्यम	बड़े	सभी
क्या नकद आदान में वृद्धि न्यूनतम समर्थन मूल्य में वृद्धि के कारण होती है।	60	72	83	90	92
क्या न्यूनतम समर्थन मूल्य में वृद्धि से किराये पर लिए गए श्रम की मजदूरी दर में वृद्धि होती है।	98	90	92	90	94
क्या न्यूनतम समर्थन मूल्य में वृद्धि से नई तकनीक का उपयोग बढ़ा है।	30	96	85	86	85
क्या न्यूनतम समर्थन मूल्य में वृद्धि से बाजार के समय में वृद्धि हुई है।	02	07	05	07	10
क्या न्यूनतम समर्थन मूल्य में वृद्धि से बाजार के स्थान में परिवर्तन करते हैं।	30	32	28	25	30
क्या न्यूनतम समर्थन मूल्य में वृद्धि से अन्य निवेश करते हैं।	10	12	14	10	12

स्रोत – स्वयं के सर्वेक्षण पर आधारित।

तालिका के अवलोकन से ज्ञात होता है कि 92 प्रतिशत किसान नकद आदान में वृद्धि न्यूनतम समर्थन मूल्य के कारण होती है तथा न्यूनतम समर्थन मूल्य के कारण किराये पर लिए गए श्रम की मजदूरी की दर में वृद्धि हो जाती है। 85 प्रतिशत किसान कहते हैं कि न्यूनतम समर्थन मूल्य के कारण नई तकनीक का उपयोग बढ़ा है। न्यूनतम समर्थन मूल्य में वृद्धि के कारण बाजार के समय में विशेष प्रभाव नहीं पड़ा है। बाजार के स्थान में भी परिवर्तन देखने को नहीं मिलता है। न्यूनतम समर्थन मूल्य के कारण बड़े किसानों में नई तकनीक का उपयोग बढ़ा है, छोटे व मझोले किसानों में भी पर्याप्त मात्रा में बढ़ा है। परन्तु सीमांत किसानों में नई तकनीक का उपयोग कम देखने को मिला। किराये पर लिए गए श्रमिकों की मजदूरी की दर में वृद्धि प्रत्येक कृषक वर्ग में देखने को मिलती है।

किसानों की निर्णय प्रक्रिया में कीमत निश्चित रूप से महत्वपूर्ण भूमिका निभाती है। परन्तु केवल एमएसपी ही नहीं अन्य तथ्य भी महत्वपूर्ण है। अभी भी सारे किसान एमएसपी के प्रति जागरूक नही हैं न ही इसका बेहतर लाभ ले पा रहे हैं। पिछले दशक के अनुभव से पता चलता है कि बाजार कीमत प्रवृत्तियों से फसल पद्धति, फसल किस्मों और प्रौद्योगिकी निर्धारित होती है। कृषि लागत से यह ज्ञात होता है कि कृषक वास्तव में न्यूनतम समर्थन मूल्य से अधिक व्यय करते हैं। न्यूनतम समर्थन मूल्य किसानों की निर्णय क्षमता को यदि पहचान लेता है तब यह कृषक कल्याण में एक महत्वपूर्ण उपकरण सिद्ध हो सकता है।

प्रस्तुत अध्ययन से स्पष्ट है कि 95.78 प्रतिशत किसान मूल्य वृद्धि के पक्ष में है केवल 4.22 प्रतिशत किसान इसका विरोध करते हैं। यद्यपि जिले में अधिकांश कृषक लघु एवं सीमांत है जिन्हें मूल्य वृद्धि से कोई लाभ नहीं मिलता फिर भी सर्वेक्षण से यह स्पष्ट होता है कि अधिकांश कृषक मूल्य वृद्धि के पक्ष में है। उनके अनुसार अधिक कृषि मूल्यों से उन्हें उत्पादन बढ़ाने में प्रेरणा मिलती है और इस आधार पर कहा जा सकता है कि न्यूनतम समर्थन मूल्य का अनुकूल प्रभाव पड़ता है। जब किसान को एमएसपी का आश्वासन होता है तो वह निश्चित होकर उत्पादन बढ़ाने का प्रयास करता है जिससे उत्पादन बढ़ता है।

कृषि को उद्योग के रूप में अपनाने को लेकर किसानों के उत्साह को देखें तो इसमें काफी गिरावट आई है। किसानों की कर्जदारी के बारे में एनएसएसओ के 59वें दौर का सर्वेक्षण दर्शाता है कि करीब 70 प्रतिशत किसान कृषि के पेशे को छोड़ना चाहते हैं, अगर उन्हें इसका मौका मिले। प्रमुख रूप से इसलिए, क्योंकि उन्हें इस क्षेत्र से कम आर्थिक लाभ मिल रहा है और प्राथमिक क्षेत्र के बाहर उनके पास रोजगार के वैकल्पिक साधन नहीं हैं। वर्ष 2001 के दौरान कृषि और इसके सहायक क्षेत्रों में कार्यरत देश के कुल 58.2 प्रतिशत कामगारों और 73.3 प्रतिशत ग्रामीण की तुलना करने पर पता चलता है कि एक दशक के बाद भी स्थिति असल में बदली नहीं है। उधर, इस दौरान देश की अर्थव्यवस्था प्राथमिक क्षेत्र से बढ़कर तेजी से बढ़ते तृतीयक क्षेत्र में पहुँच गई है।

किसानों की आत्महत्या से संबंधित खबरें ज्यादातर महाराष्ट्र एवं आंध्रप्रदेश से ही आती थी। आजकल उत्तरप्रदेश, गुजरात, पंजाब, हरियाणा, मध्यप्रदेश, राजस्थान के किसान भी आत्महत्या कर रहे हैं। कृषकों को खेती करना अब घाटे का सौदा हो गया है। कृषि आय कम व लागत अधिक है। किसानों की आत्महत्या का सबसे बड़ा कारण

ऋणग्रस्तता है। किसानों की निराशा है कृषि से कम आय का होना है जिस गति से लागत व उपभोग व्यय में वृद्धि हुई है उस गति से कृषि आय में वृद्धि नहीं हुई। पिछले कुछ वर्षों से लगातार प्राकृतिक आपदाओं के उत्पादन को प्रभावित किया है। आपदा के बाद किसानों को राहत के लिए दशकों पुरानी व्यवस्था और मानदण्ड ही जारी हैं। किसानों की सहायता के लिए अभी भी बेहद पुरानी, लंबी और लचर व्यवस्था ही जारी है। अब भी सरकार के साढ़े आठ लाख करोड़ के कृषि कर्ज के बजटीय लक्ष्य के बावजूद आधे से ज्यादा किसान साहूकारों से कर्ज लेने को मजबूर हैं। यह किसान के लिए घातक होता है। कर्ज माफी स्थायी उपाय नहीं हो सकता अच्छा हो कि किसान की आय बढ़ाने के प्रयास किये जाएें न कि कर्ज माफी के।

उदारीकरण की नीतियों के बाद खेती की पद्धति बदल चुकी है। अनु.जाति एवं जनजाति के किसानों के पास नकदी फसल उगाने लायक तकनीकी जानकारी का अभाव होता है। इसलिए ये अन्य किसानों की तुलना में अधिक कर्जदार होते हैं। साथ ही अनुसूचित जाति एवं जनजाति के किसान और उनका परिवार जमीन की माल्कीयत के मामले में भी भेदभाव का शिकार होता है। जिन किसानों के पास अपनी जमीन की माल्कीयत नहीं होती है उन्हें किसान माना ही नहीं जाता है। परिवार के मुखिया की आत्महत्या की दशा में उसका परिवार किसान न माने जाने के कारण मुआवजे से वंचित रह जाता है। खेती किसानी के संकट के बीच कर्जदारी के कारण आत्महत्या करने वाले किसानों के परिवारों को सामाजिक भेदभाव के कारण सरकारी राहत योजनाओं का फायदा नहीं पहुँच पाता है। महिलाओं को भारत का पितृ प्रधान समाज मालिक स्वीकार करने में भेदभाव से काम लेता है। और खेतीहर संकट में इस भेदभाव के असर बड़े मारक हो सकते हैं। कि आत्महत्या करने वाले अनु. जाति एवं जनजाति के किसानों के आकलन में ठीक–ठाक पता नहीं किये जा सकते क्योंकि उनमें से ज्यादातर के पास जमीन की मालकियत साबित करने वाले सक्षम दस्तावेज नहीं होते हैं। इसके अतिरिक्त किसान परिवार का मुखिया यदि आत्महत्या करता है तो इसका असर पूरे परिवार पर पड़ता है। कर्ज की विरासत ढो रहे उसके परिवार का कोई अन्य सदस्य अगर आर्थिक संकट के कारण आत्महत्या करे तो भी दूसरी गणना सरकारी आंकड़ों में नहीं होती है। ठीक इसी तरह राष्ट्रीय अपराध अभिलेख ब्यूरों के आंकड़े में बंटाईदारों पर खेती करने वाले किसानों की आत्महत्या कृषक–आत्महत्या के रूप में दर्ज नहीं की जाती। भारत सरकार ने इस समस्या के समाधान के लिए मूलतः कर्ज से सीमित छुटकारा की नीति अपनाई है। यह नीति संकट की व्यापकता और उसके अंतर्निहित

कारणों के समाधान में असफल रही है। किसान आत्महत्या के समाधान के रूप में केन्द्र व राज्य सरकारों द्वारा कदम उठाये गये हैं ये समाधान कर्जमाफी व मुआवजे के रूप में थे। इन समाधानों का लक्ष्य था किसानों की आत्महत्या के सर्वाधिक संभावित कारण यानी कर्ज से छुटकारा दिलाना। लेकिन किसानी के संकट से जूझ रहे कई परिवार किसान की सरकारी परिभाषा से बाहर पड़ते हैं। इसलिए वो सरकार की राहत योजना का लाभ पाने से वंचित रहे। जो सरकारी परिभाषा के अनुसार किसान थे उनके लिए सरकारी मदद पर्याप्त नहीं रही क्योंकि एक ओर उनका कर्ज सरकारी मदद से ज्यादा है दूसरे पारिवारिक सदस्य की आत्महत्या के बाद की स्थितियों में यह मदद कारगर नहीं हो रही है।

कृषि क्षेत्र की प्रमुख समस्याएँ एवं चुनौतियाँ

भारत में वर्ष 1971–72 में कृषि का हिस्सा 40.47 प्रतिशत था, जो 2012–13 में तेजी से घटकर 13.6 प्रतिशत रह गया। विनिर्माण क्षेत्र के हिस्से में थोड़ा बदलाव आया और यह 1970–71 में 23.97 प्रतिशत से 2012–13 में 27 प्रतिशत तक पहुंच गया। यह तो सेवा क्षेत्र है जिसने इसी अवधि में अन्य दोनों क्षेत्रों से काफी आगे निकलकर 34 प्रतिशत से 59.3 प्रतिशत तक की बढ़त दर्ज की। इस प्रकार आजीविका के प्रमुख स्रोत के रूप में जनसंख्या की अधिक निर्भरता के मुकाबले लगातार गिरावट और सकल घरेलू उत्पाद में हिस्सेदारी के मामले में भारतीय कृषि को नुकसान होता रहा। इससे न केवल किसानों के सामने उनके जीवनयापन की मश्किलें पैदा हुई, अपितु नीति निर्माताओं के सामने भी कृषि में उच्च स्तर के उतार–चढ़ाव को स्थिर करने और इसे लंबी अवधि के लिए कायम रखने की चुनौती खड़ी हुई। देश में कृषि और इसके सहायक क्षेत्रों जैसे– कम और गिरती विकास दर, जनसंख्या के दबाव में वृद्धि, भू–अधिकारों का विखंडन, अपर्याप्त सिंचाई सुविधाएं, खाद्यान्नों का अपर्याप्त भंडारण, किसानों को अपर्याप्त ऋण, सार्वजनिक निवेश का कम होना आदि प्रमुख चुनौतियों का सामना करना पड़ा है।

सर्वेक्षित ग्रामों के अध्ययन के दौरान किसानों द्वारा बताई गई प्रमुख समस्याओं को अंकित किया गया। किसानों ने प्राथमिकता के आधार पर निम्न प्रमुख समस्याओं की चर्चा की जिनसे जिले का किसान जूझ रहा है। प्रतिनिधि ग्रामों में जिन प्रमुख समस्याओं की पहचान की गई वो निम्नवत है।

विद्युत आपूर्ति – किसानों से हुई चर्चा के दौरान यह सामने आया कि विद्युत की समस्या सबसे बड़ी समस्या के रूप में सामने आयी है। विद्युत की अनुपलब्धता से किसानों की लागत में भारी वृद्धि देखने को मिली। किसानों द्वारा तीन महीने का विद्युत बिल पूर्व में जमा करना पड़ता है। परन्तु विद्युत की अनुपलब्धता का इस बिल की कीमत पर कोई प्रभाव नहीं पड़ता। दूसरी ओर बड़े किसान व सीमांत किसान को एक बराबर बिल जमा करना पड़ता है। तीसरा विद्युत पॉवर का न रहना, किसानों की बड़ी समस्या है। क्योंकि किसानी में समय का बड़ा महत्व होता है समय पर पानी न मिलने से फसल प्रभावित होती है। विद्युत की अनुपलब्धता, अपर्याप्त ऊर्जा पूर्ति वस्तु के उत्पादन व वस्तु के भार को प्रभावित करती है।

मशीनों की अधिक कीमतें – दूसरी बड़ी बाधा मशीनों की अत्याधिक कीमतें हैं। जिले में कृषि आदानों में सबसे अधिक प्रचलित आदान ट्रेक्टर व थ्रेसर है। आय कम व जोत का आकार छोटा होने के कारण यह प्रत्येक किसान के सामर्थ्य की बात नहीं है। फिर भी जिले में कृषि आदानों में वृद्धि हो रही है। किसानों का रूझान नई तकनीक की ओर बढ़ रहा है परन्तु गति धीमी है। पशुधन कम होता जा रहा है छोटे व सीमांत किसान यदि मशीनों का उपयोग करते हैं तो वे बहुत मंहगी है। ये किसान इन मशीनों को खरीद नहीं सकते तथा बड़े किसान ऊँची कीमत पर किराये पर देते हैं। मशीनों के उपयोग करने से छोटे व सीमांत कृषि लागत अधिक आती है।

मिट्टी की उर्वरा शक्ति में कमी – जिले के विभिन्न तहसील में सर्वेक्षित ग्रामों में उत्पादन के मूल्य व उत्पादन में विभिन्नता देखने को मिली जिसका प्रमुख कारण भूमि की उर्वरा शक्ति में विभिन्नता है। एक तहसील की तुलना में दूसरी तहसील में प्रति हेक्टेयर उत्पादन में अंतर देखने को मिलता है।

श्रम का मंहगा होना – श्रम के अत्याधिक मंहगें होने के कारण आदान लागत में वृद्धि हो जाती है। विशेषकर श्रम लागत में अत्याधिक वृद्धि देखने को मिलती है। समय पर श्रम उपलब्ध न होने पर कृषि कार्य प्रभावित होता है। राष्ट्रीय ग्रामीण रोजगार गारंटी कार्यक्रम के कारण श्रम की कीमत अधिक देखी गई है।

सिंचाई हेतु पानी की अनुपलब्धता – जिले के सर्वक्षित ग्रामों में पानी का स्तर कम देखा गया है। जिन क्षेत्रों में कुओं से सिंचाई होती है वहां कुओं का पानी कम क्षेत्र पर ही उपलब्ध होता है। पानी समाप्त हो जाने के बाद पानी के उपलब्ध होने तक इंतजार करना पड़ता है। अधिकांश खेती बोरबेल से होती है। जिसके लिए बिजली पर्याप्त नहीं

मिलती है। बोरबेल में भी पानी की उपलब्ध पर्याप्त नहीं देखी गई है। कई तहसीलों में तो सिंचित भूमि में शुद्ध आय कम देखी गई जिसका प्रमुख कारण सिंचाई लागत बहुत अधिक है। सिंचाई की लागत प्रत्येक तहसील में अधिक ऊँची देखी गई। सिंचाई के साधन भी अत्याधिक मंहगे होने के कारण ये लागत में वृद्धि करते हैं।

बड़े किसानों पर निर्भरता – कृषि में मंहगा निवेश होने के कारण छोटे व सीमांत किसान बड़े किसानों पर निर्भर है। पूंजीपति किसान जिनके पास कृषि के समस्त आदान उपलब्ध है वे कृषि आदानों को किराये पर उपलब्ध कराते हैं। बड़े किसान एक प्रकार का कार्टेल बना लेते है व अन्य किसानों को कृषि आदान ऊँची कीमतों पर उपलब्ध कराते हैं। छोटे किसान या तो अपनी जमीन उनको किराये पर देने के लिए मजबूर हो जाते हैं या महंगी खेती करने का जोखिम उठाते हैं जिससे वो कर्ज में डूब जाते हैं। छोटे व सीमांत किसान किसी न किसी दृष्टि से इनके चंगुल में कसा होता है तथा मेहनत करने के बावजूद निम्न स्तर का जीवनयापन करने के लिए मजबूर होता है। छोटे किसानों को संथानात्मक सहायता कमजोर है। यही बात फसल उपरांत तकनीकी के बारे में भी सत्य है। अभी भी सही प्रकार के गोदामों और रखरखाब की सुविधाओं का अभाव है।

मण्डी से दूरी – मण्डी से दूरी किसानों की प्रमुख बाधाओं में से एक है। जहां मण्डी के पास सर्वेक्षित ग्राम में प्रति क्विंटल 20–30 रूपये तक लागत आती है वहीं मण्डी से दूर ग्राम में 100–120 रूपये तक प्रति क्विंटल विपणन लागत आती है। परिवहन का आभाव, स्थानीय मण्डियों का आभाव, विपणन लागत में वृद्धि कर देती है। छोटे व सीमांत किसान मजबूरी में अपनी फसल बड़े किसानों को कम कीमत पर बेचने को तैयार हो जाते है जिसमें इन किसानों की प्रति हेक्टेयर शुद्ध आय अन्य किसानों की तुलना में कम देखने को मिलती है।

तकनीकी से अपरिचित – जिले के किसान आधुनिक कृषि तकनीकी से अपरिचित है। उन्नत किस्म के बीजों के प्रयोग का अभी भी आभाव है। मिट्टी की जांच बहुत कम किसान कराते है, फसल प्रतिरूप की जानकारी का आभाव है। आधुनिक कृषि पद्धति की जानकारी का अभाव किसानों की बड़ी बाधा है।

मौसम – सर्वेक्षित ग्रामों में प्रत्येक किसान का कथन था कि मौसम अच्छा है तो हमारी बाधाऐं कम हो जाती है। मौसम ने साथ नहीं दिया तब हमारी बाधाऐं बढ़ जाती है। किसानों की बाधाओं के कम या अधिक हो जाना मौसम के ऊपर निर्भर है। अतः हम

कह सकते है कि मौसम की अनियमितता किसानों की बड़ी बाधा है। किसानों को प्रकृति का प्रकोप झेलना पड़ता है जो सूखे, गैर मौसमी और भारी बारिश के रूप में हो सकता है और जिसके कारण फसल का भारी नुकसान हो सकता है।

भण्डारण की समस्या – सामान्यतः सर्वेक्षण के दौरान यह पाया गया कि अधिकांश किसानों के पास कच्चे मकान हैं। कृषक अपनी उपज इन्हीं मकानों में रखता है। जहां वह चूहों, कीड़े–मकोड़ों द्वारा नष्ट किया जाता रहता है तथा बरसात के मौसम में अनाज नमी पकड़ लेती है तथा बीज के उपयुक्त नहीं रहता है। दोषपूर्ण भण्डारण व्यवस्था से कृषक को प्रत्येक स्तर पर हानि उठानी पड़ती है। घरों में पड़ा माल नष्ट होता रहता है। जिले में इन कृषकों के पास स्वयं के भण्डार नहीं है तथा संस्थागत भण्डार अपर्याप्त है। इसलिए इन किसानों के यहां जब फसल उत्पादित होती है तो वह अपनी फसल को कम कीमत पर बेचने के लिए मजबूर हो जाते हैं।

आधारभूत ढांचा – पंजाब और हरियाणा सर्वाधिक कृषि उपज वाले राज्य है और यह देखा गया है कि राज्यों में सड़क अन्य की तुलना में बेहतर हैं तथा ये राज्य बड़े बाजारों जैसे, दिल्ली के अत्याधिक पास है व परिवहन भी आसान है।

भण्डारण एक गंभीर मुद्दा है। सरकार अनाज की बड़े भाग को विभिन्न सरकारी योजनाओं के माध्यम से बांटने हेतु अनाज क्रय करती है। देश में आधुनिक भंडारण ढांचा नहीं है। परिणामतः अनाज, वितरण हेतु यथा स्थान पहुंचने के पहले ही खराब हो जाता है।

भारत के बड़े क्षेत्रों में परिवहन व्यवस्था समस्यात्मक है। क्षेत्रों में किसी प्रकार का प्रभावी बाजार नहीं है और न ही प्रभावी परिवहन ढांचा है। खराब सड़कें, ट्रक व ट्रेक्टर का अभाव, शहरी बाजार से अत्याधिक दूरी, किसानों की अशिक्षित होना, उचित मूल्य प्राप्त कर पाने हेतु एक समस्या है।

सरकारी खरीद और वितरण योजनाऐं – सरकार निर्धारित कीमतों पर अनाज क्रय करती है और विभिन्न राशन की दुकानों के माध्मय से गरीबों में वितरण करती है। सरकारी समीतियों और मध्यस्थ, इस प्रणाली में प्रभावी भूमिका निभाती है। यह प्रणाली भ्रष्टाचार से ग्रसित होने के कारण सरकार की मंशा के अनुरूप कार्य नहीं नहीं कर पा रही है। गैर गरीब वर्ग ने इसका अधिक लाभ उठाया है और यह पूरी की पूरी व्यवस्था भ्रष्टाचार के गहरे संकट में डूबी हुई है। जिससे उन लोगों तक हम खाद्यान्न पहुंचाने

में सफल नहीं हुए जिन्हें खाद्यान्न की आवश्यकता है। सरकार को यदि गरीबों तक अनाज आसानी से उपलब्ध कराना है तब सार्वजनिक वितरण प्रणाली में व्यापक सुधार करने होगें।

मध्यम वर्ग, मोलभाव की शक्ति और कीमत पारदर्शिता – किसान से उपभोक्ता तक अनाज पहुंचने की प्रक्रिया के मध्य अनाज कई मध्यस्थों के बीच से होकर गुजरता है। इन मध्यस्थों में बड़े किसान, आड़तिया, कमीशन एजेंट, दलाल आदि आते हैं जिनकी मोलभाव की शक्ति चालाकी से भरी हुई होती है। छोटे व सीमांत किसानों से मोलभाव कर उनकी फसल को सस्ती कीमतों में खरीदने के पश्चात् बाजार में ऊँची कीमतों पर बेचकर खुद लाभ कमाते हैं। छोटे और सीमांत किसान कम कीमत पर अनाज विक्रय के लिए यदि तैयार नहीं होते हैं तब इनको अनाज भंडारण की समस्या उत्पन्न हो जाती है। भंडारण की परंपरागत तकनीक, अनाज को खराब कर देती है। इसका लाभ किसान भी नहीं ले पाता और लोगों तक अनाज नहीं पहुंच पाता है।

मूल्य आस्थिरता – उपरोक्त सभी कारण मूल्य अस्थिरता में सहयोग करते हैं। मूल्यों में अनियमित उच्चावचन समस्या को और गंभीर बना देता है। इसके दो कारण है पहला किसान उन फसलों के उत्पादन में उत्साह दिखाते है जो पूर्व मौसमी में लाभदायी रही है। परिणामतः वर्तमान वर्ष में इन फसलों की कीमतें अत्याधिक कम हो जाती है। जो किसान के लिए अनुमान के विपरीत व हानि प्रदान करने वाली है। दूसरा किसान अपनी आय की गणना आने वाले वर्ष के लिए नहीं करता है और यह उसके दीर्घकालीन निवेश में जोखिम का कार्य करता है तथा भविष्य में अभाव में वृद्धि होती है।

मानसून पर निर्भरता – भारतीय कृषि अभी भी मानसून में जुआ ही है। देश के किसी भाग में मानसून विफल हो जाते है और किसी अन्य भाग में अतिवृष्टि के कारण बाढ़ से फसल बर्बाद हो जाती है। किसानों को प्रकृति का प्रकोप झेलना पड़ता है जो सूखे, गैर–मौसमी और भारी बारिश के रूप में हो सकता है। और जिसके कारण किसान को भारी नुकसान उठाना पड़ता है। छोटे किसानों को संस्थानात्मक सहायता कमजोर है। अभी भी भारतक के बहुत से हिस्सों में धान को सूखने के लिए सड़कों पर विछा दिया जाता है। सही प्रकार के गोदामों और रखरखाव की सुविधाओं के अभाव में फल एवं सब्जियों का लगभग 30 प्रतिशत नष्ट हो जाता है। उत्पादन की लागत निरंतर न्यूनतम समर्थन कीमत से अधिक होती है और इसका कारण डीजल व अन्य आदानों की सदा बढ़ती हुई कीमतें हैं।

खेती का लागत जोखिम ढांचा प्रतिकूल होता जा रहा है, किसानों में ऋणग्रस्तता बढ़ती जा रही है। राष्ट्रीय नमूना सर्वेक्षण की 70 वें शोध के अनुसार लगभग 53 प्रतिशत किसान परिवार ऋणग्रस्त हैं। समग्र भारत में 2003 में औसत प्रति व्यक्ति मासिक उपभोग व्यय 503 रूपये था। किसान वर्ग में भूख ऐसे दो प्रकार के परिवारों में अधिक हैं जो भूमि या पशुओं जैसी परिसम्पत्ति से वंचित है या छोटी जोतों वाले परिवार जिन्हें सिंचाई की सुविधा प्राप्त नहीं है। किसानों के केवल 10 प्रतिशत को फसल बीमा उपलब्ध है। किसान परिवार स्वास्थ बीमा के लाभ से वंचित हैं।

सार्वजनिक निवेश अत्यंत असंतोषपूर्ण है। सत्तर के दशक में उर्धव प्रवृत्ति दिखाने के पश्चात् सार्वजनिक निवेश वास्तविक रूप में सामान्यतः गिरता ही गया है। इसका संभवतः कारण संसाधनों का निवेश की अपेक्षा चालू व्यय के रूप में अधिक आदानों और आदान सहाययों में प्रयोग है। कृषि क्षेत्र में पूँजी निर्माण जो 1990 के दशक के दौरान सकल देशीय उत्पाद का 1.92 प्रतिशत था गिर कर 2000 के दशक के आरंभ में 1.28 प्रतिशत हो गया। यह वस्तुतः बहुत निराशा जनक स्थिति है। इस गिरावट का मुख्य कारण 1990 के दशक के मध्य के पश्चात् सार्वजनिक निवेश में गिरावट है। किन्तु 2003–04 के बाद में कृषि निवेश में कुछ वृद्धि हुई है और यह 2009–10 में 1.97 प्रतिशत हो गया। लेकिन कृषि निवेश में यह थोड़ी वृद्धि कृषि विकास में हमारी अपेक्षाओं के अनुरूप नहीं है।

भू–जोतों का लगातार विखण्डन, प्राकृतिक संसाधन आधार का अवक्रमण और जलवायु में होने वाले बदलाव भूमि एवं जल पर दबाव बढ़ा रहे हैं। भूमि एवं जल संसाधन सीमित होने के कारण उपलब्ध संसाधनों से ही जनसंख्या की बढ़ती हुई मांग को पूरा करना है। इस हेतु उपलब्ध संसाधनों का कुशलतय उपयोग कर उत्पादकता को बढ़ाया होगा। बाढ़ एवं सूखें की लगातार बढ़ती आवृत्ति, मानसून विक्षोभ, जनसांख्यिकीय एवं सामाजिक आर्थिक दबावों के कारण प्राकृतिक संसाधन जैसे कृषि योग्य भूमि जल, मृदा, जैव विविधता आदि लगातार घट रहे हैं। सीमांत भूमि का अधिक उपयोग, असंतुलित पर्यावरण, मृदा स्वास्थ्य का बिगड़ना, कृषि भूमि का गैर कृषि भूमि में हस्तांतरण सिंचाई के स्रोत, उपजाऊ भूमि का खारापन और जलप्लावन आदि ऐसी समस्याएं है जो एक चुनौति के रूप में हमारे सामने खड़ी हुई है।

हमारी खाद्य एवं पर्यावरणीय सुरक्षा के लिए मुख्य खतरा भू–अवक्रमण है। भारतीय कृषि अनुसंधान परिषद् के अनुमान के अनुसार 328.73 मि.हेक्टेयर के समस्त भौगोलिक

क्षेत्र में से करीब 120.40 मि.हेक्टेयर विभिन्न तरह के भू अवक्रमण से ग्रस्त है जो क्षरण के जरिए करीब 5.3 विलियन टन के वार्षिक मृदा घास में परिणत होता है। इसमें जल एवं वायुक्षरण 94.87 मि.हेक्टेयर, जलप्लावन 0.91 मि.हेक्टेयर, मृदा क्षारीयता 3.71 मि.हेक्टेयर, मृदा अम्लता 17.93 मि.हेक्टेयर मृदा लवणता 2.73 मि.हेक्टेयर और खनन एवं औद्योगिक अपशिष्ट 0.26 मि.हेक्टेयर शामिल है। इसके अतिरिक्त जल एवं वायु क्षरण पूरे देश में व्याप्त है। हर साल करीब 5.3 विलियन टन का मुदा क्षरण होता है। ऐसी अपरदित मृदा में से 29 प्रतिशत हमेशा के लिए समुद्र में नष्ट हो जाती है। 10 प्रतिशत जलाशयों में नष्ट हो जाती है जिससे संचयन क्षमता कम होती जाती है बाकी का 61 प्रतिशत एक स्थान से दूसरे स्थान चली जाती है। देश के विभिन्न भागों में रासायनिक उर्वरकों के उपयोग में वृद्धि तथा उनका गैर विवेकपूर्ण ढंग से उपयोग, तीव्र फसल प्रणाली, और मृदा जैव विविधता में कमी और मृदा में जैविक पदार्थों की क्षीणता आदि क्षेत्रों की ओर विशेष रूप से ध्यान देना आवश्यक है। इसके अतिरिक्त सिंचाई के लिए पानी की उपलब्धतायें कमी, सूखा एवं बाढ़, मृदा में जैविक पदार्थों की कमी, मृदा क्षरण, उर्जा की उपलब्धता में कमी, तटीय बाढ़ आदि के कारण जलवायु बदलाव से कृषि भूमि उपयोग एवं उत्पादन पर प्रभाव पड़ता है। और यह कृषि के विकास पर विपरीत प्रभाव डाल सकता है।

खेती के लिए उपलब्ध क्षेत्रों के विस्तार का दायरा सीमित है। औद्योगीकरण, नगरीकरण, आवास एवं संरचना की बढ़ती मांग के कारण कृषि भूमि को गैर कृषि उपयोगों में बदलने के लिए दबाब पड़ रहा है। 2010–11 की कृषि संगणना के अनुसार 2 हेक्टेयर से कम की छोटी एवं सीमांत जोत समग्र प्रचलित जोतों का 85 प्रतिशत और समग्र प्रचलित क्षेत्र का 44 प्रतिशत है। नगरीकरण और औद्योगीकरण के कारण विभिन्न प्रयोजनों के लिए पानी की मांग में वृद्धि हो रही है। फिलहाल कृषि क्षेत्र में उपलब्ध पानी के स्रोतों के लगभग 83 प्रतिशत का उपयोग हो रहा है। किंतु अन्य क्षेत्रों से मांग के कारण वर्ष 2050 में उपलब्धता घटकर 68 प्रतिशत रह जायेगी। दूसरा सतही जल के अधिक उपयोग से संबंधित है। जिसके कारण नहर की समस्या उत्पन्न हुई है। और कुछ क्षेत्रों में पानी का भराव हुआ है। पानी के भराव की समस्या से कृषकों को भारी नुकसान उठाना पड़ता है।

तापक्रम में 1 डिग्री सेटीग्रेड की वृद्धि गेंहूँ की उपज प्रभावित हो सकती है। बढ़ते हुए तापक्रमों, बढ़ते हुए जल दबाव और वर्षा के दिनों में कमी के कारण भारत के कुछ भागों मे गेंहूँ व धान की उपज पर पहले से ही नकारात्मक प्रभाव देखा गया है।

तापक्रम में 10 से.ग्रे. वृद्धि के लिए शुष्क व अर्द्धशुष्क क्षेत्रों में सिंचाई की आवश्यकताओं 10 प्रतिशत की वृद्धि होने का अनुमान है। समुद्र स्तर में वृद्धि से मछुआरों ने तटवर्ती समुदायों की आजीविका पर प्रतिकूल प्रभाव पड़ने की संभावना है।

कृषि कार्यों के लिए कम होते भूमि–आधार घटते हुए जल स्रोत, कृषि श्रमिकों की कमी, आदानों की बढ़ती लागत तथा मूल्य उपलब्धि के साथ जुड़ी अनिश्चितताएं जो कृषि की व्यावहार्यता को प्रभावित करते हैं कुछ ऐसी कठिन चुनौतियां हैं जिनका कृषि क्षेत्र को सामना करना पड़ता है थोकमूल्यों की तुलना में विभिन्न मदों में खुदरा मूल्य विभिन्न मंडियों में विभिन्न प्रकार के होते हैं। उपभोक्ता प्रारूप और आपूर्ति स्थितियों में क्षेत्रीय विभिन्नताओं के कारण मूल्यों और उनके संचालन में बड़ी मंडियों में अंतर होता है। अब संरचनात्मक बाधाओं के कारण कृषि जिंसों अपूर्ण मंडी स्थितियों, गतिविधियों पर पाबंदी परिवहन लागत, और स्थानीय कर आदि पर प्रमुख बाजारों और उपभोक्ता केन्द्रों में खुदरा मूल्य के रूझान का प्रभाव पड़ता है। रूचि में भिन्नता और केन्द्रों में खपत के लिए गए मूल्य में भिन्नता भी खुदरा मूल्य की तुलना के लिए कई समस्याएं उत्पन्न करते हैं। अल्पकालिक व दीर्घकालिक दोनों ही कारकों ने हाल में कृषि उत्पादन को प्रभावित किया है। इनमें परिवहन सुविधाओं, भंडारण, प्रसंस्करण विपरणन, और ऋृण सुविधाओं जैसी बुनियादी सुविधाओं की कमी शामिल है। खाद्य प्रसंस्करण के क्षेत्र में उच्चखाद्य मुद्रास्फीति, उच्च स्तर कटाई अपशिष्ट विशेषकर, फलों एवं सब्जियों में, प्रसंस्करण के निम्न स्तर आदि प्रमुख चुनौतियां हैं।

कृषि में ऊर्जा प्रबंधन एक और मुख्य समस्या है। फार्म परिचालनों सहित आदानों के अनुकूलन को भारतीय कृषि की ऊर्जा की मात्रा को कम करने की ओर ले जाना चाहिए। अधिक उर्जा क्षमता के लिए प्राइम मूवर्स के साथ फार्म उपकरणों का उचित सुमेलन सुनिश्चित करना एक महत्वपूर्ण चुनौति है। दीर्घकालीन निंरतरता के लिए परंपरागत उर्जा स्रोतों को नवीकरण स्रोतों से प्रतिस्थापना करके परम्परागत ईंधनों पर भारतीय कृषि की निर्भरता को कम करना एक और चुनौति है।

कृषि आदानों में कमी तथा उनकी ऊँची कीमतें प्रौद्योगिकी स्थानांतरण तथा उपयोग को प्रभावित कर रहे हैं। कृषि के परिवर्तित परिदृश्य में, विपणन समस्याएं, उत्पादन समस्याओं के ऊपर हावी रहती हैं। सफलाओं की स्थानांतरण स्वीकार तथा किसानों को अधिक लाभ मिलने के लिए प्रामाणिक प्रसंस्करण, भंडारण, ग्रेडिंग, पैकिंग, प्रभावीकरण, परिवहन आदि के लिए विपणन सहायता महत्वपूर्ण हो जाती है।

प्रदेश में कृषि जोतें असमान आकार की है और अधिकतर कृषि क्षेत्र वर्षा पर निर्भर है प्रदेश की अन्य बड़ी कमजोरियों में कम सिंचाई, भू–जल स्तर में गिरावट, प्रमुख फसलों की कम औसत उत्पादकता, पशुओं की अपर्याप्त व कम गुणवत्ता वाला चारा, असंतुलित खाद उपयोग, शीत गृह श्रृंखला, और कृषि प्रसंस्करण उद्योगों की कमी, बुनियादी आगतों की कमी, उन्नत बीजों की कम उपलब्धता एवं उपयोग और कम तथा अनिश्चित बिजली आपूर्ति, कृषि शोध शिक्षा और विस्तार में कम निवेश, सम्पर्क सड़कों की कमी आदि शामिल हैं।

प्रदेश के कृषि विकास में प्रमुख चुनौतियों के रूप में कम व अनियमित वर्षा एक बड़ा कारण है जिसकी वजह से प्राकृतिक आपदाएं आती हैं एवं इसके फलस्वरूप उत्पादन की लागत बढ़ती है। बुवाई तथा कटाई के दौरान शीर्ष मांग की अवधि में कृषि श्रमिकों की कमी होती है। भूजल स्रोतों में पानी और नीचे चला जाता है। इसके साथ ही समय पर कृषि आदानों की उपलब्धता में कमी रह जाती है। और उनकी गुणवत्ता सुनिश्चित नहीं हो पाती है। एवं पर्याप्त भण्डारण तथा शीतगृह श्रृंखला सुविधाओं का आभाव होता है। प्रदेश में कृषि आधारित उद्योगों की कमी और बाजार व्यवस्था में सुधार भी बड़ी चुनौति है। प्राकृतिक संसाधनों का संरक्षण करते हुए कृषि का विकास करना जरूरी है विशेषकर कम वर्षा की स्थिति में इसके लिए संभावित जलवायु परिवर्तन से प्रदेश को अनुकूलित करना तथा सूखा, बाढ़, पाला तथा ओला आदि की प्राकृतिक आपदाएं भी प्रदेश के समक्ष बड़ी चुनौति है।

उन्नत बीज की उपलब्धता की गुणवत्ता और मात्रा पिछले पांच वर्षो में दोगुनी हो गई है लेकिन फिर भी राज्य के लिए एक बड़ी बीज प्रतिस्थापन कार्यक्रम करने में सक्षम नहीं है। तथापि यह और अधिक महत्वपूर्ण है कि गेंहूँ और धान की फसल के अलावा अधिक उपज देने बाली किस्मों के क्षेत्र में सुधार हो। इसी प्रकार बागवानी में गुणवत्ता के रोपण सामग्री को विकसित एवं वितरण की पहली आवश्यकता है। एकीकृत पद्धति से उत्पादक संगठन, बाजार के सम्पन्न सूत्र एवं मूल्य वर्धन को शामिल करते हुए स्थानीय निजी क्षेत्र बीज प्रतिष्ठान का सुझाव दिया गया है।

मध्यप्रदेश के अधिकांश जिले गहरी मध्यम काली मिट्टी एवं अति उपजाऊ मिट्टी समूह में है। राज्य की मिट्टी के मध्यम नाइट्रोजन एवं फास्फोरस स्तर एवं परिपूर्ण पोटेशियम है। मिट्टी परीक्षण आधारित क्षेत्र पर अधिक ध्यान नहीं दिया जाता है उर्वरकों का भी असंतुलित उपयोग हो रहा है जिससे राज्य में फसल उत्पादकता एवं उत्पादन वृद्धि प्रभावित हो रही है।

राष्ट्रीय स्तर पर विकास के विमर्श के अनुरूप मध्यप्रदेश के सकल घरेलू उत्पाद (जीडीपी) में पिछले वर्षों के दौरान कृषि और इसके सहायक क्षेत्रों की हिस्सेदारी घटी है और 2004–05 के स्थिर मूल्यों पर 2012–13 में यह 24.4 प्रतिशत रहा। हालांकि राज्य ने हाल के वर्षों में उल्लेखनीय प्रदर्शन किया है, लेकिन कृषि क्षेत्र में आय अभी भी कम है। इसके परिणामस्वरूप कृषि पर निर्भर किसानों की की आय पर प्रभाव पड़ा और इसने उस ग्रामीण अर्थव्यवस्था को भी बहुत ज्यादा प्रभावित किया, जहां गरीबी का विस्तार तुलनात्मक रूप से अधिक है। वर्ष 2001 में कुल जनसंख्या का 71 प्रतिशत भाग कृषि पर निर्भर था, जो 2011 में घटकर 69.8 प्रतिशत रह गया, लेकिन कृषि पर ग्रामीण जनसंख्या की निर्भरता का अनुपात नहीं बदला और वह 85.5 प्रतिशत ही रहा। इस प्रकार राष्ट्रीय स्तर के मुकाबले मध्यप्रदेश में स्थिति बहुत भिन्न है, क्योंकि इसकी जनसंख्या कृषि और इसके सहायक क्षेत्रों पर बहुत ज्यादा निर्भर है, साथ ही यह आय और रोजगार सृजन का मुख्य स्रोत भी है और आश्चर्यजनक रूप से पिछले दशक के दौरान इस स्थिति में ज्यादा बदलाव नहीं आया है। जनसंख्या के बढ़ते दबाव और शहरीकरण के कारण किसानों के पास कृषि भूमि का औसत आकार तेजी से घटकर 2000–01 में 2.2 हेक्टेयर से 2010–11 में 1.78 हेक्टेयर हो गया है, जो कृषि के लिए आर्थिक रूप से हितकर नहीं है। जमीन की मालकियत का छोटे टुकड़ों में बंट जाना एक और चिंता का विषय है, जिसके परिणामस्वरूप छोटे और सीमांत किसानों की संख्या 2000–01 में 65 प्रतिशत से बढ़कर 2010–11 में 71.5 प्रतिशत हो गई है।

स्पष्ट है कि कृषकों की कई समस्याएँ एक समस्या से जुड़ी हुई है। कृषि की बढ़ती लागत बदलते परिवेश के साथ कई चुनौतियाँ उत्पन्न कर रही है। ऐसी स्थिति में किसानों की समृद्धि हेतु कृषि का ऐसा मॉडल विकसित करने की आवश्यकता है जो वैश्वीकरण के दौर में कृषि को लाभदायक बनाने में सक्षम हो। सरकार की ओर से विभिन्न योजनाओं के माध्यम से कृषकों की समस्याओं के समाधान हेतु प्रयास किये जा रहे हैं। बदलते वक्त के साथ कृषि के स्वरूप में भी परिवर्तन आज दुनिया भर के किसानों के लिए एक बड़ी चुनौति बना हुआ है। ऐसे में जरूरी है कि किसान बदलते वक्त के मुताबिक खुद को ढ़ाल लें और उसी के अनुरूप खेती करें। बेहतर मुनाफे के लिए कृषि उत्पादन से लेकर हार्वेस्टिंग, पैकेजिंग, एग्रो प्रोडक्टस की प्रोसेसिंग और मार्केटिंग के गुर सीखना आज किसानों की जरूरत बन चुका है।

ग्राम सर्वे के निष्कर्ष

ग्राम सर्वे के आधार पर शुद्ध आय में जिले की विभिन्न तहसीलों के मध्य विभिन्नता देखने को मिलती है। जबेरा तहसील में जहाँ यह 1410 रू. प्रति हेक्टेयर है। वहीं तेन्दूखेड़ा तहसील में 1367 रू. प्रति हेक्टेयर शुद्ध आय है। परिवारों में विभिन्न वर्गों में शुद्ध आय में प्रत्येक गांव में, प्रत्येक वर्ग में और प्रत्येक फसल प्रतिरूप में एक भिन्नता देखने को मिलती है। फसल उत्पादन से शुद्ध आय सकारात्मक रूप से उत्पाद के आर्थिक पैमाने से सीधे संबंधित हैं। बड़े किसानों की सकल आय 4869 रूपये प्रति हेक्टेयर है और सीमांत किसान की 1052 रूपये प्रति हेक्टेयर, तात्पर्य सीमांत किसानों की प्रति हेक्टेयर उत्पादन का मूल्य बड़े किसानों की तुलना में कम है।

बड़े किसानों की लागत लगभग 38781 रूपये प्रति हेक्टेयर है जबकि सीमांत किसान की लागत 42598 रूपये प्रति हेक्टेयर है। सीमांत किसान की प्रति हेक्टेयर लागत, बड़े किसानों की तुलना में अधिक है। बड़े किसानों की लागत कम होने का कारण कृषि आदानों की उपलब्धता है। जबकि सीमांत किसानों को किराये पर लेना पड़ते हैं जो मंहगे होते है। सीमांत किसानों की मजबूरी का लाभ भी बड़े किसानों की ओर जाता दिखाई देता है। जोत का आकार बड़ा होने के कारण कुशल भी होता है साथ ही लागत कम आती है। कुछ लागतें जैसे विद्युत का मूल्य, सीमांत किसान व बड़े किसानों की एक समान हैं जो सीमांत किसान को भारी पड़ जाते है। बड़े किसानों की आय लगभग 4869 रूपये प्रति हेक्टेयर है वही सीमांत किसानों की शुद्ध आय 1052 रूपये प्रति हेक्टेयर देखी गई। बड़े किसानों की प्रति हेक्टेयर आय अन्य वर्गों में क्रमशः तीव्रता से कम होती देखी गई। बड़े किसानों की आय सीमांत किसानों से लगभग चार गुणा अधिक देखी गई, जो आय में असमानता का उदाहरण प्रस्तुत करती है। बड़े किसानों में रबी की फसलों में चना और खरीफ की फसलों में सोयाबीन की प्रवृत्ति देखने को मिलती है। जबकि, दोनों का मूल्य अधिक होता है। वही लघु व सीमांत किसानों में खाद्यान्न फसलों गेंहू की मात्रा का भाग अधिक देखने को मिलता है। जबकि, बड़े किसानों में गेंहू से शुद्ध आय अधिक देखी गई जबकि लघु व सीमांत किसानों की शुद्ध आय सोयाबीन में अधिक दृष्टिगत हुई।

सर्वेक्षित ग्रामों में गेंहू की फसल में भी विभिन्नता देखने को मिलती है। गेंहू हटा तहसील में शुद्ध आय 1392 रूपये प्रति हेक्टेयर है जबकि दमोह तहसील में 1361 रूपये प्रति हेक्टेयर है। असिंचित क्षेत्रों में भी हटा तहसील में 519 रूपये प्रति हेक्टेयर सकल

कृषि लागत का कृषकों पर प्रभाव 213

मूल्य है तथा दमोह तहसील में 517 रूपये प्रति हेक्टेयर है। सिंचित क्षेत्र में शुद्ध आय में विभिन्नता का कारण विभिन्न तहसीलों में प्रति क्विंटल मूल्य में अंतर है। गेंहू की लागत में भी सर्वेक्षित ग्रामों में अंतर देखने को मिलता है परन्तु इसमें ज्यादा विभिन्नता नहीं है। प्रत्येक फसल में किसान वर्गो में शुद्ध आय और सकल आय में विभिन्नता दृष्टिगत होती है। गेहूँ में जहाँ बड़े किसानों की शुद्ध आय 5311 रू. है वहीं सीमांत किसानों की शुद्ध आय 461 रू. है जो लगभग 13 गुणा अधिक है।

चने से बड़े किसानों की शुद्ध आय लगभग 3444 रू. प्रति हेक्टेयर है। वहीं सीमांत किसान की शुद्ध आय 1144 रू. देखने को मिलती है। इसका प्रमुख कारण सीमांत किसानों की लागत अधिक है जबकि बड़े किसानों की लागत तुलनात्मक रूप से कम आती है। साथ ही बड़े किसान फसलों की उच्चतम कीमत लेते है। और अपनी फसल को उच्चतम कीमत पर ही बेचने को तैयार होते है। जबकि छोटे व सीमांत किसान अपनी फसल को निम्नतम कीमत पर बेचते हैं कारण इनके पास साधनों का आभाव, मण्डी का आभाव गाँव में ही फसल को बेचने पर मजबूर होते है। फसल की अत्यधिक बिक्री के कारण कभी भी फसल को बेचने पर कम कीमत मिलती है दूसरा भंडारण की व्यवस्था न होने के कारण फसलों के बेचने पर मजबूर हो जाते है। परिणाम स्वरूप कम कीमत पर फसल बेचते हैं।

यह आँकड़े यह भी प्रस्तुत करते हैं कि उपलब्ध संसाधनों से सीमांत किसान तुलनात्मक रूप से लाभदायी खेती करने में असमर्थ हैं। जिन फसलों का उत्पादन बड़े व सीमांत किसान दोनों करते है। उनमें तुलनात्मक रूप से सीमांत किसान को बहुत ही कम शुद्ध आय प्राप्त होती है। एक अन्य महत्वपूर्ण बात यह देखने को मिली की फसलों का चयन न केवल भूमि की प्रकृति व पानी की उपलब्धता पर निर्भर करता है। बरन् यह आर्थिक समस्या पर भी बहुत हद तक निर्भर है। श्रम लागत अन्य लागतों की तुलना में सर्वाधिक है।

सर्वेक्षित ग्रामों की औसत सकल उत्पाद का मूल्य 43650 रू. प्रति हेक्ट. है जो म.प्र. के CAPC मूल्य 42000 प्रति हेक्टे. से अधिक है। सर्वेक्षित ग्रामों की औसत लागत 42248 रू. प्रति हेक्टे. है जो 40900 CAPC के प्रति हेक्ट. मूल्य से अधिक है। म.प्र. की तुलना में दमोह में तुलनात्मक रूप से सकल आय अधिक है परंतु लागत भी अधिक है। दमोह का आगत–निर्गत अनुपात 1.03 है वही म.प्र. का 1.02 है। सबसे कम आगत–निर्गत अनुपात हटा और जबेरा तहसील में देखने को मिलता है। वहीं पथरिया, पटेरा तहसील में आगत–निर्गत अनुपात म.प्र. से अधिक देखने को मिला।

कृषि क्षेत्र में महिलाओं की भागीदारी भी अधिक देखने को मिली विशेषकर सीमांत व लघु कृषकों में महिलाओं की भारी भागीदारी देखने को मिली। बड़े किसानों में मौसमी स्थायी श्रमिक भी दृष्टिगत होते है जो भोजन व वस्त्र जैसी वेतन के अलावा अतिरिक्त सुविधाएं भी प्राप्त करते हैं। जोतों की सीमा में बड़े किसानों के पास अधिक जोते हैं जबकि सीमांत किसानों के पास कम जोते हैं। पारिवारिक विभाजन जोतों की सीमा के विभाजन का प्रमुख कारण है पहली पीढ़ी में जहाँ 80 एकड़ प्रति किसान भूमि थी वह तीसरी पीढ़ी में 10 एकड़ के आस–पास बची। वहीं सीमांत कृषकों में तो यह भूमि के नाम मात्र टुकड़े के रूप में भी देखने को मिली। भविष्य में सीमांत और लघु किसानों की अधिक संख्या पारिवारिक विभाजन में भूमिहीन होने की पूरी संभावना है।

फसल कटाई प्रमुखतः श्रमिकों के सहयोग से होता है इस कारण समय पर श्रमिकों की अनुपलब्धता फसल को प्रभावित करती है। पशुधन प्रमुखतः देशी नस्ल का पाया जाता है पशुधन के विकास के बारे में वैज्ञानिक जानकारी लोगों को उपलब्ध नहीं है। मशीनें केवल बड़े किसानों के पास ही उपलब्ध हैं। तथा अधिकतर किसानों के पास सिंचाई आदान नहीं मिलते हैं लघु व सीमांत कृषकों के पास मशीनों का आभाव है। सिंचाई के साधनों में ज्यादातर बोरवैल से सिंचाई की जाती है। लगभग सभी किसान ऋणग्रस्त है किसान क्रेडिट कार्ड से सभी किसान लाभ उठाते है। बड़े किसान केवल किसान क्रेडिट कार्ड ऋण लेते है। जबकि लघु व सीमांत किसान बड़े किसानों व जमीदारों से ऋण लेते हैं और प्रतिवर्ष 60 प्रतिशत की ब्याज दर से ऋण अदा करते हैं।

जिले में उन्नत तकनीक के प्रयोग से कृषि लागत में वृद्धि हुई हैं 70 कृषकों के अध्ययन में हमने यह जानने का प्रयास किया कि उन्नत कृषि तकनीक के प्रयोग से कृषि लागत में वृद्धि होती है या नहीं। लगभग 46 किसानों ने यह स्वीकार किया कि कृषि लागत में उन्नत कृषि तकनीक के प्रयोग से वृद्धि होती है जबकि 10 किसानों जिनकी लागतों में वृद्धि देखी गई परन्तु उन्होंने उन्नत कृषि तकनीक का उपयोग नहीं किया। 03 किसान ऐसे भी पाये गये जिन्होंने उन्नत तकनीक का प्रयोग करने पर भी लागत वृद्धि को नहीं स्वीकारते वहीं 11 किसान ऐसे थे जिन्होंने न तो उन्नत कृषि तकनीक को अपनाया न ही ये स्वीकार किया कि उनकी लागतों में वृद्धि हुई है।

इस संबंध को हमने 5 प्रतिशत सार्थकता स्तर पर ज्ञात किया। एक स्वातंत्र्य संख्या के लिए χ^2 का सारणी मूल्य χ^2=3–841 है तथा χ^2 का परिगणित मूल्य 19.25

प्राप्त होता है। अर्थात 19.25>3.841 या $\chi^2_t < \chi^2_c$ इसलिए शून्य परिकल्पना अस्वीकृत की जाती है। दोनों गुण स्वतंत्र नहीं है दोनों में संबंध पया गया है। उपर्युक्त परीक्षण से स्पष्ट होता है कि जिले के किसानों की लागत उन्नत तकनीक के प्रयोग करने से बढ़ रही है। अतः यह परिकल्पना सत्य सिद्ध होती है।

कृषि में रूचि क्यों नहीं हैं इस संबंध में ज्ञात हुआ कि कृषि क्षेत्र में आय कम होने के कारण कृषि में रूचि नहीं रखते हैं। लगभग 44 उत्तरदाताओं का मानना है कि कृषि क्षेत्र में आय अच्छी नहीं है, न ही उनको कृषि कार्य में रूचि है 6 उत्तरदाता ऐसे थे जिन्हें कृषि में अच्छी आय प्राप्त हो रही है व उन्हें कृषि कार्य में रूचि भी है।

उक्त संबंध में हमने 5 प्रतिशत सार्थकता स्तर पर एक स्वातंत्रय संख्या के लिए χ^2 का परीक्षण किया। χ^2 वर्ग का 5 प्रतिशत सार्थकता स्तर पर तालिका मूल्य $\chi^2 =$ 3.841 है वहीं χ^2 का परिगणित मूल्य 4.37 है अर्थात 4.37>3.841 या $\chi^2_t < \chi^2_c$ इसलिए यह तथ्य प्रमाणित हो जाता है कि कृषि क्षेत्र में आय व कृषि में रूचि का संबंध है। दोनों गुण स्वतंत्र नहीं है। उपर्युक्त परीक्षण से स्पष्ट है कि कृषि में कम आय कृषकों की कृषि क्षेत्र में अरूचि का प्रमुख कारण है।

कृषि में उन्नत तकनीक के प्रयोग व किसानों में ऋणग्रस्तता का संबंध जानने के लिए हमने कृषकों से उन्नत तकनीक के प्रयोग व ऋण होने संबंधी प्रश्न पूछा जिसमें लगभग 41 कृषकों ने यह माना कि वे उन्नत कृषि तकनीक का प्रयोग करते हैं, जिससे ऋणग्रस्तता में वृद्धि हुई है।

इस तथ्य का परीक्षण करने के लिए हमने एक स्वातंत्रय संख्या के लिए χ^2 का आंकलन किया। हमने यह पाया कि χ^2 वर्ग का सारणी मूल्य 3.841 है तथा χ^2 का परिगणित मूल्य 36.36 प्राप्त हुआ है। अर्थात 36.36>3.841 या $\chi^2_t < \chi^2_c$ इसलिए यह शून्य परिकल्पना अस्वीकृत की जाती है। दोनों गुण स्वतंत्र नहीं है। दोनों में संबंध पया गया है। उपर्युक्त परीक्षण से स्पष्ट है कि जिले में उन्नत कृषि का उपयोग कृषकों में ऋणग्रस्तता में वृद्धि कर रहा है।

सीमांत कृषकों को कृषि कार्य से संतोष है या नहीं। इस हेतु हमने काई वर्ग परीक्षण का आंकलन किया जिसमें पाया गया कि χ^2 वर्ग का सारणी मूल्य 3.148 है तथा χ^2 का परिगणित मूल्य 13.06 आंकलित किया गया। इस तरह $\chi^2_t < \chi^2_c$ अतः 31.06>3.841 इसलिए यह तथ्य प्रमाणित हो जाता है कि सीमांत कृषकों को कृषि कार्य में संतोष नहीं है।

सामाजिक रूप से पिछड़ी हुई जाति के कृषकों में ऋणग्रस्तता की प्रवृत्ति अधिक पाई जाती है कारण कि किसान गरीब तथा कम जागरूकता होते हैं। यह परीक्षण करने हेतु हमने χ^2 वर्ग परीक्षण एक स्वातंत्रय संख्या के लिए किया $\chi^2 = 3.841$ तालिका मूल्य परिगणित मूल्य 22.33 से कम पाया गया। अतः $\chi^2_t < \chi^2_c$ या 22.33>3.841यह प्रमाणिक हो गया कि अनुसूचित जाति जनजाति के कृषकों में ऋणग्रस्तता अधिक पाई जाती है।

प्रति हेक्टेयर कुल काश्त लागत एवं उत्पादन के मूल्य में सहसंबंध का परीक्षण किया गया। हमने यह जानने का प्रयास किया कि लागत व उत्पादन के मूल्य क्या कोई संबंध है। कृषि लागत व कृषि उत्पाद के मूल्य में सकारात्मक मध्यम सहसंबंध पाया गया। सहसंबंध की गणना करने पर यह 0.66 था। गेंहू की लागत व उत्पादन के मूल्य के मध्य सहसंबंध 0.66 तथा सोयाबीन की लागत व सोयाबीन के मूल्यों के मध्य सहसंबंध 0.68 पाया गया। गेंहू का सहसंबंध में प्रमाप विभ्रम की निम्नतम सीमा 0.86 व उच्चतम सीमा 0.46 के मध्य पाया गया। वहीं सोयावीन का सहसंबंध प्रमाप विभ्रम की निम्नतम सीमा 0.85 व उच्चतम सीमा 0.47 के मध्य पाया गया। अतः हम कह सकते हैं कि कृषि लागत व कृषि उत्पाद मूल्यों में सहसंबंध सार्थक है।

न्यूनतम समर्थन मूल्य और कृषि लागत में भी सहसंबंध पाया गया। प्रमुख फसलों की लागत में भी सहसंबंध पाया गया है। उक्त दोनों में मध्यम सकारात्मक सहसंबंध पाया गया है। न्यूनतम समर्थन मूल्य और कृषि लागत में 0.72 सहसंबंध पाया गया जो कि प्रमाप विभ्रम की सीमा के अंदर है।

प्रसरण विश्लेषण तालिका (गेंहू)

प्रसरण स्रोत	वर्गों का योग	स्वातंत्रय संख्या	प्रसरण	प्रसरण अनुपात
प्रतिदर्शों के बीच	546.14 (SSB)	3	182.04 (MSB)	$F = \frac{MSB}{MSW}$
प्रतिदर्शों के अन्तर्गत	105.06 (SSW)	24	4.37 (MSW)	F=41.65
योग	**651.02 (SST)**	**27**		

स्रोत – स्वयं के सर्वेक्षण पर आधारित।

विभिन्न कृषक वर्गों के बीच सभी तहसीलों उत्पादन में भिन्नता देखने को मिलती है। यह ज्ञान करने हेतु हमने विभिन्न कृषक वर्गों व सभी तहसीलों में गेंहू उत्पादन के मध्य प्रसरण अनुपात आंकलित किया। तालिका से स्पष्ट है कि प्रसरण अनुपात का आंकलित मूल्य F=41.65 है तथा प्रसरण अनुपात का तालिका मूल्य (F_0.5 for V_1= 3.V_2 = 24) = 3.01 है। F का परिकलित मूल्य 41.65 है जोकि तालिका मूल्य से अधिक है अतः अंतर सार्थक है।

प्रसरण विश्लेषण तालिका (चना)

प्रसरण स्रोत	वर्गों का योग	स्वातंत्र्य संख्या	प्रसरण	प्रसरण अनुपात
प्रतिदर्शों के बीच	215.39 (SSB)	3	71.79 (MSB)	$F = \frac{MSB}{MSW}$
प्रतिदर्शों के अन्तर्गत	97.79 (SSW)	24	4.07 (MSW)	F = 17.63
योग	**313.18 (SST)**	27		

स्रोत – स्वयं के सर्वेक्षण पर आधारित।

विभिन्न कृषक वर्गों के बीच सभी तहसीलों उत्पादन में भिन्नता देखने को मिलती है। यह ज्ञान करने हेतु हमने विभिन्न कृषक वर्गों व सभी तहसीलों में चना उत्पादन के मध्य प्रसरण अनुपात आंकलित किया। तालिका से स्पष्ट है कि प्रसरण अनुपात का आंकलित मूल्य F=17.63 है तथा प्रसरण अनुपात का तालिका मूल्य (F_0.5 for V_1= 3.V_2 = 24) = 3.01 है। F का परिकलित मूल्य 17.63 है जोकि तालिका मूल्य से अधिक है अतः अंतर सार्थक है।

प्रसरण विश्लेषण तालिका (सोयाबीन)

प्रसरण स्रोत	वर्गों का योग	स्वातंत्र्य संख्या	प्रसरण	प्रसरण अनुपात
प्रतिदर्शों के बीच	78.06 (SSB)	3	26.32 (MSB)	$F = \frac{MSB}{MSW}$
प्रतिदर्शों के अन्तर्गत	173.99 (SSW)	24	7.24 (MSW)	F = 3.63
योग	**252.95 (SST)**	27		

स्रोत – स्वयं के सर्वेक्षण पर आधारित।

विभिन्न कृषक वर्गों के बीच सभी तहसीलों उत्पादन में भिन्नता देखने को मिलती है। यह ज्ञान करने हेतु हमने विभिन्न कृषक वर्गों व सभी तहसीलों में सोयाबीन उत्पादन के मध्य प्रसरण अनुपात आंकलित किया। तालिका से स्पष्ट है कि प्रसरण अनुपात का आंकलित मूल्य F=3.63 है तथा प्रसरण अनुपात का तालिका मूल्य (F_0.5 for V_1= 3. V_2 = 24) = 3.01 है। F का परिकलित मूल्य 3.63 है जोकि तालिका मूल्य से अधिक है अतः अंतर सार्थक है।

अंततः हम कह सकते हैं कि हमारे अध्ययन में प्रमुख परिणाम सामने आये है। शुद्ध आय तथा जोतों के आकार में सकारात्मक सम्बध है। पूँजीवादी, बड़े कृषक और मध्यम कृषकों में अधिकतम प्रति हेक्टेयर शुद्ध आय प्राप्त होती है। जैसे–जैसे हम कृषक वर्गो में नीचे की ओर बढ़ते हैं यह अनुपात क्रमशः तीव्रता से कम होता जाता है। संचालित जोतों की प्रति हेक्टेयर उपज बहुत ही कम है। फसल उत्पादन की शुद्ध प्रति हेक्टेयर उपज बहुत ही कम है। फसल उत्पादन की शुद्ध प्रति हेक्टेयर आय और उत्पादन के पैमाने में भी सकारात्मक संबंध देखा है। फसलवार एवं वर्गवार कृषि लागत व शुद्ध आय में सभी गांवों में विभिन्नता दृष्टिगत होती है। सीमांत कृषकों की कृषि लागत अधिक है व बड़े कृषकों की लागत कम है। बडे कृषकों को कृषि लाभदायक है जबकि सीमांत कृषकों के लिए यह लाभदायी नहीं है। सीमांत कृषकों के हितों को ध्यान में रखते हुए सरकारी नीतियों में सीमांत कृषकों को प्राथमिकता मिलनी चाहिए। लघु व सीमांत कृषकों की कृषि समस्याओं हेतु प्रथक नीति की आवश्यकता है। इन कृषकों को कृषि कार्य में आने वाली समस्याओं की बारे भी विशेष रूप से ध्यान देने की आवश्यकता है।

अध्याय—7

बेहतर प्रबंधन से बदलेगी कृषि की तस्वीर

वर्तमान में नई कृषि तकनीक का प्रयोग बढ़ रहा है। सकल उत्पाद मूल्य में और वृद्धि करने के लिए नई कृषि तकनीक को अपनाने की आवश्यकता है। इस उद्देश्य की पूर्ति हेतु वित्तीय संस्थाओं द्वारा पर्याप्त मात्रा में वित्त उपलब्ध कराया जाये। कृषि वैज्ञानिकों को नयी किस्म के बीजों और तकनीकि के प्रयोग को प्रति एकड़ शुद्ध आय के रूप में व्यक्त करना चाहिए न कि प्रति एकड़ उत्पादित के रूप में। उत्पादन और फसल उपरांत तकनीकी में उचित समन्वय कायम करना जरूरी है। ग्रामीण फार्म विज्ञान प्रबंधकों का एक संवर्ग तैयार किया जाये जिसके लिए प्रत्येक पंचायत के कुछ सदस्यों को नई तकनीकी के प्रबंध के लिए प्रशिक्षण देना होगा। बिजली की अनुपलब्धता एक बड़ी समस्या के रूप में सामने आई है, इसे दूर करने हेतु पर्याप्त मात्रा में बिजली गांवों में उपलब्ध कराई जाये या कोई अन्य विकल्प जैसे सौर ऊर्जा आदि संसाधनों की पर्याप्त जानकारी व प्रशिक्षण लोगों को दिया जाये।

विद्युत संपर्क, अतिरिक्त आदान सहायता, फसल बीमा पर कम प्रीमियम आदि के माध्यम से संरक्षित कृषि को प्रोत्साहित किया जाये। मशीनों की समस्या हल करने हेतु महत्वपूर्ण उपाय छोटी मशीनों की उपलब्धता, लघु, मध्यम व सीमांत किसानों को यदि कृषि यंत्र छोटे आकार के खेत के उपयोग हेतु मिलते हैं तब कृषि मशीनों के मूल्यों की समस्या हल हो सकती है। जिले के किसान मृदा की जांच नहीं कराते है सरकारी तौर पर मृदा की जांच कर उन्हें उर्वरक की उचित सलाह दी जानी चाहिए। भूमि स्वास्थ्य सुधार के लिए भूमि में समष्टि एवं व्यष्टि पोषकों द्वारा और भूमि की भौतिकी एवं सूक्ष्म जैविकी उन्नत करनी होगी।

खेतों पर बेहतर जल प्रबंधन उपयुक्त उपायों जैसे बेहतर फसलन प्रतिमान और फसल संयोजन, सहभागी जल प्रबंधन आदि के जारी सृजित और प्रयुक्त सिंचाई क्षमता के बीच अंतर को न्यूनतम किया जा सकता है। जल संरक्षण द्वारा पानी की सुरक्षा

करनी होगी और पानी के कुशल एवं समतापूर्ण प्रयोग के लिए ग्राम सभाओं को ''पानी पंचायतों'' के रूप में सशक्त बनाना होगा। एक जल संग्रहण प्रणाली स्थापित करनी होगी विशेषकर ऐसे क्षेत्रों में जिनमें विश्वसनीय सिंचाई का अभाव है। जल उपयोग क्षमता को बढ़ाने के लिए तीव्र गति से सिंचाई के विस्तार की जरूरत है। राज्य सहायता की जाने के वाबजूद उपकरणों की लागत को बहन करने के लिए छोटे और सीमांत किसानों की कठिनाईयों को देखते हुए जहां तक छोटे और सीमांत किसानों का संबंध है एम आर प्रणाली हेतु व मुफ्त बिजली हेतु विचार किया जाना चाहिए। विभिन्न मृदा और पर्यावरणीय स्थितियों के अंतर्गत फसल वृद्धि क्रांतिक चरणों में सिंचाई के उपयुक्त प्रयोग के लिए किसानों का प्रशिक्षण और जागरूकता बहुत आवश्यक है।

खेतों के आकार एवं मृदा प्रकार की आवश्यकता के अनुकूल परम्परागत कृषि मशीनरी एवं उपकरणों की आवश्यकता है। मशीनों के विषम एवं मौसमी उपयोग का परिणाम मशीनों की निम्न आर्थिक व्यवहार्यता है और इसके लिए उपयोग में वृद्धि करने हेतु नवाचारी समाधानों की आवश्यकता है।

मध्यप्रदेश का कृषक शिक्षित नहीं है कृषि से संबंधित ज्ञान या तो परम्परा में मिला है या अनुभव से अर्जित किया है आधुनिक कृषि पद्धति तकनीक, उन्नत बीज, सिंचाई, रसायनिक खाद्य आदि की उचित जानकारी किसानों को नहीं रहती है यदि उक्त जानकारी समय पर आसानी से उपलब्ध करा दी जावे तो कृषि विकास में क्रांतिकारी परिवर्तन किया जा सकता है। किसान को संचार के साधन जैसे मोबाईल, जनजागरूकता कार्यक्रम, प्रशिक्षण आदि की सुविधा उपलब्ध करायी जा सकती है। जैसे शासन गहरी जुताई अभ्यास के लिये हलधर योजना, लागू की है। इसी तरह से अन्य कृषि कार्यो के लिए भी किया जा सकता है।

हमें तुरंत ऋण सुधारों के बारे में पहल करनी होगी जिसके साथ उधार एवं बीमा, साक्षरता को बढ़ावा देना होगा। उधार वितरण प्रणाली को स्त्रियों के प्रति संवदेनशील बनाना होगा। वैज्ञानिक ज्ञान और जमीनी स्तर पर इसके कार्यान्वयन के बीच अंतर को उत्पादन के स्तर पर और फसल उपरांत खेती के स्तर पर कम करना होगा। भारत निर्माण के अधीन ज्ञान संयोजन के कार्य को पूरा करने के लिए ग्राम ज्ञान केन्द्र या ग्राम चौपाल स्थापित करने होंगे। सिंचाई के साधनों का विस्तार होने से कृषि उत्पादकता एवं उत्पादन दोनों मे परिवर्तन होता है। छोटे एवं सीमांत कृषकों को सिंचाई के साधन आसानी से उपलब्ध कराकर इस चुनौती का समाधान किया जा सकता है। शासन स्तर पर गाँव–गाँव में कृषि टेंट लगाकर आदानों की पूर्ति आसान कीमत एवं सरलता से

की जा सकती है। जिले में सिंचाई मुख्यत विद्युत पर निर्भर है अतः विदयुत की आपूर्ति में वृध्दि करनी होगी। जैसे औद्योगिक क्षेत्र के लिए प्रथक से विद्युत आपूर्ति की जाती है, ठीक उसी प्रकार कृषि क्षेत्र के लिए भी किया जा सकता है। इसके अतिरिक्त सौर ऊर्जा के माध्यम से भी विद्युत आपूर्ति में वृध्दि की जा सकती है।

इलेक्ट्रॉनिक मण्डी, मोबाइल पर संदेश, द्वारा सभी प्रकार की कृषि आदानों एवं विपणन की जानकारी का प्रचार–प्रसार करने से विपणन व्यवस्था में सुधार एवं कृषकों में जागरुकता का संचार होगा। गाँव–गाँव में बिक्री केन्द्रों की स्थापना, भंडारण की व्यवस्था बिचौलियों की समाप्ति कर कृषकों को अनुकूलतम बाजार उपलब्ध कराया जा सकता है। किसानों को एक निश्चित समर्थन मूल्य की गारंटी देना ताकि उनके हितों की रक्षा हो सके, उत्पादन में जोखिम न रहे और वे लोग उत्पादन को और अधिक बढ़ाने के लिए निवेश को तत्पर रहे। योजनाओं में निर्धारित लक्ष्यों के अनुरूप विभिन्न फसलों के उत्पादन को निर्देशित किया जाना चाहिए।

अधिक आगतों के प्रयोग द्वारा उन्नत किस्म के बीजों, उर्वरकों व अन्य आगतों का प्रयोग करने वाली नई कृषि तकनीक के और प्रसार द्वारा कुल कृषि उत्पादन में वृद्धि लाई जा सकती है। किसानों को इस बात के लिए प्रेरित किया जाना चाहिए कि वे खाद्यान्नों का बढ़ता हुआ हिस्सा बाजार में बेचने के लिए तैयार हों। अत्याधिक कीमत वृद्धि से उपभोक्ताओं की रक्षा करना, विशेष रूप से निम्न आय वर्ग के उपभोक्ताओं की उन वर्षों में जब आपूर्ति मांग से काफी कम हो और बाजार कीमतों में लगातार वृद्धि हो रही हो। जिले में कृषि विपणन में वृद्धि के लिए कृषि उत्पादों के श्रेणी विभाजन तथा प्रमापीकरण पर ध्यान दिया जाना चाहिए। इससे कृषक को अपनी उपज का उचित मूल्य तो मिलता है। बाजार क़ा विस्तार होता व उपज में सुधार होता है।

न्यूनतम समर्थन मूल्य का व्यापक प्रचार–प्रसार गांव–गांव तक किया जाना चाहिए जिससे कोई भी किसान न्यूनतम समर्थन मूल्य से कम कीमत पर फसल की बिक्री न कर सके। प्रत्येक गांव में सरकारी विक्रय केन्द्र की स्थापना की जानी चाहिए जो प्रत्येक समय खरीददारी कर सके एवं समय समय पर न्यूनतम समर्थन मूल्य की जानकारी किसानों को दे सकें। ग्रामीण क्षेत्र के दूर दराज ग्रामों में भी अधिक से अधिक क्रय केन्द्र स्थापित करने चाहिए, क्योंकि कृषक अपनी उपज इन केन्द्रों में बेचना अधिक अच्छा समझते हैं तथा इससे ग्रामों में होने वाली बाध्य बिक्री को रोकने में सहायता मिलेगी। जिले में प्रशिक्षित कृषकों की प्रति हेक्टेयर उत्पादकता में निरंतर वृद्धि हो रही है अर्थात शासन द्वारा चलाई जा रही योजनाऐं एवं प्रयास सफल हो रही है। अतः हम

कह सकते हैं कि जिले में इन योजनाओं और प्रयासों की गति में वृद्धि कर अधिक से अधिक कृषकों को प्रशिक्षित किया जाना चाहिए तथा तहसील स्तर पर ''कृषि अनुसंधान केन्द्र'' एवं प्रशिक्षण केन्द्र की व्यवस्था की जानी चाहिए। जिसके फलस्वरूप कृषकों को सुविधा होगी व शासन को भी अच्छे परिणाम प्राप्त होंगे।

शासन को चाहिए कि कृषकों के लिए पर्याप्त मात्रा में भारतीय खाद्य निगम की भण्डारण सुविधा उपलब्ध कराये ताकि कृषि उपज को उचित मूल्य तक संग्रहण की सुविधा प्राप्त हो सके। सीड रोलिंग प्लान बनाकर बीज उत्पादन कार्यक्रम को अधिक से अधिक बढ़ावा दिया जाना चाहिए। वर्तमान में खरीफ में उर्वरक खपत प्रति हेक्टेयर 70.56 कि.ग्रा. है जिसे बढ़ाकर 75 कि.ग्रा. प्रति हेक्टेयर करना होगा। स्प्रिक्लर एवं ड्रिप सिंचाई पद्धति को बढ़ावा देना होगा। विद्युत की समस्या के लिए कृषक को ऊर्जा का स्रोत स्वयं तैयार करने हेतु प्रोत्साहित किया जाना चाहिए। नवीनतम कृषि तकनीक व्यापक प्रचार–प्रसार करना। किसान विकास केन्द्र को और अधिक प्रभावकारी तकनीकी केन्द्रों के रूप में विकसित करना। आत्मा योजना के अंतर्गत पब्लिक प्राईवेट पार्टनरशिप से कृषि विस्तार कार्यों में सहयोग लिया जाना चाहिए। किसान पाठशालाओं, सजीव प्रदर्शन, कृषि मेले, किसान भ्रमण कार्यक्रम, प्रशिक्षण, किसान संगोष्ठी तथा किसानों को पुरस्कार देकर प्रोत्साहन को बढ़ावा देना। कृषि क्लीनिक योजना को और अधिक प्रभावकारी बनाना। कृषि उत्पादों के विपणन में ई–चौपाल अत्यंत सहायक सिद्ध हो रहा है अतः विपणन कार्य के अतिरिक्त किसानों को उनकी आवश्यकता की सामाग्रियां जैसे खाद, बीज, कीटनाशक आदि समय पर उपलब्ध कराना। किसान कॉल सेन्टर के उपयोग को बढ़ावा देना। केन्द्र सरकार को न्यूनतम समर्थन मूल्य की घोषणा कृषि लागत एवं मूल्य आयोग की सिफारिशों के आधार पर बुबाई मौसम के पहले करनी चाहिए। कृषि लागत एवं मूल्य आयोग को एक शक्ति प्राप्त संवैधानिक निकाय बनाया जाना चाहिए।

न्यूनतम समर्थन मूल्य की सिफारिश के लिए कृषि लागत एवं मूल्य आयोग को उत्पादन की C_2 लागत को आधार बनाना चाहिए। मौजूदा विपणन प्रणाली में जिले में कीमतों में भारी विभिन्नता देखने को मिली। विपणन प्रणाली में प्रतिस्पर्धा उत्पन्न करने के लिए लाभकारी मूल्यों पर फार्म उत्पादों की बिक्री को सुसाध्य बनाने के लिए वैकल्पिक तथा प्रतियोगी विपणन माध्यमों का विकास करना अपेक्षित है। एक सफल विपणन प्रणाली की आवश्यकता है। वित्त प्रबंधन, अनुरूप भण्डारण रसीद जैसे विभिन्न उपकरणों के माध्यम से किसानों का अपेक्षित संस्थागत ऋण देने की आवश्यकता है

ताकि वे कम मूल्यों पर उत्पाद बेचने को बाध्य न हो जायें। कृषि उत्पादकता, संसाधन विपणन, समर्थन सेवायें, कार्य विपणन संबंध, प्रशिक्षण तथा संरचना को बढ़ावा देने के लिए ऐसी समितियों का गठन करने के लिए सरकार एक उत्प्रेरक के रूप में कार्य कर सकती है।

आधारभूत ढांचे का विकास बिजली, पानी, संचार आदि सुविधाओं में वृद्धि होने से न केवल प्रति हेक्टेयर उत्पादकता बढ़ेगी वरन् कृषि विपणन में भी क्रांतिकारी परिवर्तन देखने को मिलेगा। भंडारण सुविधाओं का विकास होने से खाद्यान्न नुकसान कम होगा। सिंचाई की अत्याधुनिक सुविधाऐं उत्पादकता में वृद्धि करेगी साथ ही भूमि के खेती योग्य क्षेत्र में वृद्धि होगी। परिणामस्वरूप उत्पादन पूर्व की तुलना में अधिक होगा। सरकार द्वारा चलाई जा रही विभिन्न योजनाओं में पारदर्शिता हो ऐसी सरकारी नीति होनी चाहिए।

वर्तमान में राज्य में सिंचाई क्षमता का व्यापक पैमाने पर उपयोग हुआ है और विभिन्न फसलों के अंतर्गत सिंचाई क्षेत्र से अधिकतम सकल फसली क्षेत्र सिंचाई सुविधा के अंतर्गत लाने की अत्यंत आवश्यकता है। विशेषकर वर्षा आधारित क्षेत्र एवं बढ़ता हुआ सिंचित क्षेत्र अंततः फसल उत्पादन एवं उत्पादकता में वृद्धि होगी। स्रोत अनुसार सिंचित क्षेत्र भूजल पर निर्भरता दर्शाता है, तो नहरों के नेटवर्क के माध्यम से सतह सिंचाई तकनीक को विकसित कर कम तालाबों का निर्माण सूक्ष्म एवं लघु वाटर शेडों पर बल देना, ड्रिप एवं स्प्रिंकलर सिंचाई एवं ऐसी फसलों की प्रजाति का विस्तार जिसे कम पानी की जरूरत हो। कार्य जल संचयन एवं जल प्रबंधन को बढ़ावा देना एक और संभावित क्षेत्र है। जिस पर अधिक ध्यान की आवश्यकता है ताकि मानसून की वर्षा का प्रभाव उपयोग हो। अन्य प्रयास जैसे पानी पंचायत का गठन वर्षा आधारित फसलें प्रमुख सिंचाई परियोजनाओं का उपयोग पर अनुसंधान पानी एवं विद्युत के मूल्य निर्धारण एवं कृषक सहभागिता से संबंधित संस्थागत पहलू को बढ़ावा देने की आवश्यकता है।

कृषि उत्पादन के वर्तमान स्तर में वृद्धि के लिए एवं कृषि में संयत्रीकरण एकमात्र उपाय है कृषि की व्यस्ततम अवधि में श्रमिकों की अनुपलब्धता के हल के लिए कृषि की लागत में कटौती एवं कृषि औजार एवं संयत्र के मरम्मत एवं संधारण के माध्यम से ग्रामीण युवकों को रोजगार के अवसर प्रदान करना, मालभाड़ा सेवा केन्द्र को प्रोत्साहित करना।

मध्यप्रदेश में प्राथमिक क्षेत्र के कुल ऋण का तीन चौथाई अंश कृषि ऋण का है। राज्य में लघु एवं सीमांत कृषकों का प्रभाव को ध्यान में रखते हुए कृषि वित्त प्रबंधन

स्वामित्व पर आधारित नहीं होना चाहिए। कृषि में वास्तविक उपयोग के आधार पर होना चाहिए ताकि कृषकों को सस्ता व समय पर ऋण मिल सके। सभी पात्र कृषकों को किसान क्रेडिट कार्ड जारी करना चाहिए ताकि कृषकों को संस्थागत ऋण प्रदान किया जा सके।

प्रदेश की विविधतापूर्ण कृषि जलवायु स्थितियों और फसल विविधताओं को ध्यान में रखते हुए फसलवार और अंचलवार वर्तमान सेवाओं को सुदृढ़ करना जरूरी है। राज्य कृषि जी.डी.पी. का कम से कम 1 प्रतिशत कृषि शोध और शिक्षण कार्य में निवेश किया जाये। किसानों विशेषकर महिला किसानों और श्रमिकों को कृषि और खासतौर पर उद्यानिकी फसलों के उत्पादन से अवगत कराया जाये व व्यावहारिक प्रशिक्षण भी दिया जाये। सूचना प्रौद्योगिकी में भी पर्याप्त निवेश बढ़ाये जाने की जरूरत है। राज्य के कृषि विश्वविद्यालयों में उन सभी क्षेत्रों में शोध को बढ़ावा दिया जाये जहां कृषि परिस्थिति संबंधी स्थितियां अनुकूल हों इससे प्रदेश में कृषि और उससे जुड़े क्षेत्रों में हमारे सामने आने वाली चुनौतियां का सामना करने में आसानी होगी। कृषि सांख्यिकी प्रणाली, कृषि अध्ययनों की लागत में कमी, कृषि अर्थव्यवस्था का सुदृढ़ीकरण और उपयुक्त नीति निर्माण और नियोजन द्वारा समुचित शोध करवाया जाये। इस कार्य में मॉनिटरिंग और मूल्यांकन की बेहतर व्यवस्था जरूरी है। राज्य योजना आयोग में कम से कम एक सदस्य कृषि वैज्ञानिक हो जिसकी पृष्ठभूमि कृषि अर्थशास्त्री की रही हो। भारतीय प्रबंधन संस्थान इंदौर के पाठ्यक्रम में एक कृषि व्यापार पाठ्यक्रम शामिल किया जा सकता है। भारतीय बन प्रबंधन संस्थान भोपाल का उपयोग भी एन.टी.एस.सी. पर शोध के लिए किया जा सकता है और आदिवासी जिलों में अध्ययन के लिए उनकी मदद ली जा सकती है।

उत्पादकता बढ़ाने के लिए एक सुदृढ़ कृषि प्रसार प्रणाली स्थापित करने की आवश्यकता है। कृषि प्रसार अधोसंरचना का प्राथमिक उद्देश्य अधिक से अधिक किसानों को सुविधाओं का लाभ पहुंचाना और उनकी समस्याओं का प्रभावी रूप से समाधान करना होना चाहिए। कुछ विशेष फसलों को बढ़ावा देने के लिए अलग रणनीति बनाना चाहिए। औसत जोतों के छोटे होने, सिंचाई सुविधाओं की कमी को देखते हुए फसल सघनता में वृद्धि करनी होगी। इसके लिए सभी लंबित सिंचाई परियोजनाओं, तत्परता से पूर्ण की जानी चाहिए, मध्यम एवं लघु सिंचाई परियोजना की क्षमता के उपयोग में बढ़ोत्तरी को उच्च प्राथमिकता दी जानी चाहिए। सभी संभावनाओं वाले क्षेत्रों में जल संग्रहण विकास परियोजनाएं लागू की जानी चाहिए। सभी वन ग्रामों एवं अन्य बेकार

भूमि में संयुक्त वन प्रबंधन समितियां बनाई जानी चाहिए। जल के प्रवाह में वृद्धि के प्रयास भी किये जाने चाहिए साथ ही नवीन कृषि तकनीकी, प्रभावी तालाब प्रबंधन व जल संरक्षण उपायों के माध्यम से कम वर्षा की स्थिति में फसलों को हानि से बचाने का प्रयास किया जाना चाहिए। वर्षा आधारित क्षेत्रों में कम रासायनिक खादों का उपयोग कर खेती की लागत को कम करने का प्रयास करना होगा।

खेत पर जल प्रबंधन की ओर विशेष ध्यान देने की आवश्यकता है। सरकारी परियोजनाओं का बड़े किसानों पर सकारात्मक असर दिखा है। यहां आवश्यकता है कि छोटे व सीमांत किसान भी इसका लाभ अर्जित कर सकें। कृषि कार्य में प्रयुक्त आदानों की गुणवत्ता एवं प्रकार सहित कई कारणों से उत्पादन कम होता है। इस दिशा में उचित प्रयास किये जाने चाहिए कि किसानों को जल, मिट्टी की उर्वरता बढ़ाने हेतु जिंक तथा अन्य सूक्ष्म पोषक तत्व, बीज, उपकरण, फसलोत्तर प्रबंधन, प्रसंस्करण आदि की बुनियादी सुविधाएं उपलब्ध हों। सिर्फ आदान उपलब्ध कराना ही काफी नहीं होगा बल्कि एक बहुत जीवंत प्रसार व्यवस्था को लागू करना होगा। इनमें खादों का संतुलित उपयोग खेतों के जैविक कचरे का उपयोग एकीकृत पोषक तत्व प्रबंधन, मिट्टी परीक्षण तथा बुनियादी अधोसंरचना विकास आदि की ओर ध्यान देना होगा। खादों का मृदा परीक्षण के आधार पर उपयोग किया जाना मिट्टी का स्वास्थ्य तथा उत्पादकता बढ़ाने के लिए अत्यंत आवश्यक है। ऐसी मृदा परीक्षण प्रयोगशालाओं का जाल बिछाया जाये जहाँ विस्तृत विश्लेषण की बेहतर सुविधाएं उपलब्ध हों। इन प्रयोगशालाओं में सूक्ष्म पोषक तत्वों की व्यवस्था होनी चाहिए और खादों के संतुलित उपयोग के लिए सभी किसानों को मृदा स्वास्थ्य कार्ड जारी किये जाने चाहिए। प्रदेश में जिला व तहसील स्तर पर भी गुणवत्ता परीक्षण प्रयोगशालाओं की स्थापना की जानी चाहिए। जहाँ कृषि आदानों की गुणवत्ता का परीक्षण किया जा सके।

उत्पादन बढ़ाने व फसलों को होने वाली हानि को रोकने के साथ-साथ स्वीकार्य गुणवत्तायुक्त उत्पाद तैयार करने के लिए समन्वित प्रयास करने की आवश्यकता है। फसलों को लगने वाले कीड़ों को प्रभावी ढंग से रोका जाये और एकीकृत कीट प्रबंधन को बढ़ावा देने के लिए प्रभावी कदम उठाये जायें, जिससे की अच्छी गुणवत्ता के कीटनाशक किसानों को उचित मात्रा में उपलब्ध हो सकें और वे गुणवत्ता पर समुचित ध्यान देकर अच्छे कीटनाशकों का उपयोग करने में समर्थ हों। कीटनाशक अवशेष परीक्षण की समीक्षा तथा पशु उत्पादों में गुणवत्ता सुनिश्चित करने के लिए वर्तमान व्यवस्था को सुदृढ़ किया जाना चाहिए। जनपद स्तर पर पंचायतों के उपयुक्त प्रशिक्षण देकर इस तरह के कार्यों में उनकी सेवाएं प्रभावी रूप से ली जा सकती है।

चयनित क्षेत्रों में राज्य को कुछ विशेष जिन्सों की जैविक खेती के विकास हेतु प्राकृतिक लाभ उपलब्ध हैं। परन्तु इसका पूर्ण लाभ प्राप्त करने के लिए सभी आगतों एवं उत्पादन के परीक्षण, वर्गीकरण एवं प्रभावीकरण करने से संबंधित सेवाओं को स्थापित करने एवं उनके उपयुक्त मूल्य एवं विपणन सुनिश्चित करने पर विशेष ध्यान देने की आवश्यकता है। विविध कृषि जलवायु होने के फलस्वरूप राज्य में उद्यानिकी फसलों की पर्याप्त क्षमता है इसको प्राप्त करने हेतु उन्नत पौध पर्याप्त मात्रा में उपलब्ध कराना आवश्यक है। राज्य में अनेक रोपणियां हैं जिनमें रोपण सामग्री उपलब्ध है परन्तु उनकी संख्या, गुणवत्ता और उनके संचालन का स्तर विशेष रूप से बढ़ाने की आवश्यकता है।

दुधारु पशुओं की दुग्ध उत्पादन क्षमता बढ़ाने एवं कृषि जलवायु स्थितियों का सद्उपयोग करते हुए किसानों की आय बढ़ाने के लिए नकदी फसलें जैसे गन्ना, कपास, फलों, सब्जियों, कोदो एवं आलू आदि जिनमें अधिक मौद्रिक उत्पादकता प्राप्त हो सकती है की कृषि को बढ़ावा देना चाहिए।

जलवायु परिवर्तन कृषि के लिए एक बड़ी चुनौति के रूप में उभरा है। आज किसानों के सामने तात्कालिक रूप से जो समस्या खड़ी है वह वर्षा में अन्तर मौसमी परिवर्तनशीलता, अत्याधिक वर्षा और बेमौसम बारिश से संबंधित है। इन विशेष परिस्थितियों के कारण फसलों और पशुओं को काफी नुकसान होता है। अतः जलवायु के अनुकूल फसलों की किस्म विकसित करने के प्रयासों के साथ–साथ फसल पद्धतियों और प्रबंधन तरीकों में उपयुक्त बदलाव लाने के लिए किये जाने वाले प्रयासों को तेज किया जाना चाहिए।

उत्पादों के प्रभावी विपणन विशेषकर फलों एवं सब्जियों, दूध, मछली, अंडे एवं मांस आदि का किसानों को अपने उत्पादों के खुदरा मूल्य का अधिकतम भाग मिलेगा और इन उपभोक्ता सामाग्रियों को वे प्रतिस्पर्धी दामों पर बेच सकेंगे। यह सुनिश्चित करने के लिए इस क्षेत्र में सुधारों की जरूरत है। इस दिशा में कृषि उत्पादों के आवागमन, भंडारण, कृषि प्रसंस्करण इत्यादि पर लगी पाबंदियों को हटाने की तत्काल आवश्यकता है। वर्तमान कानून व बाजार व्यवस्थाओं के साथ–साथ ऋण उपलब्धता का भी ध्यानपूर्वक परीक्षण कर यह सुनिश्चित करने के लिए कदम उठाये जाने चाहिए कि वे अपने उत्पादों का बेहतर मूल्य प्राप्त कर सकें।

सिंचाई आपूर्ति में वृद्धि हेतु प्राकृतिक संसाधन प्रबंध बढ़ाये जाने की आवश्यकता है इससे बंजर भूमि का विकास और उपयोग, रेनवाटर हार्वेस्टिंग तथा भू–जल रिजार्च

का काम करने की जरूरत है। प्रत्येक गांव में जल संग्रहण तालाब होना चाहिए इससे अधिक मात्रा में होने वाली वर्षा के जल को रोककर भू-जल स्तर बढ़ाया जा सकता है। साथ ही किसान स्वयं के कुएं खोदने को प्रोत्साहित होंगे व गांवों में पेयजल की समस्या भी कम होगी। मध्यप्रदेश में 55393 गाँव हैं और यदि प्रत्येक पर्कोलेशन टेंक से 10 हेक्टेयर जमीन की परोक्ष सिंचाई होती है तो प्रदेश में हर वर्ष 5.53 लाख हेक्टेयर क्षेत्र में अतिरिक्त सिंचाई सुविधा उपलब्ध हो सकेगी। यदि प्रत्येक पर्कोलेशन टैंक की लागत 2 लाख रूपये आती है तब सरकार के वार्षिक बजट में 1108 करोड़ रूपये की अतिरिक्त आवश्यकता होगी। यदि यह राशि उपलब्ध कराई जाती है तब पांच वर्ष में 27.65 लाख हेक्टेयर भूमि सिंचाई के अन्तर्गत आ जायेगी और संभवतः यह गरीब लोगों को भुखमरी से बचाने की दिशा में बड़ा कदम होगा। कृषि क्षेत्र में प्राथमिक रूप से इस बात पर ध्यान दिया जाये कि समय सीमा के अन्दर परियोजनाओं को पूरा किया जावे। वित्तीय उपयोग को सिंचाई क्षमता में बदलकर रूपांकित सिंचाई क्षमता उपलब्ध कराने के लिए अधिक ईमानदार और गंभीर प्रयासों की आवश्यकता है।

राज्य में भूमि का एक बड़ा भाग समतल नहीं है बड़ी नहरों पर आधारित सिंचाई सब तरफ करना संभव नहीं है। ऐसी स्थिति में जल संरक्षण पर अधिक बल देते हुए राजीव गांधी वाटरशेड मिशन और अधिक व्यापक पैमाने पर बढ़ाना होगा। स्थानीय स्तर पर प्रभावी लागत एवं तकनीकी, उपलब्ध कराना, वाटरशेड प्रबंधकों को भूजल सुरक्षा के लिए प्रेरित करना, नलकूप को पुर्नजीवित करना एवं डीजल पम्प सेट का नेटवर्क स्थापित करना होगा। खेती योग्य पड़त भूमि के एक बड़े भाग को विकसित करने की आवश्यकता होगी। इसके लिए निजी क्षेत्र की सहभागिता ली जा सकती है।

कृषि को लाभप्रद बनाने एवं कृषि क्षेत्र में युवाओं की भागीदारी को सुनिश्चित करने हेतु कृषि का व्यावसायीकरण आवश्यक है। अधिक से अधिक क्षेत्रों में वर्मी कम्पोस्ट खाद के उपयोग को प्रोत्साहित करने हेतु सरकारी प्रयास व उचित अनुदान दिया जाना चाहिए। मण्डियों में निजी निवेश को प्रोत्साहित किया जाना चाहिए जिससे निवेश में कमी की समस्या को दूर किया जा सकता है। म.प्र. देश के केन्द्र में स्थित होने के कारण सुलभ सुविधा हब के रूप में विकसित हो सकता हैं। अतः विभिन्न कृषि के उत्पादों के विशेष बाजार स्थापित किये जा सकते हैं जो अंतर्राष्ट्रीय बाजारों से जुड़े हुए होंगे। लघु एवं सीमांत कृषकों को दलालों से बचाने हेतु कृषकों को सामान्य पंजीकरण कर वार्धित मूल्य पर वेट से पूर्व आयकर में छूट दी जावे इस माध्यम से किसान सीधे बाजार में जा सकेंगे एवं मध्यम दलालों का दखल समाप्त होगा। कृषि में संस्थागत ऋण

उपलब्धता बढ़ाने हेतु राजनीतिक दखल कम करते हुए वित्तीय संस्थाओं, सहकारिता आंदोलन के सुदृढ़ीकरण की आवश्यकता है।

पर्याप्त और सामयिक रूप से कृषि आदानों का क्रय करने में समर्थ होने के लिए किसानों को साख सुविधा उपलब्ध करना पहली प्राथमिकता होना चाहिए। जिससे कृषि उत्पादकता बढ़ सके व किसानों को उचित दाम प्राप्त हो सके। सभी किसानों को किसान क्रेडिट कार्ड उपलब्ध कराने हेतु विशेष योजना बनाना चाहिए।

अधिकांश किसानों के पास 2 हेक्टेयर से कम कृषि भूमि है और उनकी आजीविका कृषि पर निर्भर है। इसलिए, कम लागत एवं कम वजन वाले बहुउद्देशीय कृषि उपकरणों को शुरू एवं विकसित करके इन छोटे किसानों पर ध्यान केन्द्रित करना आवश्यक है। बागवानी फसलों में सुव्यवस्थित कृषि के लिए प्रौद्योगिकी में सुधार एवं उन्नत बागवानी उपकरणों की सहायता से अर्द्धमशीनीकृत नर्सरी के लिए विकास की आवश्यकता है। हमें कृषि पतन के मूक दर्शक ही नहीं बने रहना चाहिए। खाद्य और मानवीय सुरक्षा और इसके साथ राष्ट्रीय प्रभुसत्ता दांव पर है। समग्र आर्थिक विकास की दरों का कोई अर्थ नहीं रह जाता यदि हम अपनी 60 प्रतिशत जनसंख्या के आर्थिक स्वास्थ्य और उत्तम जीवन की देखभाल नहीं कर सकते।

भारतीय कृषि की यह विडम्बना रही है कि भारत में अधिकांशतः जीविका एवं गुजारे की फसल का उत्पादन होता रहा है। अगर हम जीविकोपार्जन कृषि के साथ अधिक लाभ देने वाली फसलों के उत्पादन में वृद्धि करें तो न केवल कृषकों की आय में वृद्धि की जा सकती है बल्कि देश की अर्थव्यवस्था में भी तेजी आ सकती है। हालांकि कृषि को लाभदायक बनाने हेतु निरंतर प्रयास हुए है लेकिन हम कृषि का कोई ऐसा मॉडल विकसित नहीं कर पाए हैं जिससे कृषकों को कृषि में रोजगार अथवा लाभ का लक्ष्य दिखाई दे। निष्कर्ष के तौर पर कहा जा सकता है कि ग्रामीण अर्थव्यवस्था को मजबूती प्रदान करने के लिए कृषि को एक व्यावसायिक मॉडल की तरह सरकारी तौर पर पेश किया जाए। कृषकों को इस बारे में आश्वस्त करने की जरूरत है कि कृषि भी एक व्यवसाय है और इसमें लाभ की असीम संभावनाएं हैं। इसके लिए जहां निचले स्तर पर कृषकों को व्यावसायिक खेती हेतु सुविधाएं उपलब्ध कराने एवं प्रोत्साहित करने की जरूरत है वहीं सरकार द्वारा सिंचाई, प्रशिक्षण, संसाधन उपलब्धता, शोध अनुसंधान में मदद से ही खेती को लाभदायी बनाया जा सकता है।

सन्दर्भ ग्रन्थ सूची

संदर्भ सूची

- अग्रवाल, एन.पी. : परिमाणात्मक प्रविधियाँ, रमेश बुक डिपो, नई दिल्ली, 2013
- एवीडेन्स फ्राम कास्ट ऑफ कल्टीवेशन, सर्वे डाटा, इण्डियन जर्नल ऑफ एग्रीकल्चर एकोनॉमिक्स, वाल्यूम 68।
- एच.के. निरंजन, कास्ट एनालिसिस एण्ड प्रोफिटेविलिटी ऑफ मेजर रबी एण्ड खरीफ क्राप्स इन मध्यप्रदेश डिपार्टमेन्ट ऑफ एग्रीकल्चर इकॉनॉमिक्स, जबलपुर।
- कृषि सांख्यिकी (2010–11), कृषि मंत्रालय भारत सरकार कृषि एवं सहकारिता विभाग, नई दिल्ली,
- कार्ल पियर्सन : द ग्रामर ऑफ सांइस, 1911
- गोयल हारकाडास एवं नानाबटी (1990), राजेन्द्र कुमार समाजशास्त्रीय सर्वेक्षण और शोध की प्रविधियां तथा पद्धतियां'' कैलाश पुस्तक सदन, ग्वालियर।
- गुप्ता, पी.के. : कृषि अर्थशास्त्र, वृन्दा पब्लिकेशन प्रा. लि., दिल्ली, 1991
- गुप्ता, पी.के. (1991) : कृषि अर्थशास्त्र, वृन्दा पब्लिकेशन प्रा. लि., दिल्ली।
- जिला विकास पुस्तिका दमोह (2014) : जिला सांख्यिकी कार्यालय दमोह
- जिला सांख्यिकी पुस्तिका दमोह (2012, 2014) : जिला सांख्यिकी कार्यालय दमोह
- जिला दमोह : 'सांख्यिकी पुस्तिका' वार्षिक प्रकाषन 2013.14
- जिला गजेटियर दमोह, जिला दमोह
- जैन, हीरालाल : ''दमोह दीपक''
- जॉन सी टाउनसेण्ड : ''इन्ट्रोडक्सन टू एक्सपेरियेण्टल मेयड, मेकग्राहिल बुक कं. आई.सी.सी. न्यूयार्क, 1953
- दमयंती दर्पण (1999) : दमोह पुरातत्व संघ
- दत्त एवं सुन्दरम (2014) : भारतीय अर्थव्यवस्था, एस.चांद पब्लिकेशन, नई दिल्ली।

- नारायण मूर्ति ए. (2013), प्रोफीटेब्लिटी इन क्राप्स कल्टीवेशन इन इंडिया सम
- नागराज, के, : फारमर सोसाईट इन इण्डिया, मैग्नीट्यूटस, ट्रेन्डस एण्ड स्पेशल
- पैटर्न्स, मद्रास इंस्टीट्यूट ऑफ डेव्हलपमेंट स्टडीज, 2008
- पी.डी. महेश्वरी, एवं शीलचन्द्र गुप्ता : भारतीय आर्थिक नीति, कैलाश पुस्तक सदन भोपाल, 2008
- पी.वी. यंग, : साइंटिफिक सोशल सर्वे एण्ड रिसर्च, एशिया पब्लिशिंग हाउस, बाम्बे, 1960
- फ्रेडरिक एंजिल्स : जर्मनी में किसानों पर सवाल, कार्लमार्क्स फ्रेडरिक एंजिल्स, भाग—4.
- भारत में कृषि लागतें : अर्थ एवं सांख्यिकीय निदेशालय, कृषि एवं सहकारिता विभाग, कृषि मंत्रालय, नई दिल्ली।
- भारत में प्रमुख फसलों की काश्त लागत : अर्थ एवं सांख्यिकी निदेशालय, कृषि एवं सहकारिता विभाग, कृषि मंत्रालय भारत सरकार नई दिल्ली, 2007,
- भारतीय कृषि की स्थिति (2012–13) : कृषि मंत्रालय भारत सरकार कृषि एवं सहकारिता विभाग, नई दिल्ली।
- मध्यप्रदेश जिला गजेटियर जिला दमोह : प्रकाशक पुरातत्व संघ, दमोह
- मध्यप्रदेश कृषि सांख्यिकी (2009–10), योजना, आर्थिक एवं सांख्यिकी विभाग, मध्यप्रदेश शासन
- मध्यप्रदेश कृषि आर्थिक सर्वेक्षण (2014) : योजना, आर्थिक एवं सांख्यिकी विभाग, मध्यप्रदेश शासन।
- मध्यप्रदेश शासन जिला दमोह : 'एक परिचय' आर्थिक एवं सांख्यिकी संचालनालय, भोपाल मध्यप्रदेश
- मोदी, डॉ. अनीता (2014): गांव से पलायन की बढ़ती प्रवृत्ति, कुरूक्षेत्र प्रकाशन विभाग, ग्रामीण विकास मंत्रालय, भारत सरकार
- मुकर्जी रविन्द्रनाथ (1985), सामाजिक सर्वेक्षण व सामाजिक शोध, विवेक प्रकाशन, दिल्ली।
- मिश्र एवं पुरी (2012), भारतीय अर्थव्यवस्था, हिमालया पब्लिसिंग हाऊस, मुंबई।
- मिश्र, श्रीकांत (1993), भारत में कृषि विकास, मैकमिलन, नई दिल्ली।
- मिश्रा पुरी, : भारतीय अर्थव्यवस्था, हिमालय पब्लिशिंग हाऊस, 2010,
- मित्तल, वल्लभदास (1989), कृषि अर्थषास्त्र, नेशनल पब्लिसिंग हाऊस, नई दिल्ली

❖ रामाराव, आई.व्ही.वाय, (2008–09), कास्ट कल्टीवेशन स्कीम रीजनल एग्रीकच्लर रिसर्च स्टेशन, अन्निकापल्ली, विशाखापट्टनम।

❖ राव एवं कोण्डावार (1995), मध्यप्रदेश का आर्थिक विकास, म.प्र. हिन्दी ग्रंथ अकादमी, भोपाल।

❖ रेड्डी जयपाल रामपुरम एवं शिनोय एन. संध्या (2013), इम्पेक्ट आफ एस.आर. आई. टेक्नॉलाजी ऑन राईज कल्टीवेशन एण्ड दि कास्ट ऑफ कल्टीवेशन इन महबूब नगर, डिस्ट्रिक्ट ऑफ आंध्रप्रदेश, इंटरनेशनल जर्नल ऑफ साइंस एण्ड रिसर्च पब्लिकेशन।

❖ विकास रायल एण्ड मधुरा स्वामीनाथन (2011), रिटर्न फ्रॉम क्रॉप कल्टीवेसन एण्ड स्केल ऑफ प्रोडक्सन, इण्डिया इंटरनेशनल सेंटर, नई दिल्ली, 2011।

❖ विश्वास अशोक एवं बी लुक्का (2000), प्राइसिंग कॉस्टस, रिटर्न एण्ड प्रोडक्सन इन इण्डियन क्रॉप सेन्टर (CACP), कृषि एवं सहकारिता विभाग भारत सरकार।

❖ व्यास, वी.एस. : छोटी जोतों का सुदृढ़ीकरण, योजना प्रकाशन विभाग, ग्रामीण विकास मंत्रालय, भारत सरकार, 2011।

❖ वैष्णवी, ए.आर. : एग्रेरियन डिस्ट्रेस इन विडार बैंगलोर, नेशनल इंस्टीट्यूट ऑफ एडवांस स्टडीज, 1999

❖ शाह, के.एन. (1970), कृषि अर्थशास्त्र के सिद्धान्त, कॉलेज बुक डिपो, जयपुर।

❖ साईंनाथ, पी. : किसान आत्महत्या आंकड़ों का गड़बड़ झाला, रिपोर्ट बी.बी.सी. हिन्दी,

❖ श्रीवास्तव, रवि : एन ओवरव्यू ऑफ माइग्रेशन इन इण्डिया, इटस इम्पकेट एण्ड की–इसू, माइग्रेशन डेव्हलपमेंट, प्रो–पूअर पॉलिसी च्वाइस इन एशिया, जे.एन.यू. नई दिल्ली

❖ सिंह परमजीत (2012), कास्ट ऑफ कल्टीवेशन एण्ड प्रॉब्लम ऑफ इनडेप्टनेश अमंग द मार्जनल एण्ड स्माल फार्मस : ए केस फ्राम पंजाब, जबाहर लाल नेहरू यूनिवर्सिटी, नई दिल्ली।

❖ Agriculture Produce Prising Policy (2013): Loaksabha Secritiate member reference.

❖ Barry RG & Richard JC (2003): Atmosphere, Weather and Climate. Tailor & Fransics.

❖ Beattie BR & Taylor CR (1985): The Economics of Production. John Wiley & Sons.

- Bhalla, G.S. (2006): Condition of Indian Peasantry, National Book Trust, India New Delhi,
- Bishnoi OP. (2007): Principles of Agricultural Meteorology. Oxford Book Co.
- Black TR. (1993): Evaluating Social Science Research - An Introduction. SAGE Publ.
- Carter S. (1997): Global Agril.Marketing Management. FAO.
- Chakaravathi RM. (1986): Under Development and Choices in Agriculture. Heritage Publ., New Delhi.
- Chandra, D, (2001) : Crucial Agriculture Problems Facing Small Farmers, Political Economy Journal of India, Vol.10.
- Chenery H & Srinivasan TN. (Eds.). (1988): Hand book of Development Economics. North- Holland.
- Crawford IM. (1997): Agricultural and Food Marketing Management, FAO.
- Creswell JW. (1999): Research Design - Qualitative and Quantitative Approaches. SAGE Publ.
- Critchfield HJ. (1995): General Climatology, Prentice Hall of India.
- Deshpandey, R.S. & Naika, T. Raviendra (2002): Impect of Minimum Support Price on Agriculture Economy : A study in Karnataka.
- Dhondyal SP. (1997): Research Methodology in Social Sciences and Essentials of Thesis Writing. Amman Publ. House, New Delhi.
- Dhubashi PR. (1986): Policy and Performance - Agricultural and Rural Development in Post Independent India. Sage Publ.
- Diwett KK. (2002): Modern Economic Theory. S. Chand & Co.
- Doll JP & Frank O. (1978): Production Economics - Theory and Applications. John Wiley & Sons.
- Eicher KC & Staatz JM. (1998): International Agricultural Development. John Hopkins Univ. Press.
- Ferris JN. (1998): Agricultural Prices and Commodity Market Analysis. McGraw-Hill.
- Fischer G, Miller J & Sidney MS. (Eds.). (2007): Handbook of Public Policy Analysis: Theory, Politics and Methods. CRC Press.

- Francine, Frankel : India's Green Revaluation : Economic Gains and Political cost, Oxford University Press, New Delhi.
- Frank E. (1992) : Agricultural Polices in Developing Countries. Cambridge Univ. Press.
- Gardner BL & Rausser GC. (2001): Handbook of Agricultural Economics. Vol. I. Agricultural Production. Elsevier.
- Ghadekar SR. (2001): Meteorology. Agromet Publ.
- Ghatak S & Ingersent K. (1984). Agriculture and Economic Development. Select Book Service Syndicate, New Delhi.
- Gittinger JP. (1982): Economic Analysis of Agricultural Projects. The Johns Hopkins Univ. Press.
- Goodwin JW. (1994): Agricultural Price Analysis and Forecasting. Wiley.
- Govt. of India agriculture Pricing Policy in India (1963): Quoted from C.S. Venkatram in c.h.shah_Agriculture Development in India,.
- Gupta SC. (1987): Development Banking for Rural Development. Deep & Deep Publ.
- Hallam D. (1990): Econometric Modeling of Agricultural Commodity Markets. New Routledge.
- Heady EO & Jensen H. (1960): Farm Management Economics. Prentice Hall.
- Jhingan ML. (1998): The Economics of Development and Planning. Vrinda Publ.
- Johl SS & Kapoor TR. (1973): Fundamentals of Farm Business Management. Kalyani Publ.
- Joshi M & Parbhakarasetty TK. (2005): Sustainability through Organic Farming. Kalyani.
- Jules PN. (1995): Regenerating Agriculture – Policies and Practice for Sustainability and Self Reliance. Vikas Publ. House.
- Kahlon AS & Singh K. (1992): Economics of Farm Management in India. Allied Publ.
- Kakde JR. (1985) : Agricultural Climatology. Metropolitan Book Co.

- Kapre, B.N. (1974) : Comrehensive Scheme, for Studying the Cost of Cultivation of Principal Crops, Directorate of Economics and Statistics, Govt. of India, New Delhi.
- Kaur, S. and Singh G. (2006) : "Indebtness among Farmers" in Balbir Singh (ed.), Punjab Economy : Challenge & Strutegies, Twennty First Century Publication, Patiala.
- Kindleberger PC. (1977) : Economic Development. McGraw Hill.
- Kohls RL & Uhl JN. Marketing of Agril. Products. Prentice Hall.
- Kothari CR. (2004) : Research Methodology - Methods and Techniques. Wishwa Prakashan, Chennai.
- Krishnamacharyulu C & Ramakrishan L. (2002) : Rural Marketing. Pearson Edu.
- Kumar, Ravi & Bajpai, K.N. (2004): Economic of Major Farming Systems in North Coastal Zone of Andhra Pradesh, Extension Research Review, National Institute of Agriculture Information Management.
- Lampin N. (1990): Organic Farming. Farming Press Books.
- Little IMD & Mirlees JA. (1974): Project Appraisal and Planning for Developing Countries. Oxford & IBH Publ.
- Mahendra Dev S. and Rao Chandrasekhar (2010): Agricultural Price Policy, Farm Profitability and Food Security : An Analysis of Rice & Wheat, Center of Economic and Social Studies, Hydrabad.
- Martimort D. (Ed.). (1996): Agricultural Markets: Mechanisms, Failure
- Mavi HS & Tupper GJ. (2004): Agrometeorology: Principle and Application of climate Studies in Agriculture. Haworth Press.
- McIlveen R. (1992): Fundamentals of Weather and Climate. Chapman & Hall.
- Meier MG & Stigilitz JE. (2001): Frontiers of Development Economics – the Future Perspective. Oxford Univ. Press.
- Muniraj R. (1987): Farm Finance for Development. Oxford & IBH Publ.
- Murti, Narayan (2007): Decleration in Agriculture growth : Techonology Fatigue or Policy Fatigue? Economic & Political Weekly.
- Naqvi SNH. (2002): Development Economics – Nature and Significance. Sage Publ.

- Narayan Moorthy, A. (2007): Decleration in Agricultural Growth : Technology Fatigul or Policy Fatigue? Economic & Political Weekly, June 23.
- Nicholas Minot and Shahidur Rashid (2013): Technical Inputs to proposed minimum support price for wheat in Ethiopia.
- P.A. Lakshmi Prasahna and Aruna Singh (2011): "Fram size and Productivity understanding the strengthsts of smallholdeos and improving their livelihoods," Economic and political weekly June 25.
- Palaniappan SP & Anandurai K. (1999): Organic Farming – Theory and Practice. Scientific Publ.
- Panda SC. (2004): Cropping systems and Farming Systems. Agribios.
- Panda SC. (2007): Farm Management and Agricultural Marketing. Kalyani Publ.
- Patnaik Prabhat (2003): Agricultural Production and Prices under globlisation in his the Retreat to Unfreedom. Tulika Books, New Delhi.
- Petterson S. (1958): Introduction to Meteorology. McGraw Hill.
- Pingali Venugopal, (2004): State of Indian Farmer: A Millennium Study, Vol. VIII: Input Management. Academic Foundation, Department of Agriculture, and Cooperation, Ministry of Agriculture, GOI, New Delhi.
- Price Policy for Rabi Crops, CACP Report, Agriculture and Cooperator Ministory, Govt. of India, New Delhi, July 2013.
- Purecell WD & Koontz SR. (1999): Agricultural Futures and Options: Principles and Strategies. 2nd Ed. Prentice-Hall.
- Raghwan, M. (2008) : Changing Pattern of Input use and Cost of Cultivation, Economic and Political Weekly, Jun 28.
- Ramaswamy VS & Nanakumari S. (2006): Marketing Management. 3rd Ed. MacMillan Publ.
- Rao KV. (1993): Research Methodology in Commerce and Management. Sterling Publ., New Delhi.
- Rawat, Vikas and Madhura, Swaminathan (2011) : "Returns from Crop Cultivation and Scale of Production." Indira Gandhi Institute of Development Research, Mumbai.
- Reddy MV. (Ed.). (1995): Soil Organisms and Litter Decomposition in the Tropics. Oxford & IBH.

- Rhodes VJ. (1978): The Agricultural Marketing System. Grid Publ., Ohio.
- Sankayan PL. (1983): Introduction to Farm Management. Tata McGraw Hill.
- Seh, Abhijit and M.S. Bhatia (2004): Cost of Cultivation and Farm Income, State of Indian Farmer : A Millenium Study, Vol. 14 Government of India, Academic Foundation, New Delhi.
- Sen Abhijit (1999): Agricultural Price Policy a New challenge facing Indian Agriculture, Vishal Publishing House, Hydrabad.
- Sharma AK. (2001): A Hand Book of Organic Farming. Agrobios.
- Shepherd SG & Gene AF. (1982): Marketing Farm Products. Iowa State Univ. Press.
- Singh AK & Pandey S. (2005): Rural Marketing. New Age.
- Singh AK. (1993): Tests, Measurements and Research Methods in Behavioural Sciences. Tata McGraw-Hill.
- Singh SP. (Ed) (1994): Technology for Production of Natural Enemies. PDBC, Bangalore.
- Singh Sukhpal (2004): Rural Marketing. Vikas Publ. House.
- Singhal AK. (1986): Agricultural Marketing in India. Annual Publ., New Delhi.
- Trewartha Glenn T. (1954): An Introduction to Climate. McGraw Hill.
- Trivedi RN. (1993): A Text Book of Environmental Sciences. Anmol Publ.
- Variraju R & Krishnamurthy (1995): Practical Manual on Agricultural Meteorology. Kalyani Publ.
- Varshneya MC & Pillai PB. (2003): Text Book of Agricultural Meteorology. ICAR.
- Veeresh GK, Shivashankar K & Suiglachar MA. (1997): Organic Farming and Sustainable Agriculture. Association for Promotion of Organic Farming, Bangalore.
- Venkata Rao BV. (1995): Small Farmer Focused Integrated Rural Development: Socio- economic Environment and Legal Perspective. Publ. 3. Parisaraprajna Parishtana, Bangalore.
- Venkatasubramanian V. (1999): Introduction to Research Methodology in Agricultural and Biological Sciences. SAGE Publ.

पत्र–पत्रिकायें एवं रिपोर्ट

- योजना, प्रकाशन विभाग नई दिल्ली
- कृषि गणना
- वन मंडल कार्यालय (2013–14) : दमोह, वार्षिक प्रतिवेदन
- दमोह जिले का परिचय : कार्यालय जिला शिक्षा एवं प्रशिक्षण संस्थान दमोह
- कृषि सांख्यिकी, 2010 मध्यप्रदेश कृषि संचालनालय, भोपाल
- रिपोर्ट राष्ट्रीय अपराध लेखा कार्यालय, 2013
- पटेल, आकार : किसानों की आत्महत्या पर चेते सरकार, लेख 2015
- कर्ज के फंदे में फसा किसान : लेख 2015
- प्रधान, आनंद : किसान आत्महत्या क्यों कर रहे हैं, आई.आई.एम.सी.
- भारत में ऋण एवं निवेश के मुख्य संकेतक : एन.एस.एस.ओ. रिपोर्ट, 70वां दौर, सांख्यिकी एवं कार्यान्वयन मंत्रालय, भारत सरकार
- टाईम्स ऑफ इण्डिया
- भारत में प्रमुख फसलों की काश्त लागत : अर्थ एवं सांख्यिकी निदेशालय, कृषि एवं सहकारिता विभाग, कृषि मंत्रालय भारत सरकार नई दिल्ली, 2007
- कुरूक्षेत्र, प्रकाशन विभाग, भारत सरकार
- Agricultural Economics Research Review
- Agricultural Finance Review
- Agricultural Marketing
- Agricultural Situation in India
- Agriculture and Agro-industries Journal
- Agriculture Statistics at a Glance
- APEDA Trade yearbook
- Asian Economic and Social Review (Old Series)
- Bulletin of Agricultural Prices
- Economic and Political Weekly
- Economic Survey of Asia and Far East
- Economic Survey, Government of India, 2012–13
- FAO Commodity Review and Outlook
- FAO Production Year book

- FAO Trade year book
- Indian Cooperative Review
- Indian Economic Journal
- Indian Journal of Agricultural Economics
- Indian Journal of Agricultural Marketing
- Indian Journal of Economics
- International Food Policy Research Institute Research Report
- Journal of Agricultural Development and Policy
- Journal of Agricultural Economics
- Journal of Agricultural Economics and Development
- Journal of Farm Economics
- Land Economics
- Productivity
- Reserve Bank of India Bulletin
- Rural Economics and Management
- World Agricultural Economics and Rural Sociology Abstracts
- World Agricultural Production and Trade: Statistical Report
- Yojana

Website

- www.agmarket.in
- www.cacp.dacnet.nic.in
- www.cacp.dacnet.nic.in
- www.media for rights.org
- www.pearsoned.com (Pearson Education Publication)
- www.mcgraw-hill.com (McGraw-Hill Publishing Company)
- www.oup.com (Oxford University Press)
- www.emeraldinsight.com (Emerald Group Publishing)
- www.sagepub.com (Sage Publications)
- www.isaeindia.org (Indian Society of Agrilulural Economics)

- www.macmillanindia.com (Macmillan Publishing)
- www.icar.org.in (Indian Council of Agricultural Research)
- www.khoj.com (Directory for Agricultural Economics)
- www.ncap.res.in (National Centre for Agricultural Economics and Policy Research)
- www.ncdex.com (National Commodity & Derivatives Exchange Limited)
- www.phdcci.in (PHD Chamber of Commerce and Industry)
- www.ficci.com (Federation of Indian Chambers of Commerce and Industry)
- www.assocham.org (Associated Chambers of Commerce and Industry of India)
- www.apeda.com (Agricultural and Processed Food Products Export Development Authority)
- www.mpeda.com (Marine Products Export Development Authority)

www.ingramcontent.com/pod-product-compliance
Lightning Source LLC
Chambersburg PA
CBHW020635220526
45464CB00001B/160
* 9 7 8 1 9 4 8 2 3 0 1 7 9 *